과학잡학사전 통조림

인체편

출판은 사람과 나무 사이에서 이루어지는 가치 있는 일입니다.
도서출판 사람과나무사이는 의미 있고 울림 있는 책으로
독자의 삶을 좀 더 풍요롭게 만들기 위해 최선을 다하겠습니다.

1NICHI 1PAGE DE SHOGAKUSEI KARA ATAMA GA YOKUNARU!
JINTAI NO FUSHIGI 366

Interior illustrations by Arika CHIKARAISHI, Eiichiro TSUCHIYA(Studio BOZZ)
First published in Japan in 2022 by Kizuna Publishing.
Korean translation rights arranged with PHP Institute, Inc.
through Imprima Korea Agency.

지식을 쌓으려면
통째로, 조목조목!

과학 잡학사전 통조림

인체편

키즈나출판 편집부 엮음 | 서수지 옮김

사람과
나무사이

이 책을 읽는 독자들에게

'불가사의한 일을 알고 싶다, 수수께끼를 풀고 싶다'는 마음은 공부와 학문의 기본이다. 학문으로 지금까지 밝혀진 수수께끼와 발견은 우리 인류의 번영에 크게 이바지했다.

우리 몸에는 37조 개의 세포가 있다고 알려져 있다. 이 어마어마한 수의 세포가 조직을 이루고, 장기를 구성하고, 우리 몸을 만든다.

혈액을 순환시키는 심장과 혈관, 산소와 이산화탄소를 교환하는 호흡기, 음식물을 소화하고 영양을 흡수하는 소화기관, 노폐물을 배출하는 신장과 비뇨기관, 몸과 마음의 중추인 뇌 신경계, 외부에서 침입하는 병원체와 내부에서 발생한 나쁜 세포를 물리치는 면역세포 등 온갖 장기와 조직, 세포가 밀접하게 영향을 주고받으며 우리 몸이 제 기능을 할 수 있도록 유지해준다. 우리 몸은 가장 가까이 있는 '불가사의한 보물창고이자 비밀의 우주'라고 할 수 있다.

환자를 치료하고, 질병을 예방하고, 건강을 증진하는 일을 연구하는 학문을 '의학'이라고 한다. 의학의 종류에는 자연과학의 법칙을 바탕으로 생명에서 발생하는 현상과 질병의 원인 및 증상이 일어나는 메커니즘을 해명하는 기초의학, 병을 진단·치료하는 임상의학, 발병을 예방하고 건강을 유지하는 예방의학이 있다.

'의학의 아버지'로 일컬어지는 고대 그리스의 의학자 히포크라테스는 의술을 기존의 미신 및 주술과 분리하고, 임상 관찰과 경험과학에 기반한 '의학'이라는 학문으로 발전시켰다고 알려져 있다.

의학은 히포크라테스 시대부터 불가사의와 수수께끼를 마주하고 다양한 질병을 극복하며 새로운 발견을 거듭해왔다. 그 기본에는 틀림없이 '불가사의를 알고 싶고 의문을 해결하고 싶다'는 의학자들의 마음이 자리 잡고 있었을 것이다.

이 책은 '불가사의한 보물창고이자 신비의 우주'인 인체를 의학적인 면에서 해설한다. 알고 있던 이야기도 알지 못했던 이야기도 있을 것이다. 하나하나 읽다 보면 시나브로 불가사의한 세계에 빠져들 것이다. 몰랐던 사실을 알게 되면 새로운 궁금증과 수수께끼가 생겨난다. 이 책이 공부와 학문의 기본인 '불가사의를 알고 싶고 의문을 해결하고 싶다'는 마음에 동기를 부여하리라 믿는다.

감수자 **하라다 도모유키**

· 차 례 ·

장기 | 심장

대사 작용 | 면역

몸의 움직임 | 비만

대사 작용 | 대변

몸의 움직임 | 다리

질병 | 암

네트워크 | 혈관

오감 | 코

장기 | 식도와 기관지

몸의 움직임 | 손

질병 | 독

네트워크 | 혈액

대사 작용 | 수면

오감 | 털

장기 | 위

몸의 움직임 | 뼈

질병 | 백신

대사 작용 | 세포

장기 | 위

대사 작용 | 호르몬

몸의 움직임 | 근육

오감 | 치아

대사 작용 | 소변

질병 | 두통

장기 | 간

오감 | 귀

대사 작용 | 싸우는 세포

몸의 움직임 | 목·어깨·허리

질병 | 탐닉과 중독

네트워크 | 뇌의 부위

오감 | 피부 질환

장기 | 다양한 장기

대사 작용 | 호르몬2

오감 | 피부 질환

장기 | 남녀의 생식기관

질병 | 알레르기

대사 작용 | 수면 관련 문제

네트워크 | 혈액2

이 책 사용법

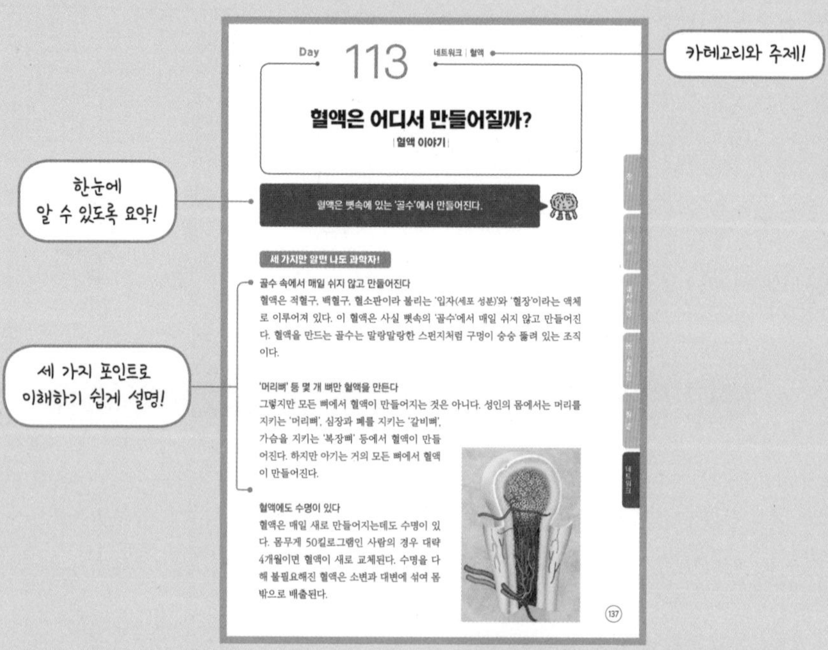

Day 113 네트워크 | 혈액

혈액은 어디서 만들어질까?

|혈액 이야기|

혈액은 뼛속에 있는 '골수'에서 만들어진다.

세 가지만 알면 나도 과학자!

골수 속에서 매일 쉬지 않고 만들어진다

혈액은 적혈구, 백혈구, 혈소판이라 불리는 '입자(세포 성분)'와 '혈장'이라는 액체로 이루어져 있다. 이 혈액은 사실 뼛속의 '골수'에서 매일 쉬지 않고 만들어진다. 혈액을 만드는 골수는 말랑말랑한 스펀지처럼 구멍이 숭숭 뚫려 있는 조직이다.

'머리뼈' 등 몇 개 뼈만 혈액을 만든다

그렇지만 모든 뼈에서 혈액이 만들어지는 것은 아니다. 성인의 몸에서는 머리를 지키는 '머리뼈', 심장과 폐를 지키는 '갈비뼈', 가슴을 지키는 '복장뼈' 등에서 혈액이 만들어진다. 하지만 아기는 거의 모든 뼈에서 혈액이 만들어진다.

혈액에도 수명이 있다

혈액은 매일 새로 만들어지는데도 수명이 있다. 몸무게 50킬로그램인 사람의 경우 대략 4개월이면 혈액이 새로 교체된다. 수명을 다해 불필요해진 혈액은 소변과 대변에 섞여 몸 밖으로 배출된다.

137

장기

심장과 소화기관, 폐 등 장기의 구조와 역할, 질병 등 설명!

몸의 움직임

뼈와 근육, 관절 등 몸을 움직이는 데 필요한 다양한 부위의 구조와 원리 설명!

오감

눈, 코, 귀, 피부 등 외부 정보를 우리 몸에 받아들이는 감각기관의 구조와 역할 등 설명!

질병

감염병과 암, 독극물 등 우리 몸에 나쁜 영향을 주는 요소와 관련 원리 설명!

대사 작용

면역 기능과 호르몬, 배설 등 우리 몸이 작동하게 해주는 다양한 '대사 작용'의 원리 설명!

네트워크

혈관과 림프, 신경 등 우리 몸속에 있는 갖가지 네트워크의 구조와 역할 설명!

Day 001 질병 | 감염병

코로나19는 어떤 질병일까?

|코로나바이러스 이야기|

감기를 일으키는 '신종' 코로나바이러스로, 폐에 심한 손상을 준다.

세 가지만 알면 나도 과학자!

잠복기가 길고 심한 기침이 특징

처음에는 감기와 증상이 비슷하다. 심한 기침이 며칠씩 계속되며, 가슴이 답답하거나 숨이 막히는 증상이 나타나기도 한다. 엑스레이로 촬영하면 폐가 하얗게 보이는 폐렴으로 진행된 사례도 있다. 중증화와 사망 위험이 높은 무서운 질병이다.

일곱 번째로 발견된 코로나바이러스

코로나바이러스는 감기의 원인이 되는 바이러스다. 지금까지 네 가지 형태가 확인되었다. 중증 급성 호흡기 증후군(SARS)과 중동 호흡기 증후군(MERS)도 코로나바이러스의 '신종'이다. 2019년 말 중국 우한에서 발견된 코로나19는 일곱 번째 코로나바이러스다. 바이러스의 모양이 왕관(그리스어 corona)을 닮아 '코로나'라는 이름이 붙었다.

무증상 환자로 감염 확산

코로나19는 잠복 기간이 길어 세계적 대유행을 일으켰다. 자각 증상이 없는 무증상 환자가 다른 사람에게 바이러스를 전파해 전 세계적으로 확대되었다.

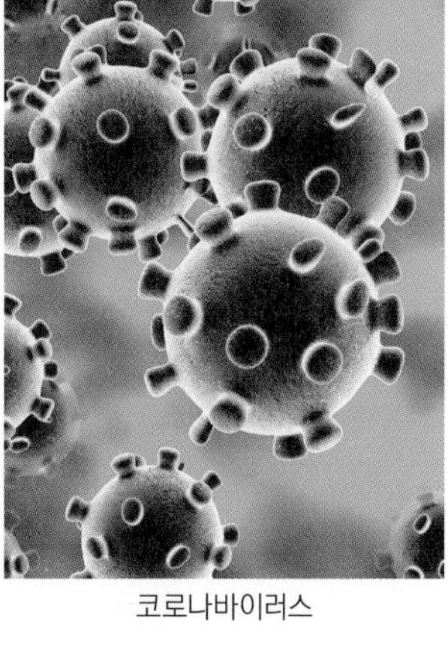

코로나바이러스

인플루엔자는 어떤 질병일까?

|인플루엔자 이야기|

인플루엔자(계절성 독감) 바이러스가 코나 입으로 들어가 열이 나거나 아픈 질병이다.

세 가지만 알면 나도 과학자!

감기와 증상이 비슷하지만 훨씬 심각

인플루엔자(계절성 독감) 바이러스에 감염되면 몸속에서 바이러스가 증식해 열이 나거나 목이 아프다. 갑자기 고열이 나거나 몸이 나른해지는 점이 감기와 다르다. 증상이 심하면 목숨을 잃을 수도 있다. 검사와 치료에 효과적인 시기는 발열 후 12~48시간이다.

기침과 침에 의해 감염

감염된 사람의 재채기, 기침, 침에는 인플루엔자 바이러스가 들어 있다. 이 바이러스가 다른 사람의 입이나 코로 들어가면 감염을 일으킨다. 인플루엔자가 유행하기 쉬운 겨울철에는 특히 주의해야 한다. 마스크 착용과 손 씻기만으로도 예방 효과가 크다.

사람에게 감염되는 인플루엔자는 A형과 B형

인플루엔자는 동물에게도 감염된다. 그러나 사람에게 감염되는 바이러스는 A형과 B형뿐이다. 매년 권고하는 백신 접종은 그 해 유행을 예측해서 제조된 주사제를 사용한다.

Day **003** 질병 | 감염병

홍역은 어떤 질병일까?

| 홍역 이야기 |

홍역 바이러스에 의해 감염되고, 고열이 나며, 희고 붉은 반점이 생긴다.

세 가지만 알면 나도 과학자!

열이 나며 희끗희끗하고 불그스름한 발진

홍역 바이러스가 비말을 통해 감염을 일으키는 급성 전염병이다. 잠복기는 10~12일이며 1~6세 어린이에게서 많이 나타난다. 감기와 비슷한 증상으로 시작해 입안에 희끗희끗한 발진이 나타나며, 2~3일 동안 38도가량의 열과 기침, 콧물이 난다. 발병 후 4~5일 만에 좁쌀 같은 붉은 발진이 온몸에 돋는다. 한 번 앓으면 다시는 걸리지 않는다.

감염력이 바이러스 중에서 최강!

홍역은 공기 감염이 대부분이다. 환자의 기침이나 재채기로 인해 바이러스가 들어 있는 비말이 공기 중을 떠돌면서 전파한다. 집단에서 환자 한 명이 12~14명을 감염시킬 정도로 감염력이 매우 높다. 인플루엔자의 7배나 된다.

흔한 질병이라고 대수롭지 않게 넘기면 위험

한두 세대 전까지 홍역은 '누구나 걸리는 가벼운 병'이라는 인식이 일반적이었다. 그러나 대부분의 나라에서 위험한 질병이므로 백신으로 예방하는 게 바람직하다고 권고한다. 우리나라에서는 홍역, 유행성 이하선염, 풍진을 예방할 수 있는 MMR 백신 접종을 권고한다.

볼거리는 어떻게 발생할까?

| 볼거리 이야기 |

바이러스가 원인이며, 감염된 사람의 기침과 재채기, 침방울에 의해 전파된다.

세 가지만 알면 나도 과학자!

귀 아래가 퉁퉁 붓고 열이 난다

4~10세에 주로 걸리는 볼거리의 정식 명칭은 '유행성 이하선염'이다. 오르소루불라바이러스속(Orthorubulavirus) 바이러스가 원인이다. 감염된 사람의 침방울에 들어 있는 바이러스로 전파되며 감염력이 강하다. 볼과 턱 아래가 붓고 열이 나며 머리와 목이 아프다.

무증상 기간에 바이러스 전파

바이러스에 의해 감염되며 2~3일 후 증상이 나타난다. 증상이 나타나기 약 6일 전부터 침방울 속에서 바이러스가 검출되어 감염 사실을 모르고 주위 사람에게 옮기는 사례가 많다. 학교 등에서 발생하는 집단 발병은 주로 무증상 기간의 바이러스 확산이 원인이다.

백신 접종으로 예방

효과적인 치료법이 없어, 해열제와 진통제로 증상을 완화하는 정도다. 그러므로 백신으로 예방하는 게 중요하다. 치유되면 평생 면역력이 유지된다. 남성의 경우 사춘기 이후에 감염되면 정자 수가 감소할 수도 있다.

뎅기열은 어떤 질병일까?

|뎅기열 이야기|

뎅기열 바이러스를 가진 모기에게 물려 감염되며,
고열이 나고 발진이 생긴다.

세 가지만 알면 나도 과학자!

갑자기 열이 나고 머리가 아프며 관절이 쑤시거나 발진

뎅기열은 뎅기열 바이러스를 가진 이집트숲모기와 흰줄숲모기에 물려 감염된다. 2~15일 후 갑자기 열이 나고 머리가 아프며 관절이 쑤시고 발진이 생기는 사례가 많다. 일주일 정도 지나면 회복하는데, 중증화하면 출혈이 생기기도 한다.

해외여행으로 인한 감염 사례 증가

뎅기열은 동남아시아, 남아시아, 중남미 등 열대와 아열대 지역에서 많이 발생한다. 여행 갔다가 현지에서 뎅기열 바이러스 감염 모기에 물렸다가 귀국 후에 증상이 나타나는 경우가 많다. 아직 우리나라에 뎅기열 매개 모기는 많지 않지만, 해외여행 증가와 기후 변화 등으로 확산할 우려가 있어 안심할 수 없다.

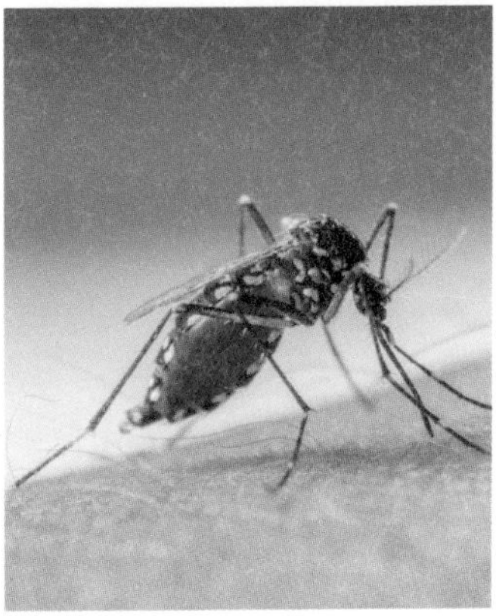

백신이 없어, 모기에 물리지 않는 게 최선책

뎅기열 바이러스는 네 가지 유형이 있다. 하지만 아직 개발된 백신이 없다. 바이러스 중 두 가지는 감염되면 중증화로 발전할 위험이 있다. 따라서 모기가 많은 지역에 갈 때는 모기 기피제를 사용하는 등 예방책이 필요하다.

에이즈는 어떤 질병일까?

|에이즈 이야기|

인간 면역 결핍 바이러스에 의해 면역세포가 파괴되어 면역력이 극도로 떨어져 병원체에 무방비해지는 병이다.

세 가지만 알면 나도 과학자!

면역력이 파괴되어 여러 가지 질병에 감염

에이즈(AIDS)는 후천성 면역 결핍증을 말한다. 우리 몸에는 병원체로부터 몸을 지키는 면역(22일 차)이라는 기전이 있는데, 인간 면역 결핍(HIV) 바이러스에 감염되면 그 면역 기능이 망가진다. 따라서 일반적으로 걸리지 않는 감염병에 걸리기 쉽다. HIV는 면역 결핍 바이러스에 감염된 침팬지 고기를 사람이 먹으며 퍼졌다는 설이 유력하다.

바이러스에 감염된 지 10년 후에 발병

HIV 바이러스의 감염원은 체액, 혈액, 모유다. 주로 성행위와 수혈, 모자 감염으로 감염된다. 감염 직후에는 바이러스의 양이 급속히 증가해 열이 나거나 몸에 통증이 있다가 1~2개월 후 잠잠해진다. 하지만 바이러스는 몸속에 남아 있다가 10년 이후 면역력이 저하되어 에이즈를 발병시킨다.

에이즈는 불치병이 아니다

과거에는 불치병이라는 인식이 강했으나, 현재는 HIV 바이러스의 양을 줄이고 면역 기능을 조절할 수 있다. 조기에 발견하면 일상생활도 가능하다.

Day 007 질병 | 감염병

세균과 바이러스의 차이는 뭘까?

| 세균과 바이러스 이야기 |

세균은 스스로 증식하지만,
바이러스는 스스로 증식할 수 없다!

세 가지만 알면 나도 과학자!

바이러스는 생물의 세포를 빌려서 증식한다

세균과 바이러스 모두 감염병의 원인이 되는 미생물이다. 세포인가 아닌가로 구분한다. 세균은 세포 분열로 스스로 증식하는 반면, 바이러스는 다른 생물의 세포를 감염시켜 기생한다.

바이러스는 세균보다 훨씬 작다

세균과 바이러스 둘 다 맨눈으로는 볼 수 없다. 세균의 크기는 1밀리미터의 1/1,000인 '마이크로미터(㎛)' 단위를 사용하며, 광학현미경으로만 볼 수 있다. 바이러스는 더 작아서 마이크로미터의 1/1,000인 나노미터(㎚) 단위를 사용하며 광학현미경보다 더 정밀한 전자현미경을 사용해야 식별할 수 있다.

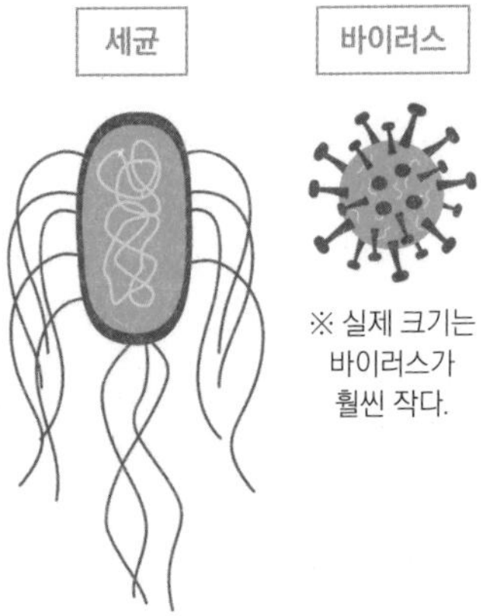

※ 실제 크기는 바이러스가 훨씬 작다.

세균과 바이러스는 좋아하는 환경도 다르다

세균은 높은 온도와 높은 습도를 좋아한다. 그래서 장마철에는 세균이 음식물 속에 증식해 식중독을 일으키기 쉽다. 반대로 바이러스는 고온다습에 약하다. 감기와 계절성 독감인 인플루엔자는 기온이 낮고 건조한 겨울철에 유행하기 쉽다.

장기 오감 대사 작용 몸의 움직임 질병 네트워크

Day 008 오감 | 입

입술은 왜 발그스름할까?

|입술 이야기|

입술 피부 표면이 매우 얇아 혈액의 색깔이 비쳐 보이기 때문이다.

세 가지만 알면 나도 과학자!

입술은 얼굴 피부보다 훨씬 얇다

얼굴 피부와 입술은 색도 다르고 두께도 다르다. 얼굴 표면을 덮은 피부(표피)는 살짝 도톰하고 단단한 반면, 입술은 표피가 매우 얇아서 바로 아래 흐르는 붉은 피의 색이 비쳐 보인다.

입술은 입속 점막이 밖으로 나온 부분!

입술의 정체를 알면 입술이 얼굴 피부보다 훨씬 얇은 이유를 이해할 수 있다. 입술의 정체는 '입속 점막'이다! 입을 크게 벌렸을 때 안쪽의 분홍빛이 감도는 발그스름한 부분이 점막이다. 그 점막이 입 밖으로 나온 것이 바로 입술이다.

인간만 입술이 붉다

알고 보면 입술을 가진 생물은 포유류뿐이다. 붉은 입술은 포유류 중에서 인간만이 가진 고유한 특성이다. 빨간색은 눈에 잘 띈다. 새빨간 입술로 미소를 지으면 건강하고 즐거워 보인다. 입술은 그 사람의 상태와 기분을 상대방에게 전달하는 역할도 한다. 참고로, 수영장에서 신나게 놀고 난 뒤 입술이 새파랗게 질리는 것은 체온이 내려갔기 때문이다.

침팬지도 입술은 있지만 붉지 않다.

Day 009 오감 | 입

혓바닥은 왜 있을까?

|혓바닥 이야기|

혓바닥은 음식을 삼키고, 맛보고, 말하기 위해 존재한다.

세 가지만 알면 나도 과학자!

음식을 씹고 삼키는 것을 돕는다

혀의 움직임에 집중하면서 음식을 먹어보자. 혀는 음식을 이와 이 사이로 움직여 이가 씹어 으깨는 과정을 돕거나, 음식과 타액(침)을 섞어 삼키기 쉽도록 부드럽게 만들어준다. 이처럼 음식을 먹는 동안 혀는 입속을 부지런히 오가며 움직인다.

맛을 감지한다

음식을 입안에 넣으면 혀가 맨 먼저 감지한다. '우웩, 맛없어!' 이처럼 구역질이 나면서 뱉고 싶어지는 현상은 혀에 맛을 느끼는 센서가 있기 때문이다. 혀는 상한 음식이나 몸에 해로운 독을 먹지 않도록 우리 몸 입구에서 감별하는 문지기 역할을 한다.

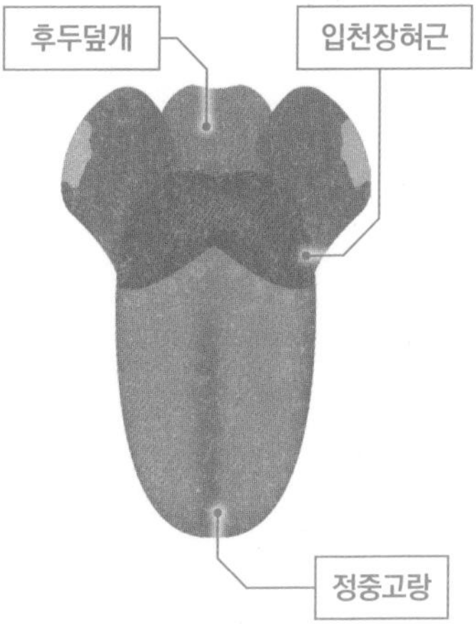

소리에 따라 혀 모양이 달라진다

말할 때 혀는 특히 분주하다! 혀와 입술 양쪽의 모양을 바꾸어 '아, 야, 어' 등 다른 소리를 내는 매우 중요한 역할을 한다. 혀는 근육 덩어리로 되어 있어 뼈가 없기 때문에 자유롭게 움직일 수 있다.

편도란 무엇일까?

|편도 이야기|

목 안에서 세균과 바이러스가 우리 몸으로 들어오지 못하도록 지켜주는 기관이다.

세 가지만 알면 나도 과학자!

목젖 뿌리 양쪽에 있는 기관

감기에 걸려 병원에 가면 의사가 "환자분, 목 좀 볼게요. 아 소리 나도록 입을 크게 벌려보세요"라고 말하며 목 안을 진찰한다. 이때 의사는 편도가 부었는지 확인한다. 목 안쪽, 목젖 좌우로 보이는 곳이 편도(샘)다. 림프 조직이 모여 둥글고 작은 덩어리를 이루는데, 그 모양이 '아몬드(한자로 扁桃)'를 닮았다고 해서 '편도'라고 부른다.

세균과 바이러스로부터 우리 몸을 지켜준다

입과 코로 공기를 들이마시면 세균과 바이러스도 함께 들어온다. 편도는 병원체가 몸 안쪽으로 들어가지 못하도록 막아주는 방어 기관 중 하나다.

네 개의 편도가 목을 지킨다

우리 몸에는 네 개의 편도가 있다. 입을 크게 벌리면 목 안쪽에 좌우로 '구개편도'가 보인다. 일반적으로 '편도'라고 하면 이곳을 말한다. 그 밖에 혀뿌리의 '설근편도', 코 안쪽의 '인두편도', 그 옆의 '이관편도'가 우리 목을 지켜준다.

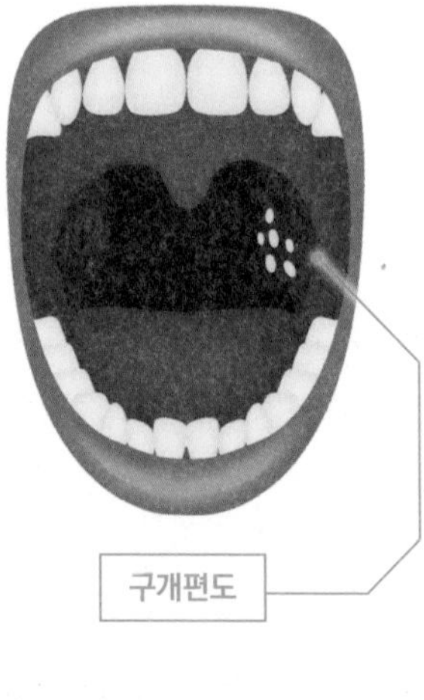

목젖의 역할은 무엇일까?

목젖 이야기

목젖은 코를 덮는 뚜껑 역할을 해서,
음식과 공기가 지나는 길을 조절한다.

세 가지만 알면 나도 과학자!

목구멍에 축 늘어진 모양으로 매달려 있는 '목젖'

입을 크게 벌렸을 때 입 안쪽 입천장에 매달려 있는 불그스름한 살덩이가 '목젖'이다. 한자어로 구개수(口蓋垂), 현옹수(懸壅垂)라고 부르기도 한다. 목젖을 뜻하는 영어 'uvula'는 작은 포도송이를 가리키는 라틴어 'uvola'에서 비롯되었다고 한다.

음식물이 코로 들어가지 못하게 막는 뚜껑

목젖은 그저 축 늘어진 살덩이가 아니다. 목젖이 있는 부분은 코와 이어진 통로와 입으로 이어진 통로가 교차하는 곳이다. 목젖은 입으로 들어온 음식물이 코 쪽으로 넘어가지 않도록 막아주는 뚜껑 역할을 한다.

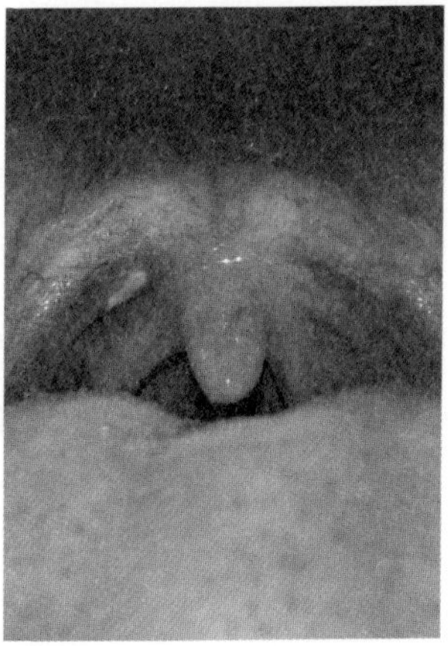

말할 때도 움직인다

소리 내어 말할 때도 목젖의 도움을 받는다. 코 쪽 통로를 덮어 코로 공기가 빠져나가지 못하게 하거나, 반대로 코로 공기가 지나가도록 길을 열어 소리를 조절한다. 참고로, 목젖이 두 개 있는 사람도 있고 목젖 끝이 두 개로 갈라진 사람도 있다.

침은 어디서 나올까?

|침 이야기|

침은 주로 입속에 있는 세 개의 '침샘'에서 분비된다.

세 가지만 알면 나도 과학자!

귀밑샘, 혀밑샘, 턱밑샘이 3대 '침샘'

입속에서 늘 분비되는 침은 '침샘'에서 만들어진다. 귀 아래에 있는 '귀밑샘', 혀 아래에 있는 '혀밑샘', 턱에 있는 '턱밑샘'이 3대 침샘이다. 침을 한자로는 '타액(唾液)'이라고 부른다.

맑은 침과 끈적한 침

침에는 두 가지 종류가 있다. 식사할 때 나오는 침은 주로 점성이 덜해 맑은 느낌이 든다. 이 맑은 침은 음식물의 소화를 돕는 성분을 다량 함유하고 있다. 끈적끈적한 침은 입속의 세균에 엉겨붙어 나쁜 세균이 몸속으로 들어가지 못하게 하고, 입속의 점막에 상처가 생기지 않도록 보호하는 작용을 한다.

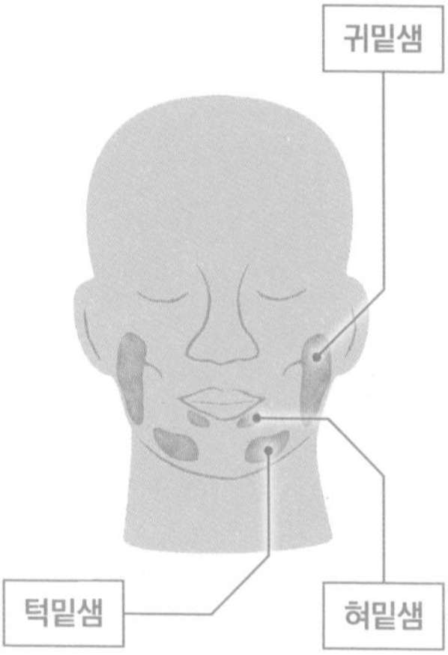

세균으로부터 몸을 지키는 방어벽

침은 소화도 돕지만 우리 몸을 지키는 방어벽 역할도 한다. 하루에 분비되는 침의 양은 어른 기준으로 무려 1~1.5리터라고 알려져 있다.

맛은 어떻게 느낄까?

| 미각 이야기 |

혀 표면에 있는 '맛봉오리(미뢰)'로 맛을 감지해 뇌로 전달한다.

세 가지만 알면 나도 과학자!

혀 표면에서 맛을 느끼는 센서, 맛봉오리

맛을 느끼는 과정에서 혀는 매우 중요한 임무를 맡고 있다. 혀 표면에는 맛을 느끼는 '맛봉오리(미뢰)'라는 센서가 다량 분포하는데, 이 센서로 감지한 맛을 뇌로 전달해 맛을 느낄 수 있다. 맛봉오리의 수는 어른보다 어린이가 훨씬 많다.

맛봉오리로 느끼는 다섯 가지 맛!

'맛봉오리'가 감지할 수 있는 맛은 '짠맛', '신맛', '단맛', '쓴맛', '감칠맛', 이렇게 다섯 가지다. 매운맛이 빠져서 섭섭하다고? '매운맛'은 맛봉오리가 느끼는 맛이 아니라 통증으로 느낀다.

맛을 느끼려면 냄새와 모양도 중요

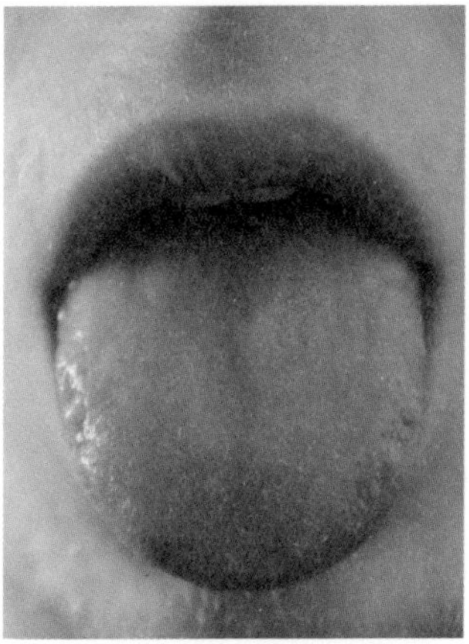

눈을 질끈 감거나 손으로 코를 틀어막고 먹기 싫은 음식을 억지로 먹었던 경험을 떠올려보자. 눈을 감거나 코를 막으면 맛을 잘 느낄 수 없다. 맛을 제대로 느끼려면 코로 냄새를 맡고 눈으로 직접 봐야 한다. 우리는 혀뿐 아니라 눈과 코까지 동원해 오감으로 맛을 느낀다.

턱관절 장애는 어떤 질환일까?

|턱관절 장애 이야기|

턱관절에 부담이 가서 입을 벌리기 힘들거나 통증이 생기는 병이다.

세 가지만 알면 나도 과학자!

아래턱뼈와 머리뼈 이음매 부분에 생기는 병

관절은 뼈와 뼈를 연결하는 이음매 역할을 한다. 아래턱뼈와 머리뼈를 연결하는 '턱관절'은 귓구멍 앞에 있어 입을 여닫을 때 매우 중요한 역할을 한다. 어떤 이유로 턱관절의 움직임에 문제가 생기거나 통증이 생기는 질환을 '턱관절 장애'라고 한다.

윗니와 아랫니는 떨어져 있어야 정상

턱관절 장애가 생기는 원인은 다양하다. 가장 많은 사례는 윗니와 아랫니가 항상 맞물려 있는 경우다. 입을 다물었을 때 윗니와 아랫니는 약간 떨어져 있어야 정상이다. 윗니와 아랫니가 항상 딱 붙어 맞물려 있으면 불필요한 힘이 가해져 턱관절 장애가 생길 수 있다. 입을 다물었을 때 혀끝이 아래턱에 닿아야 바른 위치다.

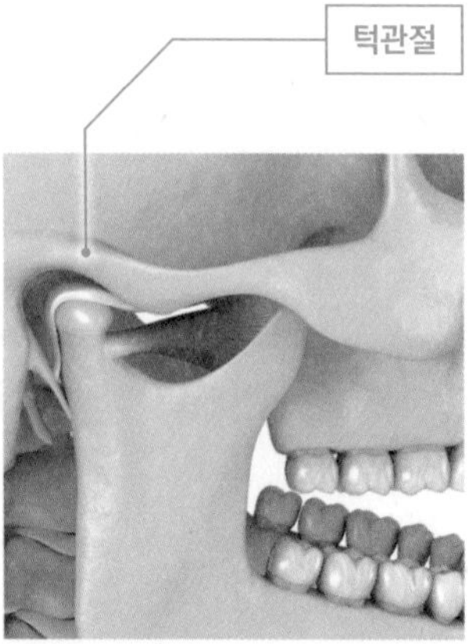

입을 크게 벌리기 힘들어진다

애초에 턱관절 장애는 입을 크게 벌릴 수 없는 질환이다. 입을 크게 벌릴 때 통증이 있거나 딱딱 소리가 난다. 입을 여닫을 때 통증이 느껴지면 병원 진료를 받아보자.

Day 015 장기 | 심장

심장은 무슨 일을 할까?

|심장의 역할 이야기|

심장은 온몸에 혈액을 공급하는 펌프 역할을 한다.

세 가지만 알면 나도 과학자!

생명의 펌프는 우리 주먹 크기

운동하다 보면 심장 소리가 유독 크게 느껴질 때가 있다. 심장은 엄청 큰 장기처럼 느껴지지만, 실제 크기는 주먹만 하다. 한 번에 내보내는 혈액량은 성인 기준 60~130밀리리터다. 심장은 특수한 근육 덩어리라서 우리가 자는 동안에도 쉬지 않고 계속 움직인다.

네 개의 방과 밸브로 역류 방지

심장에는 동맥과 정맥(78일 차)이 연결되어 있다. 따라서 자칫하면 안에서 혈액이 역류하지 않을까 걱정될 수도 있지만, 심장은 네 개의 방으로 나뉘어 순서대로 수축하며 혈액을 내보낸다. 두 개의 출구에는 밸브가 있어 혈액의 역류를 방지한다.

리듬이 생명! 규칙적으로 수축한다

심장의 벽을 이루는 두꺼운 근육(심근)이 규칙적인 '수축'과 '이완'을 반복한다(박동). 심근은 스스로 팽창할 수 없어 혈액이 돌아온 압력으로 팽창한다. 운동할 때는 심장 박동수가 증가해 내보내는 혈액량이 늘어난다. 사실, 인간의 심장은 '하트'보다 '달걀' 모양에 가깝다.

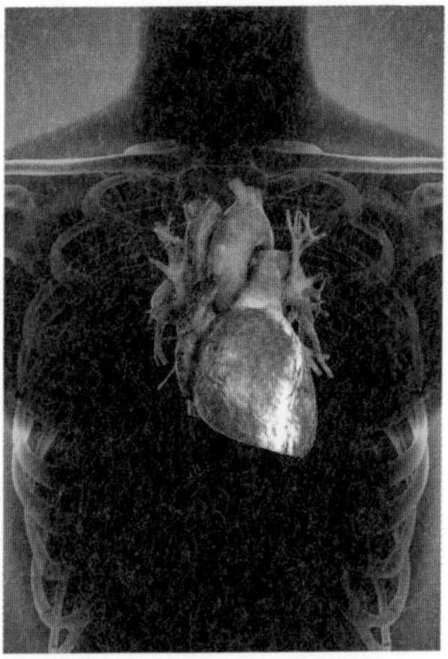

Day 016 장기 | 심장

달리면 왜 심장이 두근두근 뛸까?

| 심장 두근거림 이야기 |

내보내는 혈액량을 늘려
다량의 산소와 영양을 신속하게 공급하기 위해서다.

세 가지만 알면 나도 과학자!

산소와 영양을 몸 구석구석까지 운반

달리기처럼 몸의 움직임이 많은 활동에는 영양소와 산소가 필수 요소다. 달릴 때는 근육이 빠르게 움직여 몸 구석구석까지 신속하게 혈액을 순환시킨다. 산소와 영양소를 전달하고, 이산화탄소와 영양소를 소비한 후 생기는 가스와 교환하는 작용이 쉼 없이 이어진다.

심장의 움직임을 스스로 조절

심장은 자율신경(163일 차)이 조절한다. 따라서 심장을 어떻게 움직일지 걱정하지 않아도 된다. 달릴 때, 걸을 때, 심지어 잠자는 동안에도 심장은 쉬지 않고 움직인다. 1분 동안 안정 시 심박수는 성인 60~80회, 6~15세는 70~100회로, 어린이가 성인보다 더 많다.

긴장하면 왜 심장이 콩닥콩닥 뛸까?

아찔하게 높은 곳에서 아래를 내려다볼 때, 여러 사람 앞에서 말할 때, 더울 때는 심장이 평소보다 더 세차게 뛴다. 이는 교감신경의 작용 때문이다. 스트레스를 받을 때도 교감신경 스위치가 켜지며 심장이 평소보다 더 세게 뛰는 느낌이 든다.

장기
오감
대사 작용
몸의 움직임
질병
네트워크

Day 017 장기 | 심장

심장마비가 뭘까?

|심장마비 이야기|

여러 가지 원인으로 심장의 기능이 갑자기 멈추는 것으로, 생명을 잃는 경우가 많다.

세 가지만 알면 나도 과학자!

돌연사일 때도 심장마비라는 말 사용

갑자기 심장이 멈추며 사망하면 '심장마비'라고 하는데, 심장마비는 의학용어가 아니라서 사망을 선고하는 의사는 사용하지 않는다. 건강해 보이던 사람이 느닷없이 쓰러질 경우 자동 제세동기(AED)를 사용하면 목숨을 구할 수 있다!

어느 날 갑자기 심장이 경련한다면

마라톤이나 등산 도중에 갑자기 의식을 잃고 사망하는 사람이 있다. 누구에게나 일어날 수 있으며, 나이와도 무관하다. 이때 심장은 불규칙하게 떨려 혈액을 내보내지 못한다. 심장 경련은 절체절명의 위기라고 할 수 있다. 참고로, 심장의 미세한 경련을 심실세동, 지나치게 빠른 리듬을 심실빈맥이라고 부른다.

전기 충격으로 박동을 바로잡을 수 있다

심장이 경련을 일으키면 심장이 올바른 리듬을 잡을 수 없다. 이때 몸 외부에서 전기 충격을 가하면 리듬을 바로잡을 수 있다. 심장이 몇 분만 혈액을 공급하지 못해도 뇌에 심한 장애가 생길 수 있고, 일정 시간 초과하면 생명을 잃을 수도 있다.

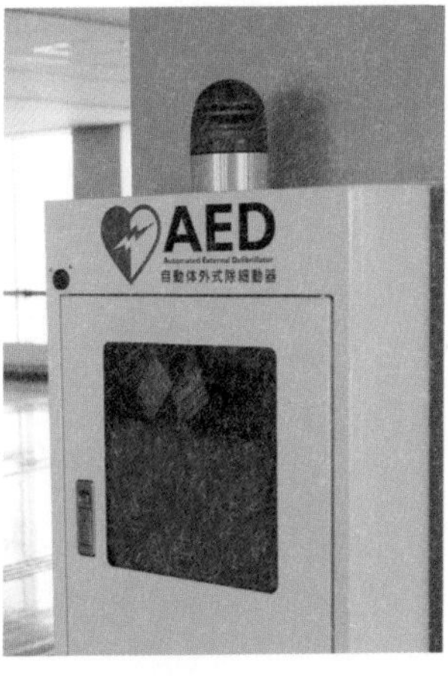

Day 018

관상동맥이 뭘까?

|관상동맥 이야기|

관상동맥은 심장에 산소와 영양소를 공급하는 혈관이다.

세 가지만 알면 나도 과학자!

심장으로 산소와 영양소를 운반하는 관동맥

온몸으로 혈액을 공급하는 심장 근육(심근)에도 혈액이 필요하다. 하지만 심장 안을 흐르는 혈액에서 산소와 영양소를 가져올 수 없어 전용 혈관인 '관상동맥'을 이용한다.

관상동맥 혈류가 나빠지면 협심증이 생긴다

관상동맥 일부가 좁아지거나 혈류가 나빠지면 심장에 충분한 혈액이 도달하지 못해 가슴이 답답하며 쥐어짜는 듯한 통증이 생긴다. 이를 '협심증'이라고 한다. 혈관이 부르르 떨리거나(경련), 혈관 내부에 쌓인 찌꺼기가 원인이다.

혈관이 막히면 심근경색이 생긴다

관상동맥이 막힌 상태로 한동안 개선되지 않으면 혈액이 공급되지 않아 산소와 영양소가 부족해져 심근이 제대로 일할 수 없다. 이러한 증상을 '심근경색'이라고 한다. 심장이 움직이지 않아 목숨을 잃을 수도 있는 심각한 질환이다. 심장은 우리 몸 거의 한가운데 있는데, 왼쪽은 심장 앞쪽이라서 박동을 느끼기 쉽다.

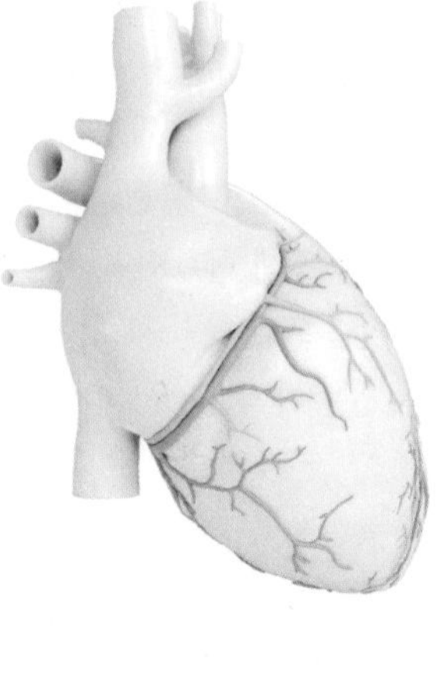

Day 019 장기 | 심장

부정맥이 뭘까?

|부정맥 이야기|

부정맥이란 심장 박동 리듬이 흐트러져 불규칙적으로 뛰는 증상이다.

세 가지만 알면 나도 과학자!

심장은 전기 반응에 의해 일정한 리듬으로 움직인다

심장 오른쪽 위에 있는 동방결절에서 발생한 전기에 반응해 심근이 수축하며 혈액을 내보낸다. 동방결절이 규칙적으로 전기를 발생시키지 못하면 심장의 리듬이 흐트러져 불규칙하게 뛰는데, 이런 증상을 '부정맥'이라고 한다.

너무 빨라도 너무 늦어도 좋지 않다

심장 리듬이 일정하지 않은 경우를 부정맥이라고 한다. 맥박이 너무 빠르면 '빈맥', 너무 느리면 '서맥'이라고 하며, 빈맥과 서맥 모두 부정맥에 포함된다. 운동과 긴장, 흥분, 발열로 일시적이지만 부정맥 상태가 될 수도 있다. 맥박이 너무 느려 실신한다든지 어지럼증이나 호흡 곤란 등의 증상이 나타날 경우에는 인공 심장 박동기를 이용해 심장 박동을 정상적으로 유지해야 한다.

손가락 끝으로 맥박을 잴 수 있다

맥박을 통해 혈관의 움직임을 느낄 수 있다. 손목이나 목덜미 등을 손가락으로 살포시 눌렀을 때 손가락 끝에서 전해지는 씰룩쌜룩 움직이는 느낌이 맥박이다.

심장판막 질환은 어떤 병일까?

| 심장판막 이야기 |

심장에 있는 밸브가 제대로 작동하지 않아서 생기는 질환이다.

세 가지만 알면 나도 과학자!

혈액이 섞이지 않게 돕는 밸브 역할

심장판막은 심장 속에서 혈액의 흐름이 일방통행을 유지하도록 돕는 밸브 역할을 한다. 산소와 영양소가 실린 깨끗한 혈액과 노폐물을 운반하는 지저분한 혈액이 섞이지 않고 원활하게 흐르도록 열고 닫기를 반복한다.

부드러운 움직임으로 꽉 닫는다!

판막이 제 기능을 하지 못하면 심장판막 질환이 생긴다. 판막 장애에는 판막이 딱 맞게 닫히지 못하고 틈으로 혈액이 새어 나오는 유형과 활짝 열리지 않아서 충분한 양의 혈액이 흐르지 않는 유형이 있다. 참고로, 판막 질환의 97퍼센트가 대동맥판막 또는 승모판 기능 이상이라는 보고도 있다.

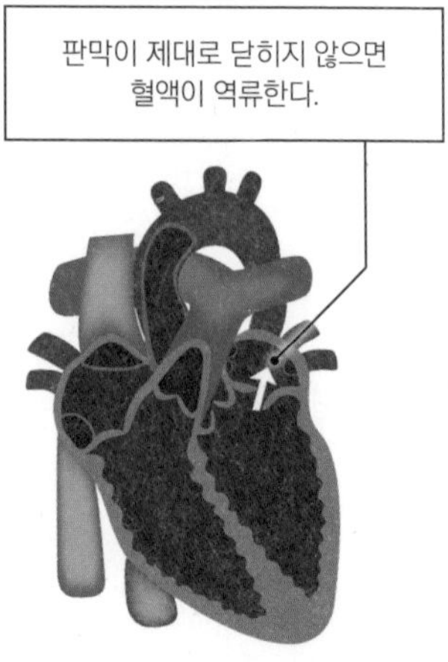

초음파로 심장 검사

선천성 질환 외에 다른 질병으로 인해 심장판막 질환이 생길 수도 있다. 초음파를 활용해 심장 상태를 진단하면 심장 안에서 혈액이 어떤 상태로 흐르는지, 판막의 움직임이 어떠한지 바로 확인할 수 있다.

인공 심장 박동기는 어떤 장치일까?

|인공 심장 박동기 이야기|

심장에 전기 신호를 보내 박동 리듬을 바로잡도록 돕는 장치다.

세 가지만 알면 나도 과학자!

페이스메이커를 도와주는 페이스메이커

심장 박동은 동방결절에서 출발하는 전기 신호의 이어달리기와 같다(19일 차). 동방결절이 제대로 작동하지 않아 심장 박동이 줄어들면 인공 심장 박동기(pacemaker)가 심장이 잘 달릴 수 있도록 도와주는 역할을 한다.

느려진 박동 리듬을 바로잡는다

본래 심장은 심근이 수축하며 혈액을 밀어낸다. 인공 심장 박동기는 정상적인 리듬으로 박동할 수 있도록 심장에 약한 전기 신호를 보내고, 심장이 자력으로 리듬을 바로잡으면 신호를 내보내지 않고 지켜본다.

체내식과 체외식이 있다

인공 심장 박동기에는 수술로 체내에 이식하는 종류와 전극만 심장에 넣고 배터리 등이 들어 있는 본체는 몸 밖으로 빼는 종류가 있다. '삽입형' 인공 심장 박동기를 체내에 이식하면 가벼운 운동도 가능하다. '체외식' 인공 심장 박동기는 긴급 상황 등에서 일시적으로 사용할 때가 많다.

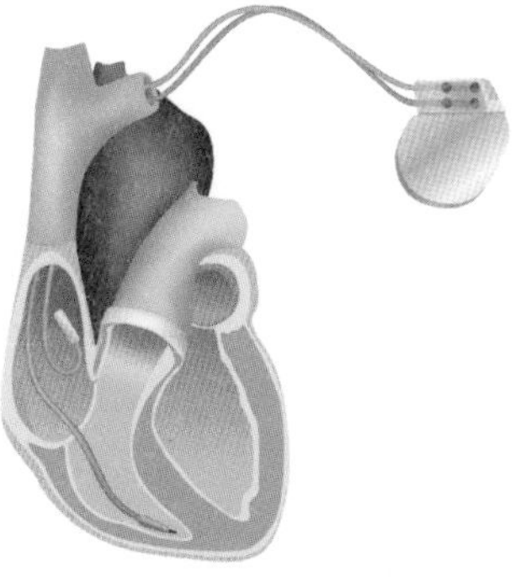

삽입형 인공 심장 박동기

면역이 뭘까?

|면역 이야기|

병원체로부터 우리 몸을 지켜준다.

세 가지만 알면 나도 과학자!

인간은 면역 작용 덕분에 살아남았다

면역력이란 '외부에서 들어온 병원균에 저항하는 힘'을 말한다. 그리고 바이러스와 세균으로부터 우리 몸을 지키고, 병에 걸리지 않게 해주는 작용을 '면역'이라고 한다. 면역 작용 덕분에 인간은 멸종하지 않고 지금까지 살아남을 수 있었다.

백혈구가 병원체를 공격한다

피부와 점막은 병원체가 들어오지 못하도록 방어벽 역할을 한다. 그런데도 병원체가 그 방어벽을 넘어오면 백혈구가 공격한다(115일 차). 백혈구에는 호중구(262일 차)와 단핵구(365일 차) 등 다양한 종류가 있는데, 우리 몸 곳곳에 포진해 있다가 병원체가 나타나면 힘을 합쳐 공격한다.

면역에는 두 종류가 있다

면역에는 모체로부터 선천적으로 받은 '자연면역'과 그 병원체와 싸우거나 예방접종을 통해 후천적으로 생긴 '후천면역'이 있다. 자연면역 때문에 신생아는 생후 6개월까지 천연두나 홍역에 잘 걸리지 않는다. 영국의 의사 에드워드 제너가 우두 접종법을 발견해 최초로 면역을 의료에 적용했다.

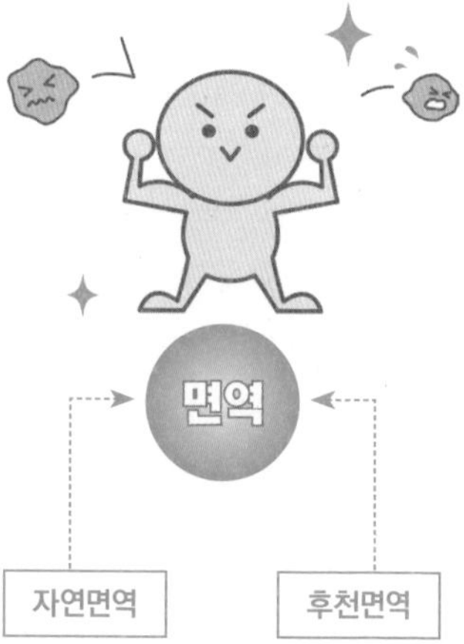

자연면역이 뭘까?

| 자연면역 이야기 |

엄마로부터 물려받아 태어날 때부터 가지고 있는 면역을 말한다.

세 가지만 알면 나도 과학자!

병원체의 침입에 가장 먼저 작용하는 면역

자연면역은 병원체가 몸에 들어오면 가장 먼저 작용하는 면역이다. 바이러스와 세균 등의 침입을 인지하면 병원체를 먹어 치우거나 병원체에 감염된 세포를 파괴하기도 한다. 세포와 조직에 손상이 발생했을 때도 자연면역이 작동한다.

병원체 침입을 인지하는 TLR

인간 외에도 많은 생물이 자연면역을 가지고 있다. 병원체가 침입하면 상피세포와 백혈구 등에 있는 톨유사수용체(Toll-like receptor, TLR)가 가장 먼저 인지한다. 바이러스와 세균의 침입을 인지하면 화학 물질을 분비해 그 자리에 백혈구를 불러들인다.

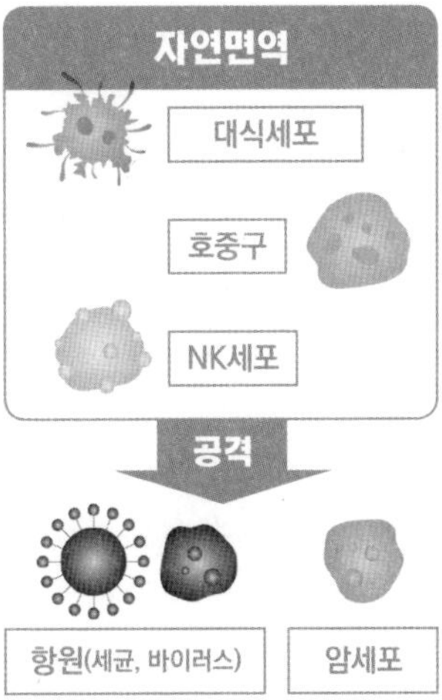

백혈구는 종류에 따라 역할이 다르다

백혈구는 크게 골수성 백혈구와 림프성 백혈구로 나뉜다. 각자 역할이 다르다. 골수성 백혈구인 호중구와 대식세포는 병원체를 먹어 치우는 탐식 작용을 하고, NK세포(265일 차) 등은 병원체에 감염된 세포를 파괴한다.

후천면역이 뭘까?

|후천면역 이야기|

병원체가 침입했을 때 과거에 병원체와 싸운 경험을 바탕으로 침입한 병원체를 물리치는 후천적 면역을 말한다.

세 가지만 알면 나도 과학자!

자연면역으로 방어할 수 없으면 후천면역이 나선다

자연면역으로 몸을 지킬 수 없으면 후천면역이 나선다. '적응면역'이라 부르기도 한다. 후천면역의 종류에는 공격 유형이 다른 '체액면역'과 '세포면역'이 있다.

체액면역과 세포면역은 공격 유형이 다르다

체액면역은 적에 대항하는 항체(25일 차)를 만드는 면역 작용이다. B세포(264일 차)가 담당한다. 항체는 특정 병원체에만 반응해, 다른 곳에는 영향을 주지 않는다. 세포면역은 병원체를 기억하는 림프구가 직접 공격에 나선다. 이는 T세포(260일 차)의 임무다. 후천면역은 인간뿐 아니라 어류·조류·포유류 등에도 있다.

두 가지 면역 시스템으로 보호

체액면역과 세포면역이라는 두 가지 면역 시스템이 원활하게 협력해 우리 몸을 병원체로부터 지켜준다.

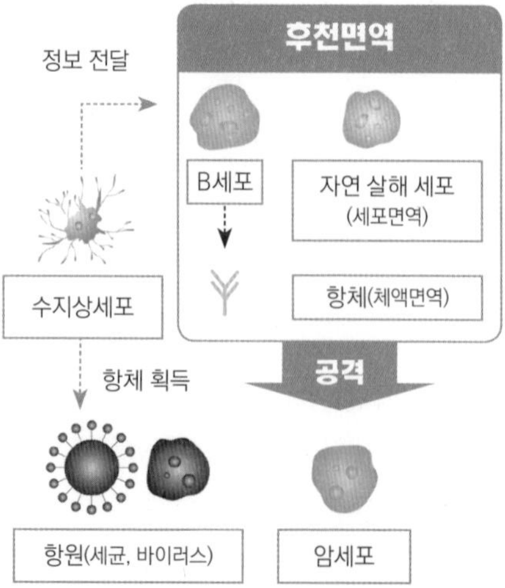

항원과 항체가 뭘까?

|항원과 항체 이야기|

항원은 후천면역을 작동시키는 바이러스이고,
세균과 항체는 외부의 적에 대응하는 물질이다.

세 가지만 알면 나도 과학자!

항원은 몸속에서 항체 형성 촉발

항원은 우리 몸속에 침입해 항체를 형성하게 하는 단백성 물질로, 세균과 바이러스 등 병원체를 아울러 일컫는다. 가령 암세포에만 있는 특별한 단백질을 '암항원'이라고 한다.

항체가 침입자를 해치우지는 않는다

항체는 항원에 대처하기 위해 생체 내에 만들어진 물질로, B세포(264일 차)가 만드는 면역 글로불린이라는 단백질이다. 항원이 몸에 들어오면 그 항원과 결합한 항체가 만들어진다. 항체는 스스로 항원을 물리치는 힘은 없지만, 대식세포(266일 차)와 호중구(262일 차) 등 이물질을 먹어 치우는 세포를 활성화한다. 항체는 기본적으로 한 종류의 항원과만 결합할 수 있다.

〈항원〉

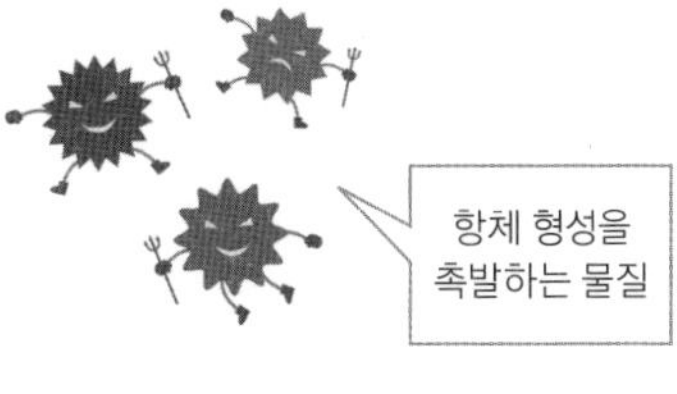

같은 침입자에 즉각 대응할 수 있다

B세포와 T세포 일부(261일 차)는 기억 세포가 되어 몸에 남는다. 그 기억이 같은 항원이 침입했을 때 도움을 준다.

〈항체〉

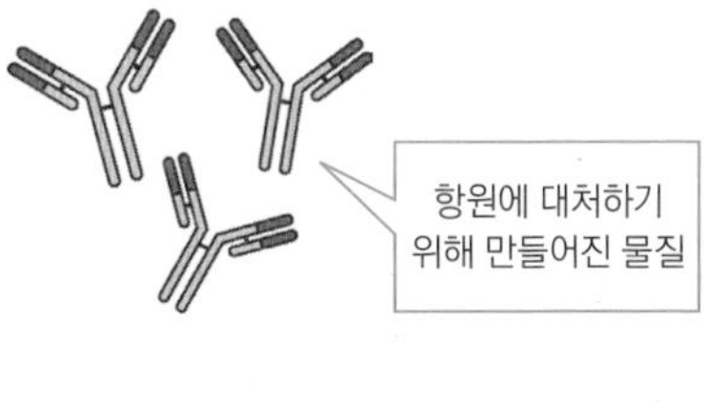

면역세포는 어디서 만들어질까?

| 면역세포 생성 이야기 |

어머니 배 속에 있을 때는 간에서 만들어지고,
태어난 뒤에는 골수에서 만들어진다.

세 가지만 알면 나도 과학자!

출생 전후 만들어지는 장소가 다르다

면역세포는 '조혈모세포(hematopoietic stem cell, HSCs)'에서 만들어진다. 조혈모세포는 어머니 배 속에 있을 때는 간에, 태어난 뒤에는 골수에 있다. 면역세포뿐 아니라 산소를 운반하는 적혈구와 출혈을 멎게 하는 혈소판 등도 조혈모세포에서 만들어진다.

대다수 면역세포는 골수에서 성장한다

골수에서는 우선 '조혈전구세포'가 만들어진다. 이 세포가 다양한 면역세포로 분화한다. T세포(260일 차)는 심장 약간 위에 있는 가슴샘(흉선)이라는 림프 기관 쪽으로 가서 성장하지만, 나머지 면역세포는 골수에서 그대로 성장한다.

T세포는 가슴샘에서 성장한다

가슴샘은 T세포가 성장하기 위한 보금자리다. 가슴 한가운데인 심장 바로 옆에 있다. 가슴샘은 사춘기에 가장 커졌다가 조금씩 작아진다.

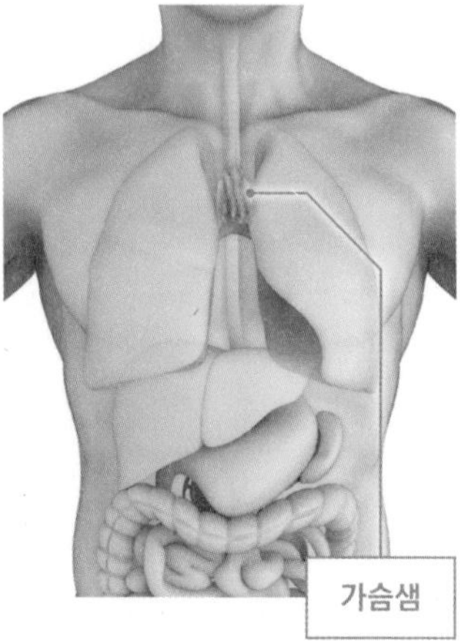

림프가 뭘까?

|림프 이야기|

면역세포 등이 다량 존재하는 림프액과
통로인 림프관 등을 일컫는다.

세 가지만 알면 나도 과학자!

림프액은 원래 혈액의 일부였다

혈액 일부가 혈관 벽 사이에 있는 작은 틈을 통해 빠져나가면 세포와 세포 사이에 있는 세포액이라는 물질이 된다. 이 세포액이 림프관 쪽으로 들어가면 '림프액'이라고 부른다. 림프는 라틴어로 '맑은 물(lymph)'이라는 뜻이다.

림프절은 불필요한 물질을 정화한다

림프관은 혈관처럼 온몸에 뻗어 있다. 림프관이 모이는 중계 지점을 림프절(lymph node)이라고 한다. 림프절은 우리 몸에 대략 400~700군데 있다. 림프절에서는 림프액의 세포와 바이러스, 묵은 세포, 혈액에서 손상된 성분 등 불필요한 물질을 여과한다.

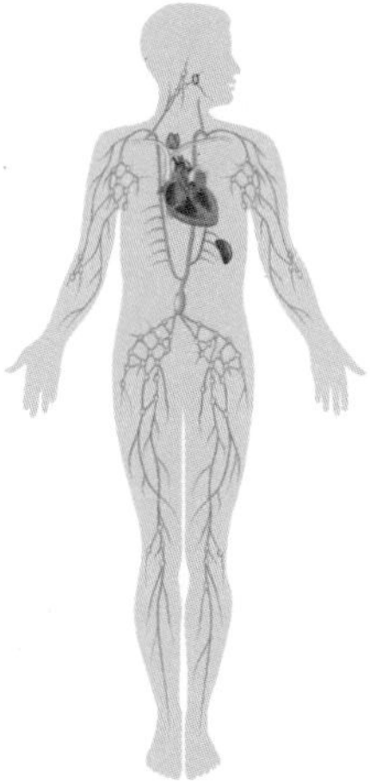

림프액은 일방통행으로 흐른다

림프액은 호흡과 운동을 통한 근육의 움직임에 의해서만 흐르는데, 혈액과 달리 일방통행으로만 흐른다. 림프관에 들어 있는 면역세포는 외부에서 들어오는 적이 없는지 온몸을 순찰하다가 발견 즉시 처리한다.

면역력이 뭘까?

| 면역력 이야기 |

딱 떨어지는 정의는 없지만,
면역세포가 정상적으로 활동하는 상태를 가리킨다.

세 가지만 알면 나도 과학자!

나이를 먹거나 자율신경에 이상이 생기면 면역 기능 저하

병원체가 몸속에 들어왔을 때 공격하는 것이 '면역'이다. 그런데 나이를 먹거나, 자율신경(163일 차)에 이상이 생기거나, 스트레스로 인해 면역 기능이 저하될 때도 있다.

양질의 수면과 스트레스 해소가 중요

'면역력'이란 바이러스 등 외부에서 들어온 병원균에 저항하는 힘을 말한다. 우리 몸의 면역력이 떨어지면 저항하는 힘이 약해져 질병에 쉽게 노출된다. 면역력을 높이려면 푹 자고, 잘 먹으며, 스트레스를 효율적으로 관리하는 생활 습관을 길러야 한다.

면역 기능을 안정시키자

면역 기능이 과도하게 작용하는 것도 좋지 않다. 면역 기능이 과도하면 건강한 세포까지 공격하기 때문에 안정적인 상태를 유지하는 것이 바람직하다. 지나친 운동도 면역 기능을 떨어뜨릴 수 있다.

사람은 왜 살이 찔까?

|비만 이야기|

섭취한 에너지가 사용한 에너지보다 많은 상태가 계속되면 살이 찐다.

세 가지만 알면 나도 과학자!

섭취 에너지와 소비 에너지

자동차는 휘발유나 전기가 없으면 움직이지 못한다. 사람도 음식을 통해 공급받은 에너지(열량)로 활동한다. 음식으로 섭취한 에너지를 '섭취 에너지', 활동 등으로 사용하는 에너지를 '소비 에너지'라고 한다.

사용하고 남은 에너지가 비만의 원인

비만은 '섭취 에너지'와 '소비 에너지'의 균형 문제에서 비롯된다. 섭취 에너지가 많으면 체내에 에너지가 남아 살이 찐다. 반대로 '소비 에너지'가 많으면 에너지가 부족해 살이 빠진다. 물의 에너지는 0이므로 물을 마셔 몸무게가 늘어나는 것은 살이 쪘다고 할 수 없다.

움직이지 않아도 에너지가 쓰인다

소비 에너지 중에는 숨을 쉬거나, 내장을 움직이거나, 체온을 유지하는 등 기초적인 신체 활동에 사용되는 에너지도 있다. 움직이지 않을 때나 잠자는 동안에도 쓰이는 이런 에너지를 '기초대사'라고 한다.

Day 030 몸의 움직임 | 비만

피하지방이 뭘까?

| 피하지방 이야기 |

피부 바로 아래 있는 지방이다.

세 가지만 알면 나도 과학자!

무릎과 허리에 부담을 주는 피하지방

지방은 몸 어느 부위에 붙느냐에 따라 '피하지방'과 '내장지방'으로 나뉜다. 피하지방은 피부 바로 아래 붙는 지방이다. 피하지방이 증가하면 무릎과 허리에 주는 부담이 커진다. 그렇지만 피하지방이 직접적인 원인이 되어 질병을 일으키지는 않는다.

손으로 잡았을 때 잡히는 살이 피하지방

엉덩이처럼 살집이 많은 부위를 손으로 잡으면 탱탱한 살이 잡히는데, 이 살이 피하지방이다. 엉덩이 외에도 가슴, 넓적다리 등 하반신에 붙기 쉽다. 서양배처럼 가운데가 불룩한 체형이라고 해서 피하지방형 비만을 '서양배형' 비만이라 부르기도 한다. 피하지방은 매일 조금씩 축적되어, 내장지방보다 빼기 어렵다.

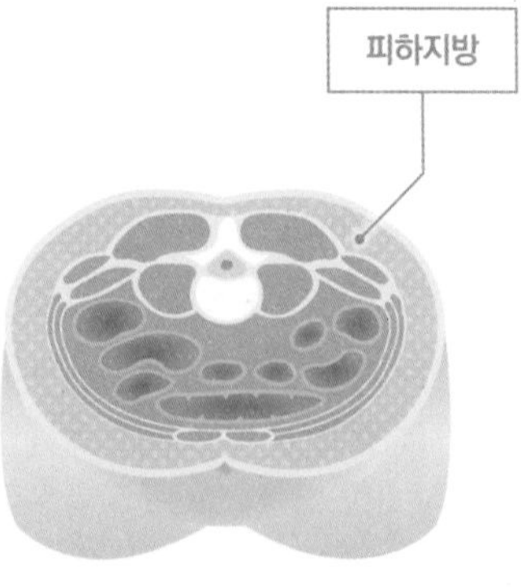

에너지를 저장하는 중요한 역할

피하지방은 위급한 순간에 사용할 수 있도록 에너지를 저장하거나 체온을 유지하는 등 중요한 역할을 한다. 특히 여성이 임신과 출산할 때 필요한 지방이다.

내장지방은 뭘까?

|내장지방 이야기|

내장 주위에 생기는 지방을 가리킨다.

세 가지만 알면 나도 과학자!

내장 주위에 붙는 지방

내장지방은 내장 주위에 붙는 지방으로, 내장의 위치를 제자리에 유지하거나 충격을 완화하는 쿠션 역할을 한다. 허리둘레를 따라 주로 배에 지방이 붙는다. 겉으로는 살찌지 않은 사람처럼 보여도 내장지방이 많은 사람을 '마른 비만'이라고 한다.

여러 가지 질병의 원인

내장지방은 '아디포카인(adipokine)'이라는 물질을 분비한다. 좋은 콜레스테롤(HDL)은 당뇨병과 동맥경화를 방지하지만, 혈관을 막히게 하거나 혈압을 올리기도 한다. 내장지방이 증가하면 좋은 콜레스테롤은 줄어들고 나쁜 콜레스테롤(LDL)은 증가해 당뇨병과 고혈압을 유발할 수 있다.

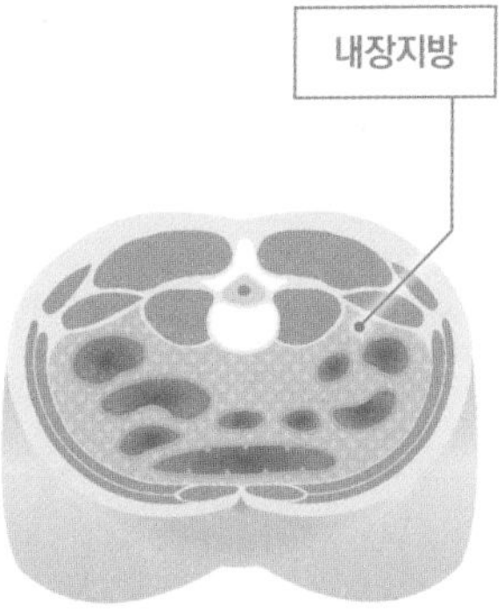

생명을 위협할 수도

내장지방이 많으면 혈관이 딱딱하게 굳어 심근경색과 뇌경색 등 생명과 연관된 질병이 생길 수 있다. CT 검사로 내장지방이 어느 정도인지 알 수 있다. 한 개에 250킬로칼로리인 도넛을 소비하려면 약 30분간 조깅을 해야 한다.

중성지방이 뭘까?

|중성지방 이야기|

중성지방이 너무 많으면 체지방이 되어 '비만의 원인'이 된다.

세 가지만 알면 나도 과학자!

비만의 원인이 되는 중성지방

우리 몸속에는 중성지방, 유리지방산, 인지질, 콜레스테롤이라는 네 종류의 지방이 있다. 이 중에서 중성지방이 비만의 원인이 된다. 중성지방은 혈액 속에 존재하며, 내장 등의 활동을 돕는 에너지원이 되기도 한다.

쓰고 남으면 쌓이는 중성지방

섭취 에너지가 많아 소비하고 남은 에너지는 중성지방이 된다. 중성지방은 혈관을 지나 지방 세포 속에 저장 에너지로 축적된다. 이렇게 축적된 상태가 체지방이다. 지방 세포가 꾸준히 증가하면 겉보기에도 포동포동하고 토실토실하게 살이 오른 느낌이 든다. 체지방 1킬로그램은 7,200킬로칼로리다. 하루 400킬로칼로리를 초과하면 18일 후 1킬로그램이 찐다.

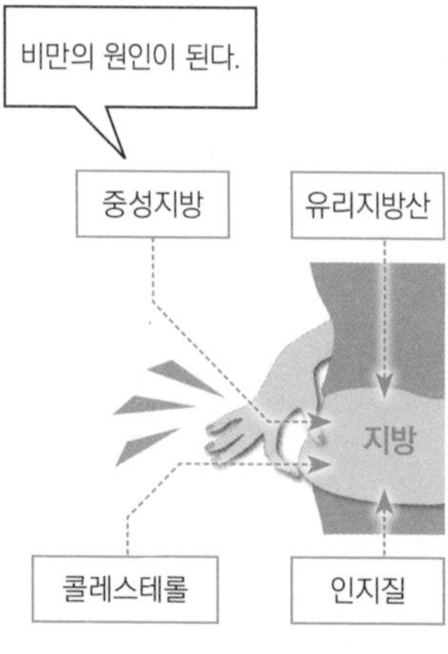

부족하면 분비되는 중성지방

반대로 소비 에너지가 계속 많아지면 지방 세포 속 중성지방이 혈관으로 나가 에너지로 사용된다. 그러면 지방 세포가 작아져 날씬해진다.

Day 033 몸의 움직임 | 비만

콜레스테롤이 뭘까?

|콜레스테롤 이야기|

호르몬과 세포막을 만드는 재료가 되는 지방이다.

세 가지만 알면 나도 과학자!

생명 유지에 필수적인 물질

콜레스테롤은 호르몬과 세포막을 만드는 데 필요한 지방이다. 우리 몸에 없으면 안 되는 물질이지만, 너무 많으면 비만과 혈관이 딱딱해지는 원인이 된다. 식사를 통해 섭취하거나 간에서 합성된다.

HDL과 LDL의 차이

HDL(좋은 콜레스테롤)은 혈관에 남은 불필요한 콜레스테롤을 간으로 돌려보내고, LDL(나쁜 콜레스테롤)은 간에서 온몸의 세포로 콜레스테롤을 공급하는 역할을 한다. 콜레스테롤 수치가 너무 높아져 혈액 속에 남으면 동맥 벽으로 파고 들어가 동맥경화를 일으킬 수도 있다.

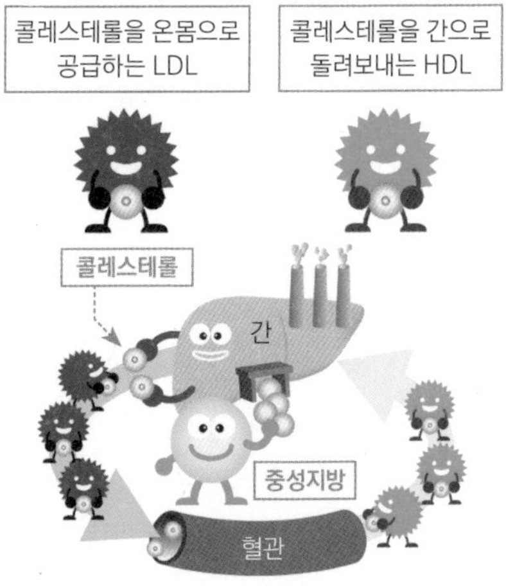

중성지방 수치 관리

HDL과 LDL이 균형을 이루도록 관리해야 한다. 중성지방이 증가하면 LDL이 늘어나고 HDL이 줄어든다. 중성지방 수치가 지나치게 높아지지 않도록 주의해야 한다. LDL 수치가 높거나 HDL 수치가 낮은 상태를 '이상지질혈증'이라고 한다.

대사 증후군이 뭘까?

|대사 증후군 이야기|

비만으로 이런저런 질환이 일어나기 쉬운 상태를 말한다.

세 가지만 알면 나도 과학자!

내장 지방형 비만에 복합적 요소 추가

내장 지방형 비만에 고혈압, 고혈당, 이상지질혈증 중 두 가지 이상이 추가된 상태를 '대사 증후군'이라고 한다. 아직 병으로 진단할 정도가 아니더라도 주의해야 한다.

아동 대사 증후군 증가

대사 증후군은 성인의 문제였는데, 최근 아동 대사 증후군이 증가하는 추세다. 비만 아동의 경우 10명 중 1~2명이 대사 증후군이라는 조사 결과도 있다. 따라서 대사 증후군을 가볍게 넘기면 안 된다. 대사 증후군이 악화해 심근경색 또는 뇌경색으로 이어지는 사례가 많기 때문이다.
아동 대사 증후군이 발생하면 30~40대에 이런 질병이 발생할 수 있다.

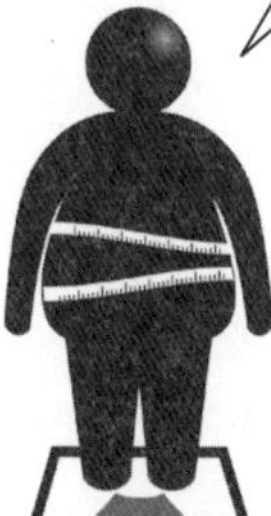

대사 증후군 예방과 대책

건강한 생활 습관이 중요하다. 주스를 즐겨 마시던 사람은 물이나 차로 바꾸고, 밤을 새우던 사람은 일찍 자고 일찍 일어나는 습관부터 시작해보자. 비만 아동의 약 70퍼센트 이상이 성인 비만으로 이어진다는 데이터도 있다. 비만은 조기 대처가 중요하다.

운동기능 저하 증후군이 뭘까?

|운동기능 저하 증후군 이야기|

뼈와 관절, 근육 등이 약해져 일상생활에 지장이 생긴 상태다.

세 가지만 알면 나도 과학자!

뼈와 관절, 근육이 쇠약해져 서거나 걸을 수 없다

뼈와 관절, 근육 등의 운동기관이 약해져 서거나 걸을 수 없는 상태를 운동기능 저하 증후군이라고 한다. 상태가 진행되면 돌봄이 필요하거나 몸져누울 수도 있다.

고령과 질병이 원인

나이가 들수록 근력과 균형감각이 줄어들고 운동기능도 저하된다. 골다공증이나 퇴행성 무릎 관절염 등 뼈와 관절 관련 질환의 원인이 될 수도 있다. 통증과 부기가 나타나 움직일 수 없으며 운동기능도 떨어진다.

근육 단련 운동을 하면 치료와 예방에 효과적!

병원에서 검사를 통해 운동기능 저하 증후군이라는 진단을 받으면 원인 질환을 치료하고 재활 치료를 통해 관절에 부담을 주지 않으면서 다리와 허리의 근육을 단련한다. 한 발로 서기와 스쾃 등의 운동은 예방에 효과적이다. 어린 시절 운동량이 미래 골량에 영향을 주므로 어려서부터 꾸준한 운동 습관을 들이는 것이 좋다!

Day 036 질병 | 감기

감기는 어떤 질병일까?

|감기 이야기|

감기는 의학적으로 급성 상기도 감염 질환으로,
콕 집어서 하나의 질병을 가리키지는 않는다.

세 가지만 알면 나도 과학자!

다양한 바이러스가 일으키는 제반 증상

목과 코를 통해 바이러스와 세균이 몸 안으로 들어오면 재채기, 콧물, 목 통증, 발열 등의 증상이 나타나는데, 이런 증상을 아울러 '감기'라고 일컫는다. 감염된 세포를 건강한 세포가 파괴해 3~7일 정도 지나면 낫는 비교적 가벼운 질병이다.

감기는 감기약으로 낫지 않는다!?

감기에 걸리면 일반적으로 감기약을 먹는다. 그러나 통상 감기약이라고 부르는 약들은 목에 생긴 통증이나 콧물을 줄여주는 등 감기 증상만 약화시킬 뿐이다. 감기는 감기약이 아니라 우리 몸에 있는 세포의 힘으로 완치된다.

감기는 왜 자꾸 걸릴까?

우리 몸에 바이러스가 들어오면 몸에서 대항하는 항체(25일 차)가 만들어져 다시는 감염되지 않는다. 그런데 감기에 한 번 걸렸다고 다시 걸리지 않는 사람은 없다. 감기 바이러스는 200종류가 넘고 변이하기 때문이다. 처음 접촉하는 바이러스가 몸에 들어오면 또다시 감기에 걸린다.

기침과 재채기는 왜 나올까?

|기침과 재채기 이야기|

코와 입으로 들어온 이물질을 감지해
몸 밖으로 밀어내기 위해서다.

세 가지만 알면 나도 과학자!

감기에 걸렸을 때만 기침과 재채기가 나오는 것은 아니다

감기에 걸리지 않아도 기침이나 재채기가 나올 때가 있다. 먼지와 세균, 바이러스 등 이물질이 목과 코를 통해 몸속으로 들어오면 이물질을 몸 밖으로 밀어내기 위해 기침이나 재채기가 나온다. 이물질로부터 몸을 보호하는 작용이다.

폐를 지키는 역할도 한다

감기에 걸리면 콧물과 가래가 기관과 기관지(52일 차)로 흘러 들어간다. 기관과 기관지 안쪽에는 섬모라는 미세한 털이 나 있다. 이 섬모에 이물질이 붙으면 이물질을 외부로 내보내기 위해 기침이 나온다. 이물질이 폐로 들어가지 못하게 방어하는 것이다.

재채기는 코점막의 작용

감기에 걸리면 코점막이 바이러스와 세균을 감지해 재채기가 터져 나온다. 이물질이 점막의 신경을 자극하면 호흡근이 긴장한다. 이 긴장이 참을 수 없을 만큼 한계에 이르면 단숨에 풀기 위해 재채기가 터져 나온다. 이때 재채기의 기세로 점막에 붙은 바이러스가 몸 밖으로 배출된다.

목이 왜 따끔따끔 아플까?

|목 통증 이야기|

감기 바이러스와 세균이 목에 염증을 일으키기 때문이다.

세 가지만 알면 나도 과학자!

통증은 우리 몸이 바이러스·세균과 싸운다는 신호

감기에 걸리면 목이 빨갛게 붓거나 따끔거리면서 아플 때가 있다. 이는 백혈구(115일 차) 등이 바이러스와 세균을 퇴치하는 과정에서 염증을 일으키기 때문이다. 특히 목은 우리 몸에서 바깥 세계와 접촉하는 기관이라서 염증이 발생하기 쉽다.

기침과 재채기 등으로 감염

감기에 걸린 사람이 기침과 재채기를 하면 침방울 속의 바이러스와 세균이 퍼진다. 이때 호흡하거나 감기 바이러스, 세균이 묻은 손으로 입을 만지면 감기에 걸린다. 코로나바이러스(코로나19와 다르다)와 아데노바이러스 등이 감기의 주요 원인이다.

목이 아픈 원인은 감기 외에도 많다

감기와 같은 바이러스나 세균 질환이 아니어도 목이 아플 수 있다. 입으로 호흡해 목 점막이 건조하거나, 큰 소리로 말하거나, 매운 음식 등으로 강한 자극을 받으면 목이 아플 수 있다.

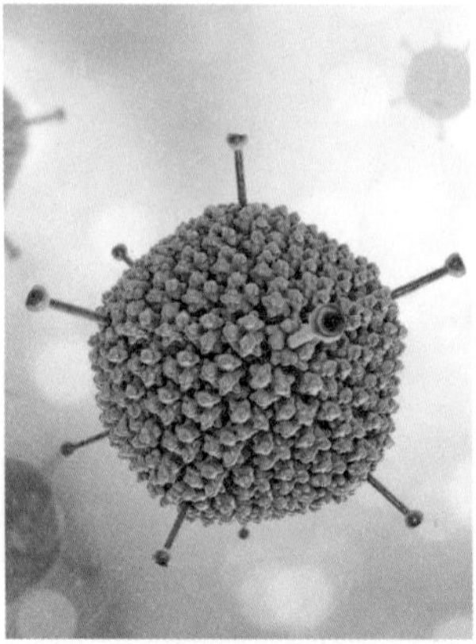

아데노바이러스 이미지

콧물은 왜 나올까?

|콧물감기 이야기|

콧속으로 들어간 바이러스와 세균 등을 몸 밖으로 밀어내기 위해서다.

세 가지만 알면 나도 과학자!

콧물은 코점막이 몸을 지키기 위해 만들어내는 점액

우리가 느끼지 못하지만, 콧속에서는 보습을 위해 항상 콧물이 조금씩 만들어지고 있다. 코에 바이러스와 세균 등이 들어오면 몸 밖으로 내보내기 위해 다량의 점액이 만들어진다. 이 점액이 콧물의 정체다. 먼지나 꽃가루 등이 들어가도 콧물이 나올 수 있다.

콧물 색깔로 몸 상태를 알 수 있다

콧물은 여러 가지 색깔이 있고 상태가 다양하다는 사실을 모르는 사람이 많다. 알레르기 비염의 경우에는 콧물이 무색투명하고 점성이 거의 없이 맑다. 감기에 걸리면 초기에는 끈적끈적한 콧물이 나오고 끝날 무렵에는 누런 콧물이 나온다. 누런 콧물은 축농증(91일 차)일 가능성도 있다.

올바르게 코 푸는 방법

힘을 너무 세게 주어 코를 풀면 오히려 바이러스나 세균이 콧속 깊이 들어가거나 귀가 아플 수 있다. 코를 풀 때는 입으로 숨을 호흡하며 한 쪽씩, 천천히, 조금씩 풀어야 한다.

편도(샘)는 왜 부을까?

|편도(샘) 이야기|

감기 등의 바이러스와 세균이 부착되어 염증을 일으키기 때문이다.

세 가지만 알면 나도 과학자!

편도(샘)는 바이러스와 세균으로부터 몸을 지키는 관문

편도(샘)(10일 차)는 목젖 양쪽에 있는, 혹처럼 생긴 부위다. 병원체가 몸 안쪽으로 들어가지 못하게 막는 수문장 역할을 한다. 이 부위에 바이러스나 세균이 붙어 증식하기 쉽고, 그로 인해 잘 붓는다.

급성 편도염에 걸리면 목이 아프고 열이 난다

감기로 편도(샘)가 붓는 증상을 급성 편도염이라고 한다. 목이 붓고 아프며, 물만 삼켜도 쓰라릴 정도로 통증이 심하다. 38도 이상 고열이 나는 경우도 많지만, 목 통증이 완화되면 열도 내린다.

어린이의 편도(샘)는 더 붓기 쉽다

편도(샘)는 7~8세에 가장 커진다. 바이러스와 세균이 부착되면 2~3세 무렵부터 편도(샘)가 붓는다. 그 때문에 유아와 어린이는 감기에 걸리면 유독 편도(샘)가 잘 붓는다. 그러나 나이를 먹으면 편도(샘)가 점차 작아져 잘 붓지 않는다. 편도(샘)가 심하게 부으면 고름이 생길 수도 있다.

Day 041 질병 | 감기

열은 왜 날까?

|발열 이야기|

바이러스의 활동을 억제하고 면역세포 활동을 촉진하기 위해서다.

세 가지만 알면 나도 과학자!

체온을 높여 면역세포의 활동을 강화한다

뇌에는 체온을 일정하게 유지하려는 작용이 있다. 그래서 바이러스나 세균에 감염되면 뇌는 체온을 올리라고 명령을 내린다. 체온을 높여 바이러스와 싸우는 면역세포의 활동을 강화하기 위해서다.

열이 나는 건 나쁜 일이 아니다

인간의 평균 체온은 36~37도다. 37.5도 이상이면 '발열'로 본다. 체온이 높으면 면역력이 증대된다. 체온이 40도 이상이면 바이러스와 세균이 사멸한다고 하니 열 나는 게 무조건 나쁜 일은 아니다. 열은 우리 몸이 싸우고 있다는 증거이므로 무분별하게 해열제를 먹을 필요는 없다.

싸움이 끝나면 땀이 나며 열이 내린다

고열이 난 뒤에는 땀이 난다. 이는 세균 및 바이러스와의 싸움이 끝났다는 신호다. 땀을 흘려 올라간 체온을 평상시 체온으로 돌리려는 신체 작용이다. 참고로, 체온계는 이탈리아의 의사 산토리오 산토리오(Santorio Santorio)가 최초로 발명했다.

감기에 걸리면 왜 으슬으슬 춥고 떨릴까?

|오한 이야기|

바이러스나 세균과 싸우기 위해 뇌가 체온을 올리라고 요구하면 혈액이 심장으로 몰려 몸이 떨린다.

세 가지만 알면 나도 과학자!

오한은 뇌가 체온을 올리려는 신호

감기에 걸리면 갑자기 으슬으슬 한기가 느껴진다. 바이러스나 세균과 싸우기 위해 뇌가 체온을 올리라고 명령을 내리면 혈액이 심장으로 몰리면서 팔다리 쪽 혈관을 수축시켜 으슬으슬 춥다.

오한과 동시에 몸이 부들부들 떨리기도

한기가 들 때 몸이 부들부들 떨리는 것은 근육을 떨어서 발산된 열로 체온을 올리기 위한 신체 반응이다. 감기에 걸렸을 때 미열이라면 입욕을 해도 괜찮지만, 체력이 소진되지 않도록 미지근한 물에서 짧게 끝내야 한다.

오한이 들면 몸을 따뜻하게

오한은 체온을 빨리 올리라는 뇌의 명령에 따라 일어나는 반응이다. 오한이 온 뒤에 고열이 날 때가 많다. 오한이 드는 동안에는 뇌가 명령한 체온이 되지 않으므로 열이 내려가지 않는다. 그럴 때는 따뜻한 음료를 마시거나 옷을 껴입고 안정을 취하는 것이 좋다.

피부는 어떻게 만들어질까?

| 피부 구조 이야기 |

> 피부는 표피, 진피, 피하조직이라는 세 개의 층으로 이루어져 있다.

세 가지만 알면 나도 과학자!

몸무게의 10퍼센트는 피부의 무게

머리 꼭대기부터 발끝까지 우리 몸은 피부로 덮여 있다. 그 피부를 쫙 펼치면 성인 남성 기준 약 1.6제곱미터에 이른다. 피부가 몸무게의 10분의 1가량을 차지한다.

가장 바깥쪽은 피부를 지키는 장벽

피부의 두께는 약 1~4밀리미터다. 표피, 진피, 피하조직이라는 세 개의 층으로 이루어져 있다. 가장 바깥인 표피의 두께는 평균 0.1밀리미터다. 무척 얇지만 튼튼해서 피부 바깥을 지키는 장벽 역할을 야무지게 해낸다.

가장 안쪽은 지방으로 만들어진 쿠션

표피 바로 아래가 진피다. 진피에는 땀을 생성하는 '땀샘'과 피지를 만드는 '피지샘', 통증과 온도 등의 감각을 수용하는 '센서'가 있다. 진피 아래, 지방으로 이루어진 피하조직은 외부 충격을 완화하는 쿠션 역할을 한다. 아기 피부가 말캉말캉한 이유는 표피와 진피는 얇고 피하조직이 두껍기 때문이다.

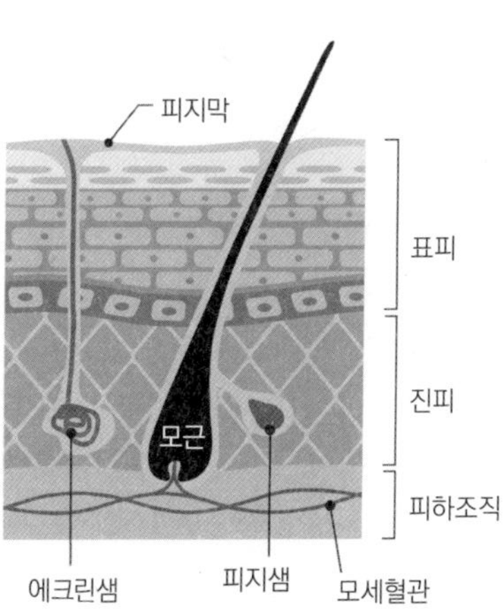

땀은 왜 날까?

|땀샘 이야기|

체온이 지나치게 높아지지 않도록 조절하기 위해서 땀이 난다.

세 가지만 알면 나도 과학자!

땀은 '땀샘'에서 만들어진다

무더운 여름날 열심히 달리고 나면 땀이 비 오듯 흐른다. 땀은 피부 속에 있는 '땀샘'에서 만들어져 피부 표면의 작은 구멍으로 배출된다. 우리 몸에는 대략 350만 개의 땀샘이 있다. 땀샘의 수는 성인과 아동이 거의 같아 몸집이 작은 아이가 어른만큼 땀을 흘리기도 한다.

체온을 36~37도로 유지한다

땀은 99퍼센트 이상이 수분으로 이루어져 있다. 땀이 피부 표면으로 배출되면 마르면서 몸 표면의 열을 가져간다. 이 과정에서 체온이 낮아진다. 더운 여름에는 우리 몸에 적당한 36~37도의 체온을 유지하기 위해 땀이 난다.

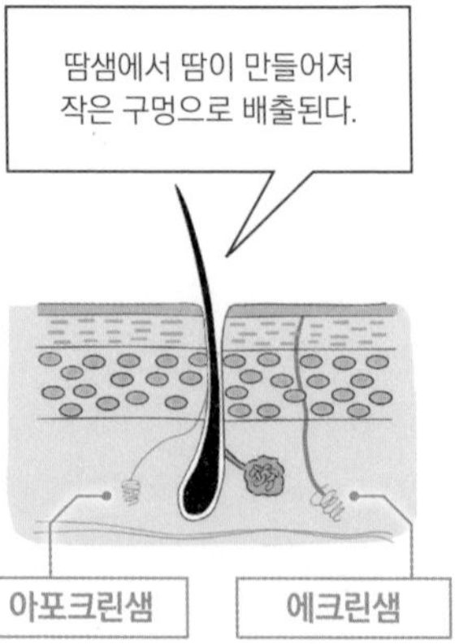

땀샘에는 두 가지 종류가 있다

덥지 않은데도 긴장해서 손바닥이나 등줄기가 흥건히 젖을 정도로 땀을 흘릴 때가 있다. 땀을 만드는 땀샘에는 두 종류가 있다. 더울 때는 에크린샘에서, 긴장했을 때는 아포크린샘에서 주로 땀이 만들어진다.

아프거나 따뜻한 걸 어떻게 느낄까?

|피부의 센서 이야기|

피부 속에 있는 다섯 가지 센서로 감각을 인지한다.

세 가지만 알면 나도 과학자!

통각, 촉각, 압각, 온각, 냉각

누가 뒤에서 어깨를 두드리면 곧바로 알아차리는 것은 피부 센서가 있기 때문이다. 우리 피부에는 아플 때 느끼는 '통각', 무언가와 닿았을 때 느끼는 '촉각', 눌렸을 때 느끼는 '압각', 따뜻할 때 느끼는 '온각', 차가울 때 느끼는 '냉각'이라는 다섯 가지 센서가 있다.

피부보다 따뜻한가 차가운가

온각은 피부 온도보다 높으면 따뜻하다고 느끼고, 냉각은 피부 온도보다 낮으면 차갑다고 느낀다. 온각은 약 40도까지, 냉각은 약 16도까지 인지할 수 있으며, 그보다 높거나 낮으면 통각이 작용한다.

몸은 '아픔'에 민감하다

다섯 가지 센서 중에서 통각의 숫자가 가장 많다. 1제곱센티미터의 피부에 무려 100~200개의 통각 센서가 포진하고 있다. 아프면 위험하기 때문에 위험으로부터 몸을 지키기 위해 통각 센서가 다량 존재한다.

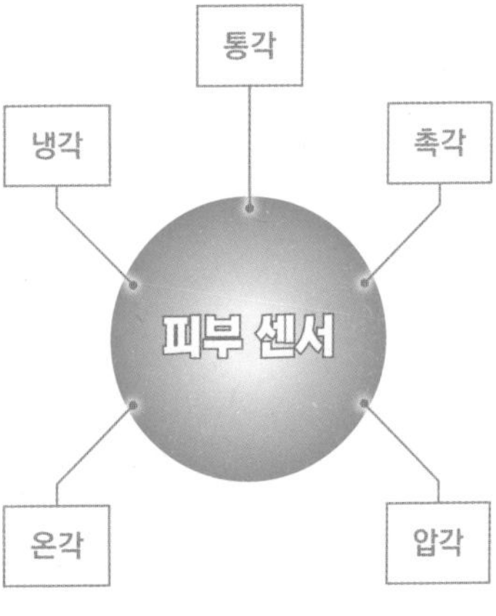

Day 046 오감 | 피부

점은 왜 생길까?

| 점 이야기 |

검은색 색소를 만드는 '모반세포'가 모여서 생긴다.

세 가지만 알면 나도 과학자!

점의 정체는 '모반세포'의 집합체

그동안 없었는데 어느 날 갑자기 생긴 점을 발견하고 화들짝 놀랄 때가 있다. 점은 검은색 색소를 만드는 '모반세포'의 집합체다. 태어날 때부터 가지고 있는 경우도 있지만, 점은 대체로 서너 살 무렵부터 생기기 시작한다.

점의 검은색은 멜라닌 색소

우리 온몸을 감싸는 피부에는 검은색 멜라닌 세포(melanocyte)가 흩어져 있다. 이 멜라노사이트가 변화해 모반 세포가 된다. 모반 세포도 검은색 색소를 만들어내기 때문에 모반 세포가 모인 점도 거무스름한 색을 띤다.

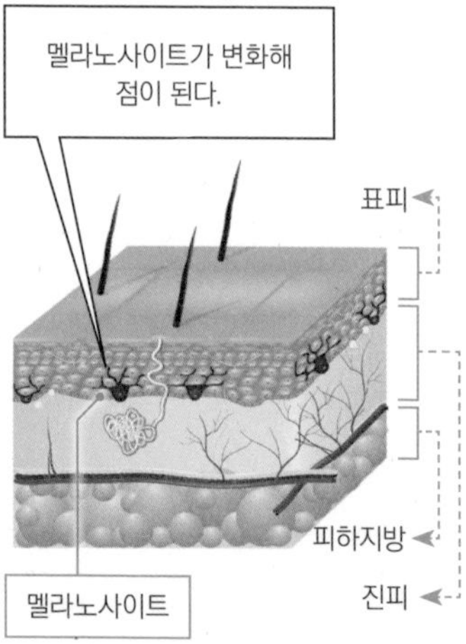

점은 사라지지 않는다

일반적으로 한 번 생긴 점은 저절로 사라지지 않는다. 오히려 어린 시절에 평평했던 점이 나이가 들면서 모반 세포의 수가 점점 증가해 부풀어 오르듯 볼록해지거나 커질 수도 있다.

Day **047** 오감 | 피부

보조개는 왜 생길까?

|보조개 이야기|

웃을 때 움직이는 근육이 볼 피부를 잡아당겨 보조개가 생긴다.

세 가지만 알면 나도 과학자!

웃을 때 생기는 보조개

웃을 때 보조개는 왜 생길까? '볼우물'이라고도 부르는 보조개는 부모에게서 유전되는 경향이 있다. 아버지와 어머니 모두 보조개가 있으면 자녀도 보조개가 생길 가능성이 크다.

얼굴 근육은 피부로 이어져 있다

웃으면 입꼬리 당김근이라는 근육이 수축해 입꼬리가 옆으로 펴진다. 얼굴 근육이 얼굴 피부로 직접 이어져 있어, 입꼬리 당김근이 수축하면 그 위에 있는 볼 피부도 잡아당겨지며 보조개가 생긴다.

표정을 만드는 근육은 30종류가 넘는다!

사람은 웃는 표정뿐 아니라 화난 표정, 두려운 표정, 슬픈 표정 등 다양한 표정을 지을 수 있다. 눈과 코, 입 등을 움직여 표정을 만드는 근육을 '표정근'이라고 하는데, 30종류가 넘는다. 입꼬리 당김근도 표정근 중 하나다. 볼이 말랑말랑한 사람일수록 보조개가 잘 생긴다.

웃으면 입꼬리가 옆으로 펴지며
볼 피부가 당겨져 보조개가 생긴다.

때는 왜 밀릴까?

| 때 이야기 |

피부 안쪽에서 생긴 세포가 죽으면서
피부 표면에서 벗겨져 떨어지기 때문이다.

세 가지만 알면 나도 과학자!

때의 정체는 죽은 피부 세포

몸을 욕조에 담가 불렸다가 때수건으로 밀면 지우개 가루처럼 부슬부슬 때가 밀려 나온다. 우리 몸에 생기는 때의 정체는 죽은 피부 세포가 벗겨져 나온 잔해다.

표피에서 새로운 세포가 만들어진다

피부는 표피, 진피, 피하조직이라는 세 개 층으로 이루어져 있다. 그중 가장 바깥에 있는 '표피'는 다시 네 개 층으로 구성되어 있는데, 가장 아래 '기저층'에서는 계속 새로운 세포가 생성된다. 새로운 세포는 계속 위로 올라가 가장 위에 있는 '각질층'에 도달할 무렵 죽은 세포(각질)가 된다.

죽은 세포가 피부를 지켜준다

각질은 차곡차곡 겹친 상태로 피부 표면을 덮어 피부 안쪽을 보호한다. 따라서 죽은 세포가 피부 표면을 지켜주는 셈이다. 이 각질은 최후에 조금씩 벗겨져 떨어지는데 이것이 때다. 기저층에서 만들어진 세포가 때가 되어 떨어져 나갈 때까지 약 28일이 걸린다.

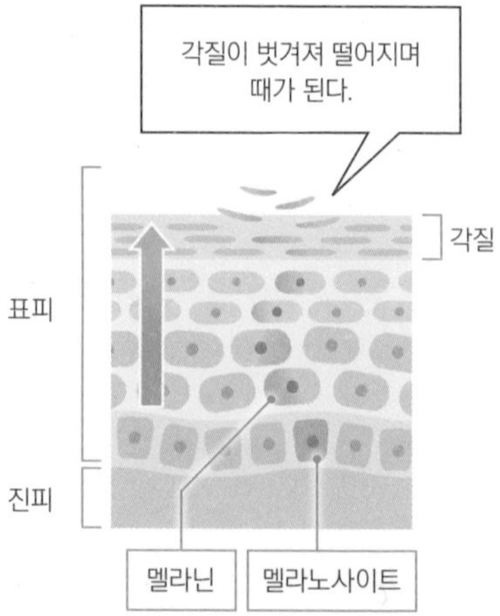

햇볕에 노출되면 왜 탈까?

|일광 화상 이야기|

멜라닌 색소가 다량 생성되어
피부 표면에 퍼지기 때문이다.

세 가지만 알면 나도 과학자!

자외선으로부터 피부를 지키기 위해 탄다

햇볕을 많이 쬐면 피부가 검게 탄다. 태양 빛에는 '자외선'이라는 엄청나게 강력한 힘을 지닌 빛이 포함되어 있어, 햇볕에 지나치게 노출되면 피부에 손상을 입는다. 햇볕에 타서 피부가 까무잡잡해지는 것은 자외선이 피부 안쪽으로 들어가지 못하도록 막기 위해서다.

검은색의 정체는 멜라닌 색소

자외선에 노출되면 표피(가장 바깥 피부) 안쪽에 있는 멜라노사이트가 자극을 받아 검은색 '멜라닌 색소'의 원인물질을 다량 만들어낸다. 이렇게 생긴 멜라닌 색소가 표피 전체로 퍼지면서 피부가 거무스름해진다.

멜라닌 색소는 자외선을 흡수한다

표피 전체로 퍼진 멜라닌 색소는 자외선을 흡수한다. 자외선이 표피 깊숙한 곳에 있는 진피까지 들어가 피부 안쪽이 손상되지 않도록 방해하기 위해서다. 참고로, 일광 화상이 심하면 피부 표면이 마르면서 한꺼번에 벗겨질 수도 있다.

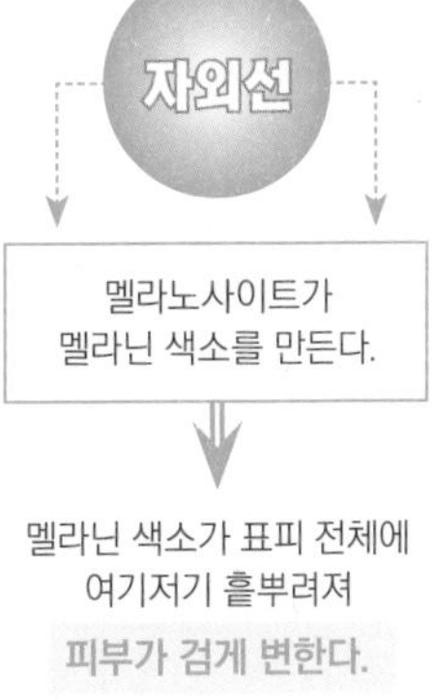

Day 050 장기 | 폐

폐는 무슨 일을 할까?

|폐 구조 이야기|

폐는 공기로부터 산소를 받아들이고 불필요한 가스를 내보낸다.

장기
오감
대사 작용
몸의 움직임
질병
네트워크

세 가지만 알면 나도 과학자!

폐는 오른쪽과 왼쪽 크기가 조금 다르다!

폐는 갈비뼈 안쪽에서 가장 큰 장기다. 오른쪽 폐는 상엽, 중엽, 하엽으로 이루어져 있고, 왼쪽 폐는 상엽, 하엽으로 이루어져 있다. 왼쪽 폐는 심장에 공간을 빼앗겨 오른쪽 폐보다 조금 작다.

폐포에서 가스 교환이 이루어진다

기관지에서부터 폐 안쪽으로 들어가면 가지를 치듯 계속 갈림길이 나온다. 끝부분에 폐포(肺胞)라는 작은 주머니가 있다. 이 폐포를 좁은 혈관이 그물눈처럼 둘러싸고 있는데, 여기서 가스 교환이 이루어진다. 폐포를 전부 펼치면 테니스 코트 4분의 1 정도 너비가 된다.

비상용 공기가 남아 있다

아무리 힘껏 숨을 뱉어도 폐는 텅 비지 않는다. 그래서 호흡이 갑자기 멈춰도 바로 사망하지는 않는다. 폐 속에는 만약의 상황에 대비해 항상 평소 호흡의 2배 정도 공기가 남아 있다.

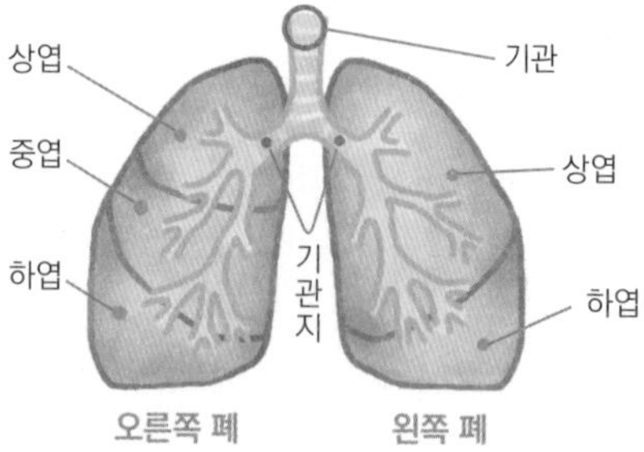

Day **051** 장기 | 폐

호흡으로 무엇을 할까?

| 호흡 이야기 |

산소를 우리 몸의 세포로 받아들이고 이산화탄소와 교체한다.

세 가지만 알면 나도 과학자!

아무리 노력해도 숨을 끝까지 참을 수는 없다

심호흡으로 호흡을 가다듬거나 숨을 멈추고 물속에 잠수하는 등 호흡을 조절할 수 있는 일은 다양하다. 모두 생명에 지장을 주지 않는 수준의 활동이다. 호흡은 뇌의 명령에 따라 조절하기 때문에 사람이 스스로 숨을 멈춰 죽을 수는 없다.

호흡에는 두 가지가 있다

호흡에는 외호흡과 내호흡이 있다. 폐 속에서 공기 중의 산소와 혈관 안의 이산화탄소를 교환하는 과정이 외호흡이고, 산소를 공급하는 혈액이 세포에서 불필요해진 이산화탄소와 교환되는 과정이 내호흡이다.

복식호흡과 흉식호흡

폐는 스스로 공기를 들이마실 수 없다. 폐 아래에 있는 횡격막이라는 근육 등이 폐를 움직인다. 가슴의 공간을 펼쳐서 공기를 들이마시는 방식을 흉식호흡, 횡격막에서 공기를 들이마시는 방식을 복식호흡이라고 한다. 횡격막이 어떤 이유로 경련하면 딸꾹질이 난다.

외호흡

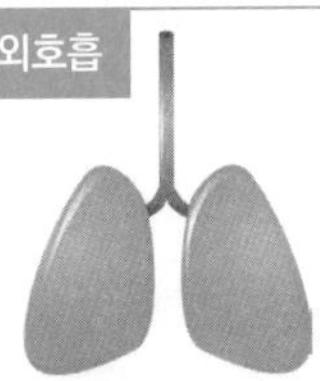

폐(의 세포)에서 산소를 받아들이고 이산화탄소를 내보낸다.

내호흡

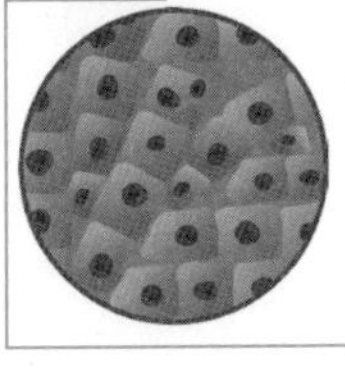

세포에서 산소와 에너지원을 추출하고 불필요한 이산화탄소를 내보낸다.

기관과 기관지는 뭘까?

|기관과 기관지 이야기|

기관은 목에서 폐로 이어지는 공기 통로이고,
기관지는 폐에서 곁가지처럼 뻗어 나온 곳이다.

세 가지만 알면 나도 과학자!

기관지는 호흡할 때 공기가 지나는 외길

입과 코로 들어간 공기는 '기관'을 지나 폐로 운반된다. 목구멍에서 폐 입구까지 뻗어 있는 굵은 기관을 '기관지'라고 한다. 좌우 폐를 향해 두 갈래로 갈라진 곳이 기관지의 시작이다.

목을 지켜주는 연골

목을 바깥에서 만져보면 두툼하고 딱딱한 파이프 같은 부분이 느껴진다. 그것은 기관을 보호하는 연골이다. 기관과 기관지 모두 밖은 튼튼하고, 안은 부드러우며 끈적끈적한 액체가 항상 흐른다.

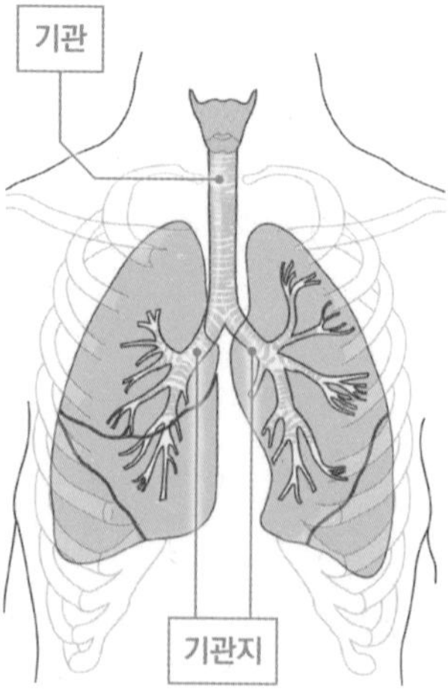

기관지 끝부분에서 가스 교환

기관은 폐의 입구에서 좌우로 나뉘고 기관지가 시작된다. 기관지는 폐 속에서 10회 정도 갈림길을 만드는 과정을 반복한다. 기관지 끝부분에서 폐포라는 작디작은 주머니로 이어지는데, 폐포 표면의 모세혈관에서 산소와 가스가 교환된다.

Day 053 장기 | 폐

기관과 기관지는 무슨 일을 할까?

|기관과 기관지의 역할 이야기|

공기가 안전하게 드나들게 해주고
먼지와 세균을 몸 밖으로 몰아낸다.

세 가지만 알면 나도 과학자!

들이마시는 공기를 깨끗하게 거른다

추운 날 창 유리에 입김을 뿜으면 입김 닿은 부분이 부옇게 변한다. 뱉은 숨에 수분이 들어 있기 때문이다. 기관과 기관지는 들이마신 공기가 폐에 도달할 때까지 적당한 습기를 유지하고, 공기에 섞인 먼지 등의 이물질을 걸러주는 역할도 한다.

점막에서 작은 먼지도 놓치지 않는다

기관과 기관지는 안쪽에 끈적끈적하고 투명한 액체가 있어 항상 젖은 상태를 유지한다. 이 액체로 작은 먼지와 세균, 바이러스 등을 흡착해 폐로 들어가지 못하게 막아준다.

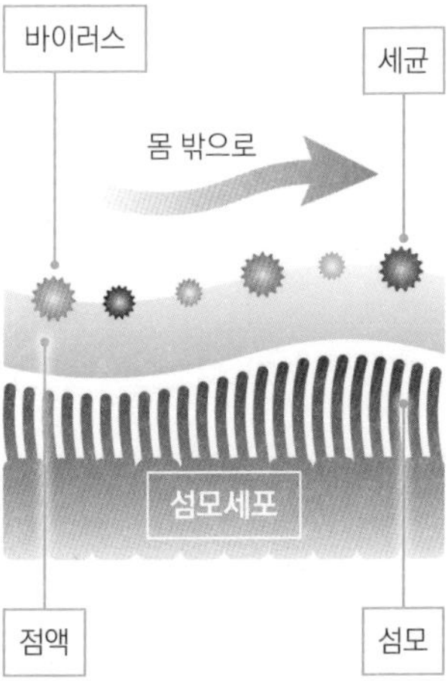

가래를 통해 이물질을 배출한다

기관과 기관지 안쪽은 가느다란 털 모양의 섬모상피세포(섬모세포)로 이루어져 있다. 섬모가 포착한 이물질을 가래로 만들어 몸 밖으로 내보낸다. 따라서 가래 색깔을 보면 병의 종류를 알 수도 있다.

천식은 어떤 질병일까?

|천식 이야기|

기관지가 급격히 좁아져 호흡이 가빠지는 증상이 반복되는 것이다.

세 가지만 알면 나도 과학자!

공기 통로가 좁아지는 증상이 되풀이된다

천식은 기관지를 지탱하는 얇은 근육이 갑자기 수축하거나, 기관지 안쪽이 붓거나, 끈적끈적한 점액이 다량 쏟아져 나와 공기가 지나는 길이 매우 좁아지는 증상이 반복되는 질환을 말한다.

기관지가 좁아지는 이유

천식을 앓는 사람은 기관지에 항상 염증이 있다. 따라서 사소한 자극에도 기관지 내벽이 붓거나 끈적끈적한 액체가 다량 분비되어 발작적으로 기침이 터져 나온다. 천식이 심할 때는 잠자는 자세보다 상반신을 약간 세우면 호흡이 조금 편안해진다.

다양한 원인이 있다

천식은 꽃가루, 곰팡이, 집먼지진드기, 동물 털 등의 알레르기 반응이 계기가 되는 경우가 많다고 알려져 있다. 차가운 공기와 담배 연기 등이 원인이 될 수도 있고, 유전자나 체질과도 연관이 있다.

폐렴이 뭘까?

|폐렴 이야기|

여러 가지 이유로 폐가 염증을 일으키는 증상이다.

세 가지만 알면 나도 과학자!

폐렴이란 무엇일까?

염증의 종류는 여러 가지가 있는데, 대개 '폐포 염증'을 폐렴이라고 한다. 가스를 교환하는 폐포에까지 세균 등이 들어가 산소가 원활하게 공급되지 못해서 발생한다. 고령자의 경우 폐렴으로 사망에 이르는 사례가 적지 않다.

폐렴에는 크게 두 종류가 있다

폐렴에는 지역 사회 폐렴과 병원 감염성 폐렴 두 종류가 있다. 지역 사회 폐렴은 일상생활에서 감염되어 발병하는 폐렴이고, 병원 감염성 폐렴은 병원 등 의료기관에 입원한 지 48시간 이내에 발병하는 폐렴이다. 면역력이 심하게 떨어지거나 인공호흡기 부착 등으로 병원 감염성 폐렴이 발생할 수도 있다.

원인은 균과 바이러스

최근 여러 가지 폐렴 원인이 밝혀졌는데, 그중 폐렴구균이 유명하다. 기관과 기관지는 따뜻하고 촉촉해서 세균이 증식하기 좋은 환경이다. 따라서 감기와 계절성 독감에 걸렸을 때는 특히 몸관리에 더 신경 써야 한다.

결핵은 어떤 질병일까?

| 결핵 이야기 |

결핵균이 체내에서 증식해 폐포에 구멍이 뚫리는 질환이다.

세 가지만 알면 나도 과학자!

균 덩어리가 폐포를 녹여 구멍이 생기기도

일반적으로는 호흡으로 결핵균을 흡입해도 발병하지 않는다. 그러나 몸이 약해지면 결핵균이 몸속에서 증식해 결핵에 걸릴 수 있다. 결핵에 걸리면 폐렴처럼 열과 기침이 나고, 심하면 균 덩어리가 폐포를 녹여 구멍이 뚫리기도 한다. 결핵균은 폐 외에도 림프절과 척추, 뇌, 신장, 위장관 등 곳곳에서 병을 일으킨다.

BCG 접종으로 결핵 예방

결핵균을 보유한 사람이 기침을 하면 결핵균이 공기를 타고 퍼진다. 예방하기 위해서는 환기와 기침 예절이 중요하다. 어린이의 경우 BCG 예방접종을 하면 효과적이다. 신생아는 생후 4주 이내에 예방접종 수칙이 있다.

절대 과거의 유물이 아니다

예전에는 결핵이 치명적이었으나 치료 약이 개발되어 많이 위험하지는 않다. 결핵으로 사망하는 사람은 줄었지만, 결핵 환자는 여전히 나타나고 있다. 한국의 경우, 2021년 기준 1만 8,335명의 새로운 환자가 발생했다.

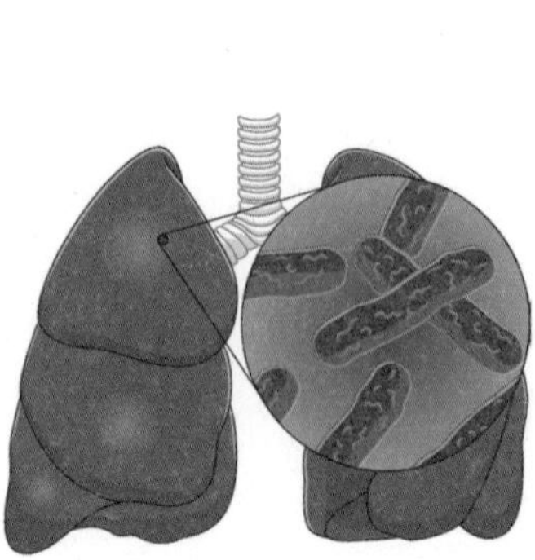

대변은 왜 갈색일까?

| 대변 색깔 이야기 |

쓸개(담낭)에 저장되어 있던 담즙이라는 액체 때문이다.

세 가지만 알면 나도 과학자!

대변을 갈색으로 만드는 원인 물질은?

갈색 음식을 먹지도 않았는데 왜 대변은 갈색일까? 대변 색깔은 쓸개에 있는 담즙 때문이다. 쓸개는 간에서 만들어진 담즙을 저장하는 기관인데, 담즙에 들어 있는 빌리루빈(bilirubin)이라는 색소가 대변을 갈색으로 만든다. 담즙을 만드는 쓸개의 활동이 약해지면 희끄무레한 대변이 나올 수도 있다.

갈색 대변만 보는 건 아니다

분유만 먹는 젖먹이 아기는 쓸개의 활동이 아직 약해 기저귀에 우윳빛이 도는 희뿌연 대변을 보기도 한다. 또 아기가 아닌 성인도 먹은 음식에 따라 음식 색깔이 대변에 그대로 나타날 때가 있다.

대변 색깔은 건강을 가늠하는 잣대

대변은 대부분 갈색이다. 따라서 거무스름하거나 붉은 변이 나오면 주의를 기울여야 한다. 내장에서 출혈이 생겼을 수도 있고 병에 걸렸을 수도 있으니 병원에 가서 검사를 받는 것이 좋다.

Day **058** 대사 작용 | 대변

방귀는 왜 나올까?

|방귀 이야기|

음식과 함께 삼킨 공기와 장내 세균이 만들어내는 가스 때문이다.

세 가지만 알면 나도 과학자!

방귀의 정체는 대부분 공기

방귀의 정체는 대부분 공기다. 성분을 자세히 살펴보면 질소 약 60~70퍼센트, 수소 10~20퍼센트, 이산화탄소 10퍼센트다. 그 밖에 다른 성분도 약간씩 들어 있지만, 대체로 이 세 가지 성분으로 이루어져 있다.

구린내를 풍기는 범인

방귀는 대부분 공기로 이루어져 있는데, 왜 고약한 냄새를 풍길까? 구린내의 범인은 장내 세균이다. 우리가 먹은 음식은 장 속에서 장내 세균이 분해해 영양분을 흡수한다. 음식을 분해할 때 나오는 가스가 구린내의 원인이 된다. 특히 육류와 햄, 치즈 등 동물성 식품을 먹으면 더 고약한 냄새를 풍긴다. 대장에는 항상 물 1컵 분량의 가스가 발생해 고여 있다.

구리지 않은 방귀라면 시원하게 뀌자

양배추나 당근 등의 채소를 먹었을 때 나오는 방귀는 지독한 냄새가 덜하다. 채소를 소화하려면 장내 세균이 부지런히 일해야 하기 때문에 방귀도 많이 나온다.

변비는 왜 걸릴까?

|변비 이야기|

대변이 딱딱하거나 장이 좁아지면 변비에 걸린다.

세 가지만 알면 나도 과학자!

변비를 일으키는 범인의 정체

대변이 딱딱해지거나 대변이 지나는 통로가 좁아지는 이유는 장 속에 사는 나쁜 세균 때문이다. 고기와 달걀, 치즈처럼 동물성 식품을 많이 먹으면 장 속에서 말썽을 부리는 못된 세균이 증식해 변비에 걸리거나 고약한 냄새를 풍기는 방귀를 뀔 때가 많다. 식이섬유가 풍부한 식품을 섭취하면 나쁜 세균이 줄어 변비에 잘 걸리지 않는다.

여성이 변비에 더 취약하다

다이어트나 불균형한 식생활, 불규칙한 생활습관, 스트레스 등도 변비의 원인이 될 수 있다. 여성은 여성 호르몬 탓에 남성보다 변비에 더 취약하다고 알려져 있다.

변비가 계속되면 다른 질환 의심

변비가 계속되면 대장암이나 염증성 장 질환 등을 의심해볼 수 있다. 대장암은 암 중에서 환자 수가 많은 편이고, 염증성 장 질환은 출혈, 설사, 발열 등의 증상을 일으킬 수 있다.

설사는 어떻게 발생할까?

|설사 이야기|

차가운 음식을 과식하거나 세균, 바이러스, 기생충 등이 원인이다.

세 가지만 알면 나도 과학자!

장 속 수분이 너무 많으면 설사가 나온다

설사는 장 속 수분이 평소보다 많아져 대변이 질척해진 상태로 배출되는 것이다. 차가운 아이스크림이나 주스 등 수분을 많이 먹거나 마신 뒤 배가 살살 아프다가 설사가 주르륵 쏟아질 때가 있다.

장 속에서 급한 불을 끄기 위한 소방 활동의 결과

콜레라와 O-157 등의 세균이 지닌 독성이 장에 들어가면 우리 몸은 세로토닌이라는 물질을 만들어 독성을 중화한다. 이때 주위 세포에서 수분이 지나치게 나오면 장 속 수분이 너무 많아진다.

설사를 일으키는 질병

설사를 일으키는 대표적인 질병으로는 바이러스성 위장염과 세균성 위장염이 있다. 바이러스성 위장염은 노로바이러스 등이 원인이다. 주로 식중독을 일으키는 세균성 위장염은 특히 여름에 주의해야 한다. 세균, 바이러스, 기생충은 거의 모든 곳에 있으므로 평소 손 씻기와 양치질이 중요하다.

치질은 왜 생길까?

| 치질 이야기 |

엉덩이에 과도한 부담을 주면 항문이 붓거나 헐면서 치질이 생긴다.

세 가지만 알면 나도 과학자!

두 발로 서서 걷는 인간에게 숙명 같은 질환

두 발로 서서 걷는 인간은 엉덩이가 심장보다 낮은 위치에 있어 피가 고이기 쉽다. 태생적으로 치질에 걸리기 쉬운 생물이다. 대변을 내보내기 위해 괄약근에 무리하게 힘을 주거나 배탈이 나서 항문에 부담을 주면 치질에 걸릴 수 있다.

치질에는 세 가지 유형이 있다

치질은 크게 항문이 붓는 '치핵', 딱딱한 대변이나 설사로 항문이 찢어지며 생기는 '치열', 항문 주변에 세균이 들어가서 생기는 '치루', 이렇게 세 가지 유형이 있다. '치루'는 남성에게 많고, '치열'은 여성에게 많다고 알려져 있다.

악화하면 수술로 치료해야 한다

대부분 치질은 약물로 치료할 수 있지만, 증상이 악화하면 수술이 불가피하다. 치질이 생기면 바로 병원에 가서 치료받는 것이 최선이다. 참고로, 2020년 국민건강보험공단 발표에 따르면 치질은 한국인 수술 2위다. 한국인 약 25~30퍼센트가 치질을 앓고 있다는 자료도 있다.

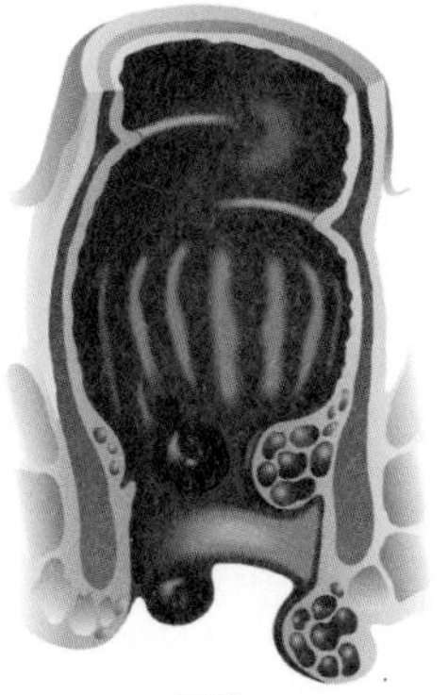

치핵

대변 검사로 무엇을 알 수 있을까?

|대변 검사 이야기|

기생충이나 세균이 있는지, 질병이 있는지 확인할 수 있다.

세 가지만 알면 나도 과학자!

대변으로 질병 진단

대변 검사의 종류에는 '분변 잠혈 검사'와 '장내 세균 검사'가 있다. 대변이 장을 통과할 때 장 조직과 마찰을 일으켜 피가 날 수도 있는데, 이것을 알아보는 검사가 분변 잠혈 검사다. 분변 잠혈 검사를 통해 대변에 피가 섞여 있는지 확인해서 대장암 등 각종 질병을 발견할 수도 있다.

대변 검사로 식중독의 원인 규명

식중독에 걸리면 심한 구토와 설사, 복통 등이 발생해 고령자나 몸이 약한 사람은 사망할 수도 있다. 장내 세균 검사로는 식중독의 원인인 O-157과 이질, 살모넬라균 등이 있는지 확인할 수 있다.

대변 검사가 꼭 필요한 직업

학교나 회사 구내식당 등 대량 급식 조리 종사자, 어린이집 보육 교사, 어르신 돌봄이나 장애인 활동 지원 서비스 직종 종사자, 수도 공사 등 마시는 물 관련 일을 하는 사람은 식중독 예방을 위해 정기적으로 대변 검사를 받아야 한다.

기생충은 어떤 생물일까?

|기생충 이야기|

기생충은 인간과 동물에 빌붙어 사는 아주 작은 생물이다.

세 가지만 알면 나도 과학자!

기생충은 혼자서 살 수 없다

기생충은 사람과 동물의 몸속에 들러붙거나 입을 통해 몸속으로 들어가 사람과 동물을 먹는다. 기생충이 보금자리로 삼은 사람이나 동물을 숙주라고 하는데, 기생충은 이 숙주가 없으면 살아갈 수 없다.

기생충의 종류

촌충의 일종인 광절열두조충은 주로 설사를 일으킨다. 기생충 중에는 설사를 일으키지 않고 변비를 일으키는 회충도 있다. 고래회충은 인간에게 기생하지 않고 어패류에 기생했다가 인간이 섭취하면 식중독의 원인이 된다.

기생충은 어떻게 사람의 몸에 들어올까?

종류에 따라 차이가 있지만, 입으로 들어가는 기생충이 가장 많다. 날생선이나 고기, 채소에는 대개 기생충이 있으므로 조심해야 한다. 또 개와 고양이 등의 반려동물, 모기와 파리 등의 해충으로부터 옮을 수도 있으므로 주의해야 한다.

발바닥의 장심은 왜 있을까?

|장심 이야기|

장심은 몸의 무게를 떠받치거나 지면에서 오는 충격을 완화해준다.

세 가지만 알면 나도 과학자!

아치 모양의 발바닥이 몸의 무게 지탱

맨발로 걷고 난 뒤 발자국 모양을 보면 가운데 부분만 찍히지 않은 것을 볼 수 있다. 발바닥에서 움푹 들어간 이 부분을 '장심'이라고 한다. 발바닥은 엄지발가락, 새끼발가락, 발꿈치를 꼭짓점으로 삼아 아치를 그리며 몸의 무게를 지탱한다.

발을 충격으로부터 보호하는 쿠션 역할

장심은 지면에서 발에 전해지는 충격을 완화해주는 역할을 한다. 흔히 장심이 없는 발을 '평발'이라고 부르는데, 정확한 용어는 '강직성 편평발'이다. 평발인 사람은 충격이 발바닥 전체에 가해져 통증과 피로를 쉽게 느낀다.

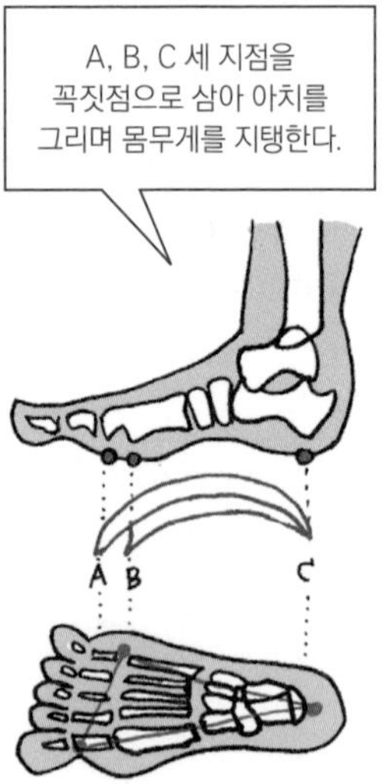

아기는 장심이 없다!

갓 태어난 아기의 발바닥에는 장심이 없다. 서거나 아장아장 걷는 과정에서 장심이 점차 발달한다. 어른도 항상 자동차나 엘리베이터를 이용하고 거의 걷지 않으면 장심이 점점 없어질 수 있다. 동물은 장심이 없다. 개와 고양이 등은 발볼록살이 충격을 완화해준다.

쥐는 왜 날까?

|쥐 이야기|

주로 장딴지에 생기는 근육 경련으로, 심한 통증을 동반한다.

세 가지만 알면 나도 과학자!

자는 동안에도 쥐가 날 수 있다!

격렬한 운동을 하다가 갑자기 다리가 저리며 아픈 경험을 한 사람이 꽤 있을 것이다. 이럴 때 흔히 다리에 쥐가 났다고 한다. 근육이 수축되어 통증이 나타나는 것이다. 장딴지 외에 발바닥과 팔꿈치, 넓적다리 등에도 쥐가 날 수 있다. 심지어 자는 동안에도 쥐가 날 수 있다.

원인은 마그네슘 부족

쥐가 나는 원인은 다양한데, 주로 마그네슘 부족이 원인으로 추정된다. 근육과 뼈가 만나는 부분에 있는 근육의 신축성을 확인하는 센서가 마그네슘 부족으로 제 기능을 하지 못하면 쥐가 난다. 당뇨병 등의 원인으로도 쥐가 날 수도 있고 대사 증후군과 열 스트레스 등의 질환, 임신과도 관련이 있다.

예방하려면 어떻게 해야 할까?

평소에 마그네슘이 풍부한 음식을 충분히 먹는다. 또한 운동하기 전에 수분을 보충하며, 스트레칭과 준비운동을 빼먹지 않는다. 쥐가 나면 물을 마시고 마사지해준다.

내성 발톱은 왜 생길까?

|내성 발톱 이야기|

잘못된 방법으로 발톱을 깎거나 발에 맞지 않는 신발을 신는 것이 원인이다.

세 가지만 알면 나도 과학자!

발톱을 너무 바짝 깎으면 똑바로 자라지 않는다

발톱을 너무 바짝 깎으면 발톱에 힘이 가해졌을 때 발톱 끝의 피부가 들뜰 수 있다. 발톱 사이 피부가 들뜨면 발톱이 똑바로 자라지 않고, 양 끝이 안으로 말려 들어가면서 내성 발톱이 생길 수 있다. 발톱 길이는 엄지발톱과 같거나 1밀리미터 정도 긴 것이 적당하고, 모서리가 둥글지 않은 네모 모양으로 자르는 것이 좋다.

신발과 무지외반증도 원인

발 모양에 맞지 않는 불편한 신발을 신거나 무지외반증(68일 차)이 있으면 둘째 발가락으로부터 엄지발가락에 힘이 가해진다.

무리하게 힘이 가해지면 발톱이 곧게 자라지 않고 양 끝이 안으로 말려 들어간다.

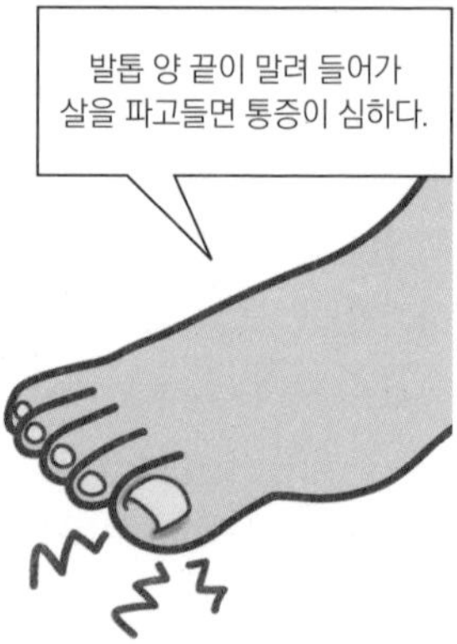

내성 발톱이 자세를 나쁘게 만들 수도 있다

내성 발톱이 있으면 그 부분의 통증으로 자세나 걸음걸이가 나빠진다. 그러면 요통으로 이어지거나 넘어질 위험이 있다. 심하면 피부과에 가서 발톱 교정 치료를 받는 것이 좋다.

O다리와 X다리는 어떤 모양일까?

|O다리와 X다리 이야기|

양다리를 가지런히 붙이고 섰을 때 무릎과 복사뼈가 떨어진 상태다.

세 가지만 알면 나도 과학자!

양다리를 가지런히 붙이고 섰을 때 모습 관찰

양다리를 가지런히 붙이고 섰을 때, 발뒤꿈치를 붙여도 양 무릎 사이가 손가락 세 개 이상 벌어진 상태를 O다리(안굽이무릎)라고 한다. 반대로, 무릎은 붙는데 좌우 복사뼈가 손가락 세 개 이상 떨어진 상태를 X다리(밖굽이무릎)라고 한다. O다리나 X다리의 경우 혈액 순환 장애나 골격 장애로 이어질 수도 있다.

대체로 성장하면서 일자다리로 자란다

생후부터 두세 살 무렵까지는 O다리가 일반적이다. 그 후 X다리가 되었다가 초등학생 무렵 쭉 곧은 일자 다리로 자라는 경우가 많다.

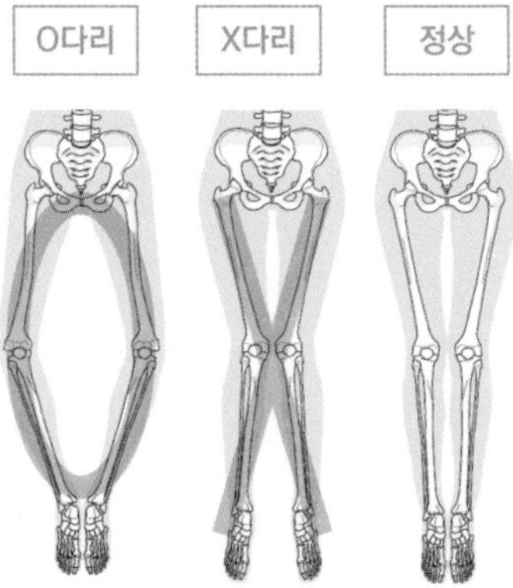

질병이 원인일 때는 반드시 치료

초등학생 이후에도 O다리나 X다리인 사람은 다리 관련 질환이 발생할 가능성이 있다. 굽은 정도가 심할 때는 정형외과에 가서 진찰을 받아보자. 뼈가 변형되는 구루병이나 골격 이상이 원인이라면 원인 질환을 치료해야 한다.

Day 068

무지외반증이 뭘까?

|무지외반증 이야기|

엄지발가락이 둘째 발가락 쪽으로 휘어
뿌리 관절이 바깥쪽으로 튀어나온 증상을 말한다.

세 가지만 알면 나도 과학자!

극심한 통증을 동반한다

무지외반증이 생기면 튀어나온 부분이 신발에 쓸리며 염증을 일으켜 엄청난 통증을 유발한다. 통증이 너무 심하면 발을 제대로 디디지 못할 수도 있다.

발끝을 압박하는 하이힐은 삼간다

무지외반증의 원인은 다양하다. '평발(64일 차)'과 엄지발가락이 긴 사람은 무지외반증이 생기기 쉽다. 특히 여성의 경우에는 하이힐과 발끝이 좁은 신발을 자주 신어 발끝이 압박되어 무지외반증이 생기는 사례가 많다.

자기 발 모양에 맞는 신발 선택

무지외반증 예방에 가장 중요한 것은 신발 선택이다. 신발을 신었을 때, 신발 안에서 발가락을 꼼지락꼼지락 움직일 수 있는 신발을 선택하는 것이 좋다. 치료법으로는 교정 도구를 이용하거나 신발 깔창 등을 활용하는 방법이 있다. 흔히 무좀 양말이라고 부르는 발가락 양말을 신으면 무지외반증 예방에 좋다는 말도 있다.

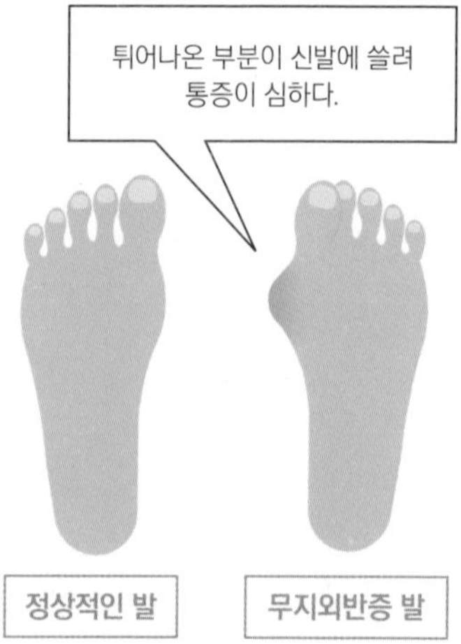

티눈은 왜 생길까?

|티눈 이야기|

발바닥 피부가 부분적으로 딱딱해져 생기는 티눈은 압박과 마찰이 원인이다.

세 가지만 알면 나도 과학자!

피부를 보호하기 위해 딱딱하게 굳는 '티눈'

피부에는 '표피', '진피', '피하조직'이 있는데, 표피 가장 바깥을 '각질층'이라고 한다. 피부가 강하게 눌리거나(압박) 오랫동안 쓸리면(마찰) 자극과 균으로부터 보호하기 위해 각질층이 딱딱하게 굳는다.

맞지 않는 신발과 잘못된 걸음걸이가 원인

발에 맞지 않는 신발이나 잘못된 걸음걸이로 인해 발이 압박과 마찰에 시달려 티눈이 생길 수 있다. 발바닥뿐 아니라 발가락 사이에도 티눈이 생길 수 있다.

티눈의 심이 통증을 유발한다

티눈 중심에는 단단한 심처럼 보이는 원뿔 모양의 핵이 있다. 티눈 핵이 신경이 있는 진피 부분에 닿으면 걸을 때마다 신경이 자극을 받아 심한 통증을 유발한다. 이 중심부가 닭의 눈처럼 생겼다고 하여 한방에서는 티눈을 '계안창(鷄眼瘡)'이라고 부른다. 피부 일부가 두껍고 딱딱해지는 질환으로 티눈과 굳은살이 있는데, 중심 핵이 있으면 '티눈'이고 없으면 '굳은살'이다.

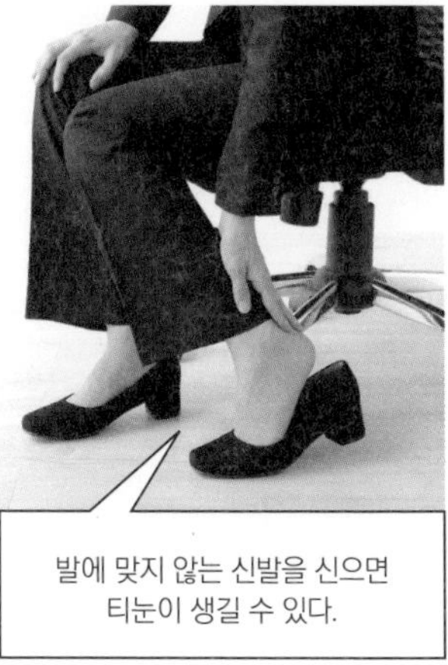

발에 맞지 않는 신발을 신으면 티눈이 생길 수 있다.

아킬레스건이 왜 중요할까?

|아킬레스건 이야기|

인간의 모든 움직임에 주도적으로 관여하는 강한 힘줄이기 때문이다.

세 가지만 알면 나도 과학자!

불사신 아킬레우스의 발뒤꿈치에서 유래

그리스 신화에 나오는 영웅 아킬레우스는 어머니가 저승('명부'라고도 부른다)의 스틱스강에 온몸을 적셔 불사신이 되었다. 그런데 어머니가 손으로 잡았던 발뒤꿈치만 강물에 젖지 않아 유일한 약점이 되었다. 아킬레우스는 이 힘줄에 상처를 입어 최후를 맞았다. 이 신화에서 '아킬레스건'이라는 이름이 유래했다.

우리 몸에서 가장 굵은 힘줄

아킬레스건은 발목 뒤쪽 발꿈치 바로 위에 있는 힘줄을 말한다. 우리 몸에서 가장 크고 가장 굵은 힘줄이다. 발뒤꿈치를 위쪽으로 구부리거나 발끝을 아래로 펼 때 중요한 역할을 한다. 아킬레스건은 굵어서 끊어지면 '툭' 하는 소리와 충격이 느껴진다.

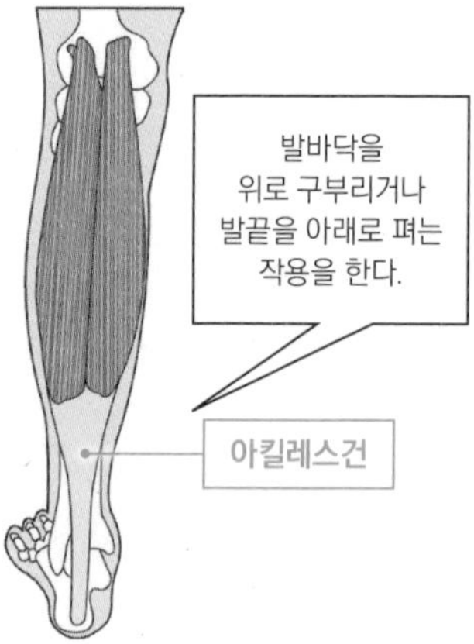

아킬레스건은 유일한 약점이라는 의미도

아킬레스건은 우리 신체의 특정 부위를 가리키는 명칭일 뿐 아니라, '강력한 사람이 가진 유일한 약점'이라는 의미로 사용되기도 한다.

암은 어떤 질병일까?

| 암 이야기 |

암은 유전자의 변이 등으로 나쁜 세포가 증가하는 질환이다.

세 가지만 알면 나도 과학자!

손상을 입은 세포가 멋대로 증식

생체 조직 안에서 세포가 손상을 입고 증식한 상태를 '종양'이라고 하며, 악성 종양을 일으키는 병을 '암'이라고 한다. 대개 우리 세포는 일정한 수를 유지하는데, 암세포는 멋대로 증식하며 주위로 퍼져 나가 멀리 떨어진 부위에도 새로운 덩어리를 만든다.

암은 죽지 않는 세포

보통 세포는 분열을 반복하다가 낡으면 사멸한다. 그런데 세포의 유전자가 손상을 입어 세포 분열은 하는데 죽지 않으면 암세포가 된다. 암세포는 주위 세포를 파괴하며 세력을 확장해 생체를 죽음에 이르게 한다.

암을 억제하는 힘이 작동하지 않으면……

우리는 '암세포를 만드는 유전자'와 '암세포를 억제하는 유전자'를 가지고 태어난다. 그런데 나이를 먹거나, 발암성 물질이 쌓이거나, 바이러스 혹은 스트레스 등 갖가지 원인으로 '암세포를 억제하는 유전자'가 제대로 작동하지 않으면 암에 걸린다.

【암이 발생하기까지】

Day 072 질병 | 암

백혈병은 어떤 질병일까?

|백혈병 이야기|

혈액에 이상이 발생해 혈액 속에 암세포가 생기는 질병이다.

세 가지만 알면 나도 과학자!

혈액 속에 생긴 암세포가 증식하는 병

혈액 속에는 적혈구, 백혈구, 혈소판이라는 세 가지 혈구가 있다(113일 차). 이 혈구들이 만들어질 때 유전자에 이상이 발생해 세포가 암으로 변하고, 혈액과 골수에서 암세포가 증식하는 병이 '백혈병'이다. 원인은 아직 밝혀지지 않았다.

진행 속도에 따라 급성과 만성

혈액 속의 암세포가 급속도로 증식하는 급성 백혈병과 서서히 증식하는 만성 백혈병이 있다. 그리고 암세포가 어디에 생겼는지에 따라 골수성 백혈병과 림프성 백혈병으로 나뉜다. 급성 백혈병은 치료하지 않으면 생명을 잃을 수 있지만, 치료가 가능해 불치병은 아니다.

피로와 코피 등의 증상

백혈병이 발병하면 정상적인 혈구가 감소해 호흡 곤란, 피로, 코피, 빈혈, 부종 등의 증상이 나타난다. 하지만 만성 백혈병은 자각하기 어렵다. 백혈병은 젊은 사람에게 많다는 이미지가 있는데, 실제 환자 대부분은 60세 이상이다.

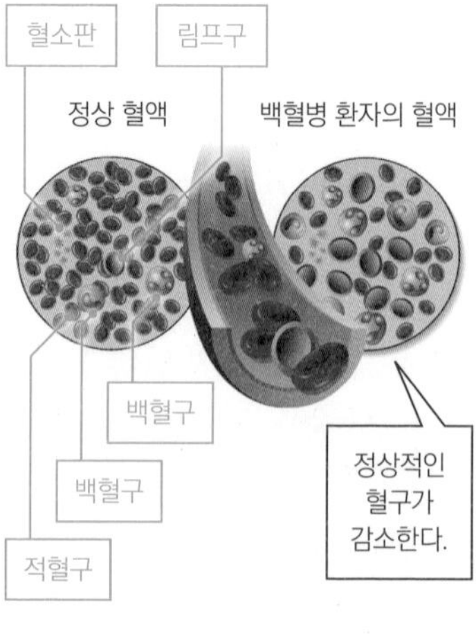

Day 073 질병 | 암

암을 조기에 발견하려면 어떻게 해야 할까?

|암 조기 발견 이야기|

정기적으로 암 검진을 받으면 조기에 발견할 가능성이 높다.

세 가지만 알면 나도 과학자!

암은 대체로 자각하기 어렵다

암은 서서히 진행되어 스스로 알아차리기 어렵다. 따라서 안타깝게도 증상이 나타났을 때는 이미 손 쓸 수 없는 단계인 경우가 많다. 암은 진행 단계에 따라 1~4기로 나누는데, 1기와 4기는 3년 후 생존율이 두 배가량 차이 난다. 조기에 발견하려면 정기적인 암 검진이 가장 효과적이다.

국가에서도 권장하는 암 검진

국가에서도 암 검진을 권장한다. 고령자일수록 위험률이 높아, 우리나라의 경우 자궁경부암은 20세 이상, 위암은 40세 이상, 유방암은 만 40세 이상 여성, 대장암은 만 50세 이상 남녀, 간암은 만 40세 이상 남녀 간암 발생 고위험군을 대상으로 국가 암 검진 프로그램을 진행하고 있다.

【암 진행 단계】

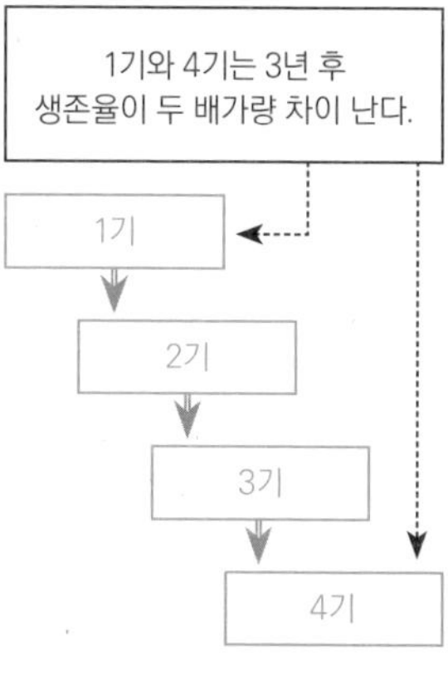

암 검진 기술도 점점 진보

암 검진은 위와 대장 등 부위에 따라 검사법이 다르다. 검진 기술 연구도 꾸준히 진행되고 있다. 피 한 방울로 13가지 종류 암을 진단하는 방법도 개발되었다. 후각이 예민한 개의 특성을 활용한 '암 탐지견' 연구도 이루어지고 있다.

Day 074 질병 | 암

내시경이 뭘까?

|내시경 이야기|

내시경은 몸속에 집어넣는 아주 작은 카메라로,
암의 조기 발견과 치료에 도움이 된다.

세 가지만 알면 나도 과학자!

목과 항문을 통해 몸속으로 넣는 초소형 카메라

내시경은 튜브 끝에 지름 1센티미터보다 작은 카메라를 장착한 의료기구다. 내시경을 입과 코, 항문으로 집어넣어 수술하지 않고도 몸속을 보거나 치료할 수 있다. 수술보다 몸에 부담이 적고 회복도 빠르다. 세계 최초 내시경은 1952년에 일본 기업 올림푸스(Olympus)가 실용화한 위내시경이다.

암의 조기 발견에 도움이 되는 내시경 검사

암이 의심될 때 해당 부위 근처까지 내시경을 넣어 확인하는 검사가 내시경 검사다. 의사는 모니터를 보며 의심스러운 부위를 집게로 잡거나 비틀어서 떼어낸 뒤 현미경으로 관찰해 암세포인지 아닌지 확인한다. 아주 작은 암이라도 조기에 발견할 수 있는 검사다.

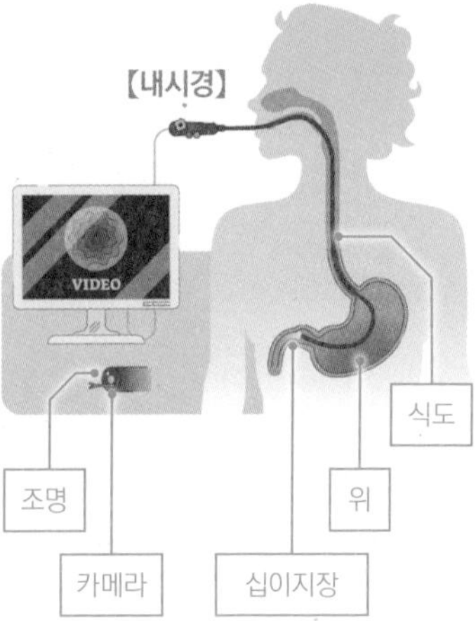

암 절제 수술도 할 수 있다

내시경은 검사뿐 아니라 작은 암 부위를 절제할 수도 있다. (내시경 수술) 카메라 끝에 조직을 제거하는 올가미와 나이프를 달아 문제 부위를 절제한다.

PET 검사가 뭘까?

|PET 검사 이야기|

방사선을 사용해 전신에 암이 있는지 등을 한 번에 확인할 수 있는 검사다.

세 가지만 알면 나도 과학자!

'포도당 대사가 활발한' 암세포의 특성을 활용한 진단

암세포는 정상적인 세포와 비교해 포도당을 3~8배 흡수한다. 이 특성을 이용해 암세포를 발견하는 방법이 PET(양전자 방출 단층 촬영) 검사다. FDG(방사성 불소를 추가한 포도당)를 몸속에 넣어 암세포를 찾는다. 온몸을 한 번에 검사할 수 있다. PET 검사는 원래 알츠하이머 등 뇌 활동 연구에서 시작된 검사법이다.

CT·MRI와 PET의 차이

CT와 MRI는 방사선 등을 활용해 컴퓨터 이미지로 확인하는 검사로, 몸의 일부만 촬영한다. 온몸을 검사할 수 있는 PET는 CT와 MRI로 판단하기 어려울 때 사용한다. 장기뿐 아니라 림프절에 전이된 암까지 발견할 수 있어 더 효과적이다.

온몸을 대상으로 전이와 치료 효과 확인

이처럼 PET 검사는 여러 장점이 있다. 그렇지만 모든 암세포를 완벽하게 발견할 수 있는 것은 아니다. 혈당치(360일 차)가 높은 사람은 정확도가 떨어질 수 있고, 암의 종류에 따라 발견하기 어려운 경우도 있다.

【PET 검사란?】

포도당을 몸속에 넣어 암세포를 찾는다.

↓

온몸을 한 번에 검사할 수 있다.

↓

발견하기 어려운 암도 있으므로 완벽하지는 않다.

방사선 치료는 어떻게 할까?

|방사선 치료 이야기|

방사선을 사용해 암세포를 죽이거나 통증을 줄인다.

세 가지만 알면 나도 과학자!

환부에 방사선을 쬐어 암세포를 죽인다

암 치료 방법에는 '수술을 활용한 절제', '방사선 치료', '약물(항암제) 치료'가 있다. 방사선 치료는 암세포처럼 활발하게 분열할수록 살상력이 높아지는 방사선의 특성을 활용한 치료법이다. 방사선을 환부에 집중적으로 쬐어 암세포를 죽인다.

장기를 적출할 필요 없다

방사선 치료는 암세포가 일부에만 있을 때 활용한다. 수술할 필요가 없어 다른 장기에 손상을 입힐 가능성이 낮다. 그래서 치료 전과 크게 다르지 않은 생활을 기대할 수 있다.

치료도 짧고 통증도 없다

방사선에는 전자선, 양자선 등 여러 종류가 있다. 몸에 조사(照射)하는 시간은 1회에 몇 분밖에 안 되고 통증도 없다. 입원할 필요도 없다. 다만, 방사선은 절대 몸에 이롭지 않다. 몸이 나른하고 피곤해지는 권태감과 식욕 부진, 백혈구 감소로 잔병치레가 잦아지는 등의 부작용이 발생할 수 있다.

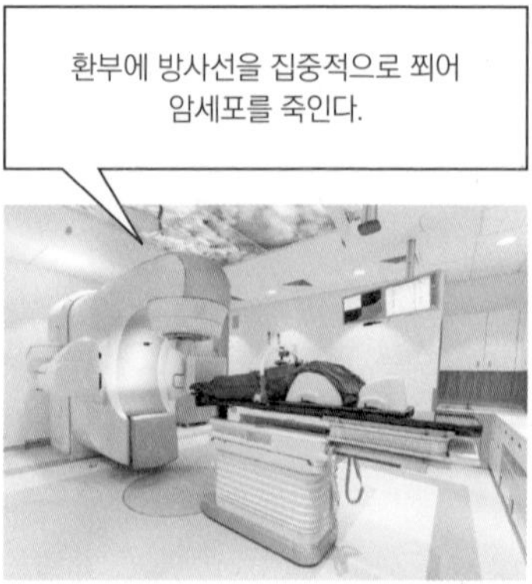

항암제가 뭘까?

| 항암제 이야기 |

암세포를 사멸시키거나 진행 억제, 통증을 완화하는 약물이다.

세 가지만 알면 나도 과학자!

항암제는 몸에 약물을 넣어 암을 치료하는 화학요법

항암제 치료는 항암 약물을 사용하는 치료법이다. 항암제를 복용하거나 주사 또는 링거로 몸속에 투여한다. 수술과 방사선 치료보다 넓은 부위를 치료할 수 있어 암이 몸 전체로 퍼졌을 때나 전이를 예방하기 위해 활용한다.

다양한 항암제 치료 방법

항암제 치료는 수술 및 방사선 치료와 병행하는 경우가 많다. 암이 너무 크거나 주위 장기와 신경에 손상을 줄 우려가 있을 때는 수술 전에 항암제로 암 크기를 줄인다. 수술로 암을 완전히 절제한 뒤 항암제를 사용하기도 한다.

효과가 광범위하지만 부작용도 있다

항암제는 정상적인 세포에도 손상을 주어 머리카락이 빠지거나, 몸이 저리거나, 구역질이 나는 등 부작용이 나타난다. 새로운 항암제가 계속해서 개발되고 있으며, 부작용을 일으키지 않는 연구도 진행 중이다. 항암 치료 부작용으로 발생하는 탈모 환자를 위한 의료용 모자와 가발 등이 시판되고 있다.

동맥과 정맥은 무엇이 다를까?

|동맥과 정맥 이야기|

동맥은 심장에서 온몸으로 내보내는 혈액이 흐르는 혈관이고,
정맥은 심장으로 돌아오는 혈액이 흐르는 혈관이다.

세 가지만 알면 나도 과학자!

동맥, 정맥, 그리고 이들을 잇는 모세혈관

혈액을 온몸으로 공급하는 혈관에는 동맥, 정맥, 모세혈관이 있다. 동맥은 심장에서 출발해 가지를 치듯 뻗어 나가며 좁아져 마침내 모세혈관이 되고, 몸 곳곳으로 퍼져 나간다. 그리고 그 혈액이 돌아오는 길이 정맥이다.

동맥은 고무처럼 탄력이 있다

동맥은 산소와 영양소가 들어 있는 혈액을 온몸으로 보내는 역할을 한다. 혈액이 힘차게 흘러도 받아들일 수 있도록 탄력성 있는 고무 같은 재질로 만들어져 있다. 혈액을 어디로, 얼마나 보낼지 분배하는 역할도 한다.

혈액은 1분이면 온몸을 순환한다!

정맥은 온몸의 세포에서 이산화탄소와 불필요한 노폐물을 흡수해 혈액을 심장으로 되돌려보내는 혈관이다. 정맥에는 역류를 방지하는 밸브가 있다. 심장에서 내보낸 혈액은 1분이면 너끈히 온몸을 순환하고 심장으로 돌아온다. 온몸의 혈관을 모두 연결하면 10만 킬로미터나 된다! 지구를 두 바퀴 반이나 돌 수 있는 길이다.

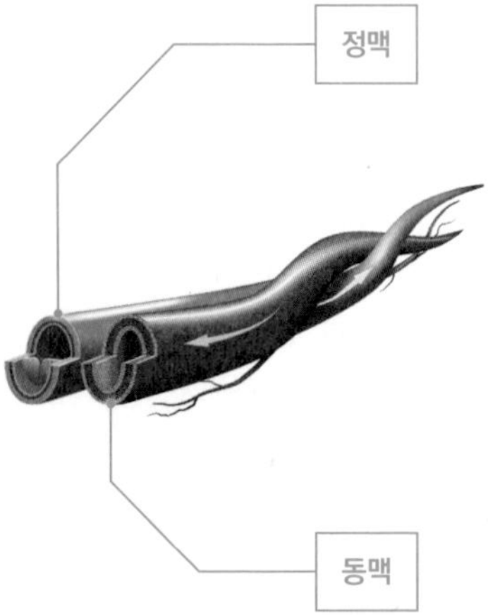

장기
오감
대사작용
몸의 움직임
질병
네트워크

피를 어느 정도 흘리면 죽을까?

| 출혈량 이야기 |

몸속을 흐르는 혈액량의
3분의 1이 사라지면 목숨을 잃을 수 있다!

세 가지만 알면 나도 과학자!

혈액이 5분의 1 이상 사라지면 쇼크 증상

몸속을 흐르는 혈액의 양은 성인 기준 몸무게의 약 8퍼센트다. 몸무게가 50킬로그램이라면 4리터 정도다. 그중에서 5분의 1 이상이 갑자기 사라지면 쇼크 상태가 발생하고, 혈액량의 3분의 1이 사라지면 생명이 위험할 수 있다.

몸속에서 출혈이 발생할 수도 있다

소화기 등 체내에서 출혈이 생기면 혈액이 다량 소실될 수 있다. 빨리 치료하지 않으면 폐에서 호흡 곤란이 일어나 심장과 신장 등이 제대로 활동하지 못하는 호흡 부전 상태가 일어날 수 있다.

어린이는 적은 출혈로도 위험하다!

같은 출혈량이라도 단시간에 출혈하면 위험하다. 어린이는 혈액량이 몸무게의 19분의 1 정도라서 적은 출혈로도 쇼크가 일어날 수 있다. 여성이 남성보다 출혈에 잘 견디는 체질이라고 알려져 있다. 수술할 때는 500밀리리터 이상 출혈 시 수혈로 보충하는 경우가 많다. 몸무게에 따라 혈액의 양이 다르기 때문에, 헌혈할 때 몸무게 제한이 있는 것이다.

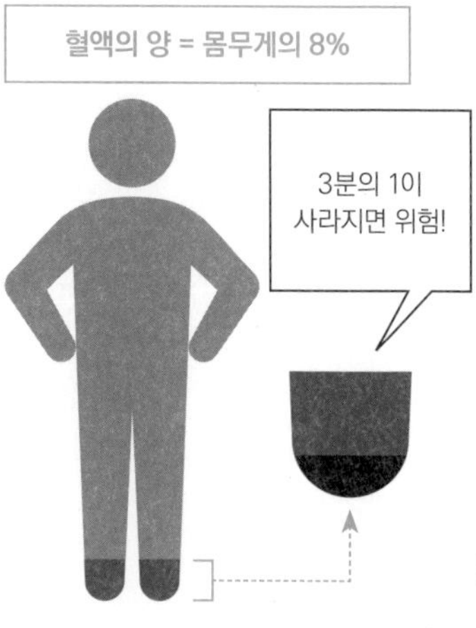

Day 080 네트워크 | 혈관

혈압이 뭘까?

|혈압 이야기|

혈압은 혈관을 따라 흐르는 혈액이 혈관 벽에 가하는 압력이다.

세 가지만 알면 나도 과학자!

심장이 확장·수축하는 움직임과 관계있다

심장에서 나간 혈액이 혈관을 따라 흐를 때 동맥 안쪽에 가하는 힘이 '혈압'이다. 피를 내보내기 위해 심장이 쥐어짜듯 수축할 때를 '최고혈압', 부풀면서 혈액을 빨아들여 동맥의 혈압이 약해졌을 때를 '최저혈압'이라고 한다.

일어나서 몸을 움직이면 혈압이 높아진다

잠을 자느라 산소가 몸에 골고루 전달되지 않을 때는 혈압이 낮고, 일어나서 활동할 때는 혈압이 높아진다. 특히 식사나 운동할 때는 몸에 산소가 많이 필요해 혈압이 높아진다.

과도한 염분 섭취, 비만 등에 주의

고혈압 상태가 지속되면 심장과 혈관이 피로해져 심근경색과 대동맥류 등 생명을 위협하는 질환이 생길 수 있다. 염분 섭취를 줄이고 비만 상태가 되지 않도록 산책과 달리기 등으로 관리하는 것이 좋다. 미국에서는 과도한 염분 섭취와 비만으로 인해 아동 고혈압이 증가하고 있다.

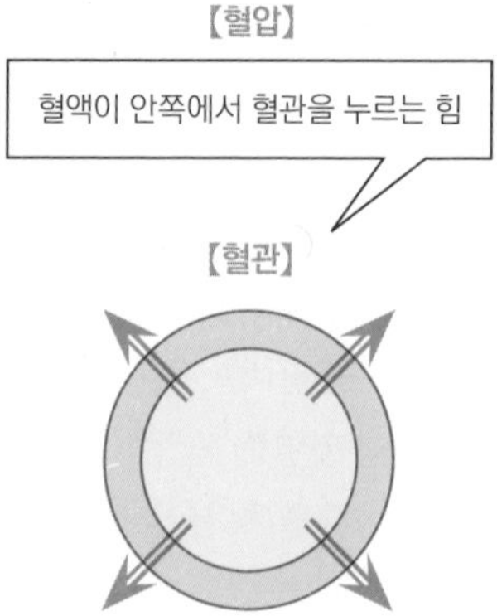

혈전이 뭘까?

|혈전 이야기|

혈전은 혈관 속에서 혈액이 '덩어리'를 이룬 상태다.

세 가지만 알면 나도 과학자!

혈전이 생기면 장기가 망가질 수 있다

이코노미 클래스 증후군(84일 차), 뇌경색, 심근경색이라는 병명은 혈관 속에서 혈액에 덩어리가 생기는 '혈전'이 원인이다. 혈전이 발생해 혈액이 원활하게 공급되지 못하면 장기가 망가질 수도 있다.

혈류, 혈액, 혈관 이상이 원인

혈전이 발생하기 쉬운 상태는 주로 세 가지다. 비행기 안에서 줄곧 같은 자세를 유지해 혈액 순환이 나쁜 상태, 당뇨병 등의 지병이 있을 때, 동맥경화 등으로 혈관이 딱딱해졌을 때다. 혈전이 원인이 되어 발생하는 질환을 '혈전증'이라고 한다.

일상에서도 혈전증이 일어날 수 있다

골절로 깁스 치료 중일 때나 책상에 장시간 앉아서 공부할 때도 혈액 순환이 나빠져 혈전이 발생할 수 있다. 일상에서 언제든 일어날 수 있는 증상이므로 평소에 신경 쓰고 관리해야 한다. 혈전증 예방과 주의를 촉구하기 위해 10월 13일을 '세계 혈전의 날'로 정했다.

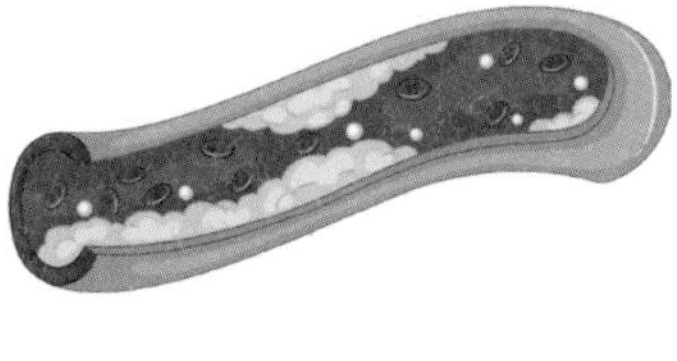

동맥경화가 뭘까?

|동맥경화 이야기|

혈관 벽에 콜레스테롤이 쌓여 혈관이 좁아지며 딱딱해진 상태다.

세 가지만 알면 나도 과학자!

동맥경화는 어린 시절부터 시작된다

동맥은 심장에서 내보낸 혈액을 온몸으로 나르는 혈관이다. 그 혈관 벽에 콜레스테롤(33일 차) 등의 지질이 쌓이면 혈관이 좁아지며 딱딱해진다. 이런 상태를 '동맥경화'라고 한다. 섬뜩하게도, 동맥경화는 열 살 무렵부터 시작된다고 알려져 있다.

겉으로 보면 알 수 없다

동맥경화는 겉으로 알기 어렵고 자각 증상이 없어 방치되는 경우가 많다. 동맥경화가 진행되면 혈액이 흐르는 기세를 견디지 못하고 혈관이 찢어지거나 혈전(81일 차)이 발생해 심근경색과 뇌경색 등을 일으킬 수 있다.

등푸른생선이 좋다

동맥경화를 예방하려면 평소 식생활이 중요하다. 콜레스테롤이 높아지지 않도록 육류 등의 지질을 줄이고 생선을 많이 먹는 것이 좋다. 특히 꽁치, 방어, 정어리 등 등푸른생선이 좋다고 알려져 있다. 식이섬유가 풍부한 채소와 버섯도 좋다.

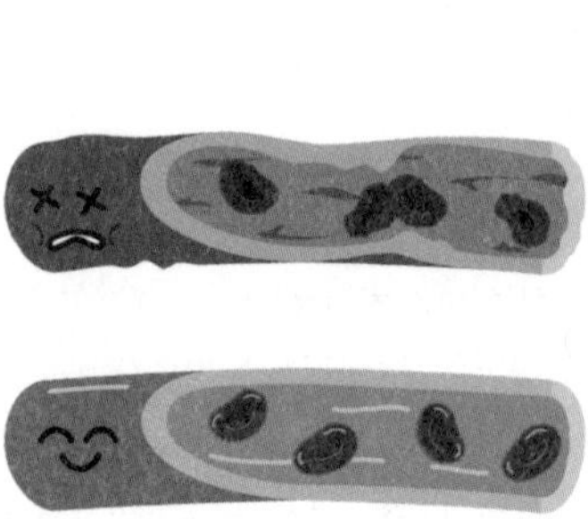

Day 083

동맥류와 하지정맥류가 뭘까?

|혈관 혹 이야기|

혈관이 혹처럼 부풀어 오르는 질환이다.

세 가지만 알면 나도 과학자!

동맥 벽에 가해지는 강한 압력이 원인

혈관이 병에 걸리면 아플 수도 있다. 혈관에 잘 생기는 병 중 하나가 '동맥류'다. 동맥 벽에 강한 압력이 가해져 혹처럼 부풀어 오르는 질환이다. 대동맥에 생기는 대동맥류와 거미막밑출혈(245일 차)의 원인이 되는 뇌동맥류가 알려져 있다.

동맥류는 대체로 증상이 없다

대부분 동맥류는 증상이 없는데, 혹이 커지면 등이나 가슴에 통증을 느끼는 사람도 있다. 이 혹이 터지면 목숨을 잃을 수도 있다. 동맥류는 고혈압과 관련 있는 경우가 많으므로 과도한 염분 섭취와 비만, 스트레스에 주의하자. 동맥류는 터지는 장소에 따라 피가 섞인 대변, 즉 혈변으로 나오는 경우도 있다.

하지정맥류는 여성에게 많다

정맥의 혹 중에는 다리 표면에 정맥이 부어 울룩불룩 튀어나오는 '하지정맥류'가 많다. 동맥류와 달리 터져도 생명에는 지장이 없지만, 둔중한 통증, 피부가 검게 변하는 등의 증상이 나타난다. 남성보다 여성에게 많은 편이다.

이코노미 클래스 증후군이 뭘까?

|이코노미 클래스 증후군 이야기|

장시간 불편한 자세로 있어 다리 정맥에 혈전이 생기는 질환이다.

세 가지만 알면 나도 과학자!

비행기와 자동차 등 좁은 좌석에서 발생하기 쉽다

비행기와 자동차 등 좁은 좌석에 장시간 앉아 있으면 다리 정맥에 혈전(81일 차)이 생길 수 있다. 이 혈전이 혈관 속을 흐르다가 폐 등의 혈관을 막으면 이코노미 클래스 증후군이 발생할 수 있다. 장거리 비행 시 좁은 좌석에 오래 앉아 있는 사람에게서 주로 발생해 '이코노미 클래스 증후군'이라는 이름이 붙었다.

걷거나 가벼운 체조로 몸을 움직인다

이코노미 클래스 증후군이 발생하면 다리와 무릎이 붓거나 장딴지 등에 심한 통증이 나타날 수 있다. 또 혈전이 폐를 막아 급성 호흡 곤란 등의 증상을 보이기도 한다. 예방하려면 걷거나 간단한 체조로 몸을 움직여 혈액 순환을 원활하게 해주는 게 중요하다. 장딴지를 주무르거나 발꿈치를 올렸다 내리는 간단한 운동을 하면 효과적이다.

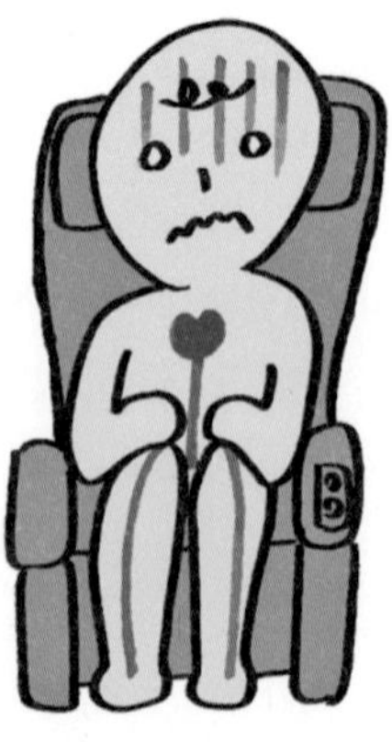

수분 보충도 중요!

그 밖에 규칙적인 수분 보충, 옷 느슨하기 풀기, 잘 때 다리를 받침 위에 올리기 등을 일상화해 혈전이 발생하지 않도록 주의하자.

코는 어떻게 냄새를 맡을까?

|후각 이야기|

콧속의 후각 감각 세포가 냄새를 포착해서 뇌에 신호를 보낸다.

세 가지만 알면 나도 과학자!

콧속 천장 부분의 '후각상피'가 냄새 입자 포착!

냄새 입자가 코에 들어가면 천장 부분의 '후각상피'라는 점막에 있는 500만 개의 후각 감각 세포가 냄새 입자를 포착한다. 그 정보가 후각 신경에 전달되고, 대뇌의 '후각 고랑'이라는 영역에 신호를 전송하면 마침내 '냄새'를 느낄 수 있다.

생명을 지키기 위해 후각 발달

먹을 수 있는 음식인지 아닌지, 적이 다가오는지 아닌지 등 위험을 감지할 때 냄새는 중요한 정보다. 동물은 위험을 감지해서 생명을 지키기 위해 후각이 발달했다고 알려져 있다. 마찬가지로 같은 냄새를 계속 맡으면 코가 둔해지는 현상은 새로운 냄새를 감지하기 위해서다.

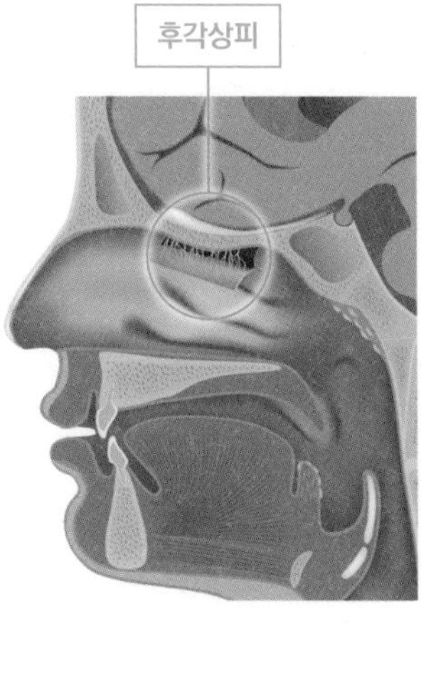

옛날 기억이 되살아난다

사람이 맡을 수 있는 냄새는 2,000~3,000종으로 알려져 있다. 안전한지, 맛있는지 등을 알 수 있는 것은 이전에 맡은 냄새를 뇌가 기억하기 때문이다. 참고로, 향수 조향사는 1만 종의 냄새를 구분할 수 있다고 한다.

코피는 왜 날까?

|코피 이야기|

콧속 점막 아래에는 가느다란 혈관이 다량 분포해
약간의 자극으로도 찢어질 수 있다.

세 가지만 알면 나도 과학자!

점막이 특히 얇은 부분에 가느다란 혈관이 집중!

콧속은 '점막'이라는 축축한 막으로 덮여 있다. 그 일부, 특히 얇은 부분은 외상이 생기기 쉬운 '키젤바흐 부위' 아래에 가느다란 혈관이 다량 분포해 가벼운 마찰이나 자극으로도 코피가 날 수 있다. 참고로, 코피가 났을 때 코 전체를 엄지손가락과 집게손가락으로 누르면 빨리 멎는다.

코가 막히면 코피가 나기 쉽다!

코막힘 등 코 상태에 이상이 생기면 코 혈관으로 혈액이 집중되어 혈관이 팽창할 수 있다. 이런 상태에서는 약간의 자극만 줘도 혈관이 찢어질 수 있다. 코가 막혔을 때 지나친 자극을 주면 평소보다 더 코피가 나기 쉬우니 주의하자.

초콜릿이나 견과류는 코피와 상관없다

초콜릿이나 견과류를 먹으면 코피가 나기 쉽다는 말이 있다. 그러나 의학적으로 전혀 근거가 없다. 초콜릿과 견과류에 들어 있는 폴리페놀 성분이 혈액 순환을 개선하는 데 효과가 있어 이런 말이 생긴 것 같다.

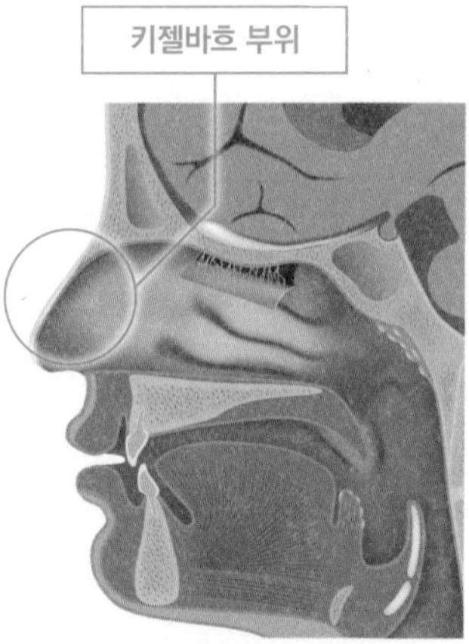

코털은 어떤 역할을 할까?

|코털 이야기|

코털은 공기와 함께 빨려 들어간 먼지가
기관에 유입되지 않도록 막아준다.

세 가지만 알면 나도 과학자!

코 입구에서 큰 먼지를 차단한다!

호흡하면 공기와 함께 먼지와 작은 벌레, 세균 등이 함께 들어간다. 이때 코털과 점막이 이물질이 몸속으로 들어가지 못하도록 막는다. 일단 입구에서 코털로 차단하고, 작은 먼지는 점막이 잡는다.

재채기를 통해 먼지를 밖으로 내보낸다

점막에 들러붙은 먼지는 콧물과 가래를 통해 밖으로 내보낸다. 점막에 붙어 있는 먼지를 떼어내기 위해 엄청난 기세로 숨을 토하는 신체 현상이 바로 '재채기'다(37일 차).

코털로 공기 오염을 알 수 있다?

공기가 오염된 곳에 살면 코털이 빨리 자라고 코털도 길어진다고 알려져 있다. 많은 먼지와 이물질을 거르기 위한 인체의 신비다. 만약 코털이 빨리 자란다는 느낌이 들면 공기 질이 나빠졌는지 확인해보자. 참고로, 코털이 자라는 것은 인간뿐이다. 다른 동물에게는 코털이 없다.

Day 088 오감 | 코

코딱지는 무엇으로 만들어질까?

|코딱지 이야기|

코딱지는 들이마신 공기 속의 먼지로 이루어져 있다.

세 가지만 알면 나도 과학자!

점막에서 배출된 점액이 엉겨 이물질을 흡착한다

공기 중의 먼지와 이물질, 세균이 콧속에 들어오면 일단 코털이 거른다. 코털이 걸러내지 못한 것들은 점막이 분비하는 끈적끈적한 점액에 엉겨붙는다. 점액이 이물질을 흡착해 깨끗해진 공기만 몸속으로 들어간다. 참고로, 코의 습도를 유지하는 점액은 하루에 1리터나 분비된다!

공기가 오염되면 코딱지 양도 많아진다

콧속의 코털과 점막이 걸러낸 먼지와 이물질, 세균 등이 몸속으로 들어가면 안 된다. 그래서 걸러진 이물질들과 콧속 분비물이 뭉쳐져 덩어리를 이루는데, 이 덩어리가 눈에 보일 정도로 커지면 '코딱지'가 된다.

감기에 걸리면 코딱지가 누렇다

감기에 걸렸을 때는 코딱지와 콧물이 누런색이다. 감기 바이러스와 싸운 백혈구의 잔해가 콧물에 섞여 있기 때문이다. 코는 몸에 해로운 이물질이 들어오면 외부로 내보내는 기관이기도 하다.

코가 막히면 왜 눈곱이 잘 생길까?

|콧물 이야기|

코가 막히면 콧속의 관으로 눈물이 잘 배출되지 못하기 때문이다.

세 가지만 알면 나도 과학자!

두 종류의 분비액을 배출하는 코샘

코점막에는 물처럼 줄줄 흐르는 맑은 콧물과 끈적끈적한 콧물 같은 점액을 배출하는 코샘이라는 기관이 있다. 이 물질들이 섞여 콧물이 된다. 감기에 걸렸을 때는 백혈구와 바이러스의 잔해가 섞여 콧물이 더 끈적해진다.

울 때 흐르는 콧물은 맑다

울면 눈물과 콧물이 함께 흐른다. 눈과 코가 가느다란 관으로 연결되어 있기 때문이다. 울 때는 눈물이 이 관을 통해 코로 들어가 콧물과 함께 배출된다. 그래서 울 때는 맑은 콧물이 줄줄 흐르며 얼굴이 눈물과 콧물로 범벅이 된다. 대신에, 코가 막히면 콧속의 관으로 눈물이 잘 배출되지 못해 눈곱이 잘 생긴다.

묵은 눈물이 코점막을 촉촉하게 적신다

눈물이 날 때뿐 아니라 평소에도 묵은 눈물이 콧속 관을 통해 코점막을 촉촉하게 적셔준다. 평소에는 아주 소량이어서 코로 나오지 않는데, 울 때는 코가 감당할 수 없을 정도로 양이 많아져 콧물이 밖으로 나온다.

콧속에 물이 들어가면 왜 아플까?

|코점막 이야기|

매우 민감한 콧속 점막이
외부에서 들어온 이물질에 반응하기 때문이다.

세 가지만 알면 나도 과학자!

몸의 수분과 다른 '물'에 대한 반응!

콧속은 신경, 얇은 점막, 수많은 모세혈관이 지나는 엄청 민감한 부위다. 수돗물과 수영장 물은 우리 몸의 수분과 전혀 다른 성분이어서 코에 들어오면 코가 얼얼하며 아픈 느낌이 든다.

따뜻하고 옅은 '소금물'은 아프지 않다!

수돗물에는 염분이 없는데, 수영장 물은 소독을 위해 염소를 사용한다. 우리 몸의 수분과 완전히 다른 성분이다. 우리 몸의 수분과 가깝고 따뜻하면서 약간 짭짤한 물은 콧속에 들어가도 아프지 않다. 그래서 꽃가루 알레르기 등을 치료하기 위해 코를 세정할 때는 우리 몸의 수분과 염도가 같은 '생리식염수'를 사용한다.

고추냉이 향과 암모니아 냄새도 통증 유발

고추냉이를 먹으면 코가 뻥 뚫리는 듯하면서 얼얼한 자극이 느껴진다. 자극이 너무 강한 냄새는 물처럼 점막 신경과 반응해 코가 시큰거리는 느낌이 들 수 있다.

축농증이 뭘까?

| 축농증 이야기 |

코 주위에 있는 '부비강(코곁굴)'이라는 공기구멍에
세균이 들어가서 염증을 일으킨 상태다.

세 가지만 알면 나도 과학자!

비강 주위에 있는 중요한 공기구멍 '부비강'

비강(콧구멍)과 머리뼈 안쪽, 이마, 눈, 볼 뒤, 귀 옆으로 이어지는 네 종류의 공기구멍을 '부비강'이라고 한다. 이 공기구멍은 우리가 들이마신 공기의 온도와 습도 조절, 머리 무게를 줄여주는 역할을 한다.

부비강에 바이러스와 세균이 들어오면 축농증 발생

바이러스와 세균 등이 부비강에 들어가서 증식해 점막에 염증이 생기는 상태를 '부비강염(sinusitis)', 흔히 '축농증'이라고 한다.

코가 막혀 머리가 멍해질 수도

축농증에 걸리면 콧물이 많이 나오며, 코가 막히거나 냄새를 잘 맡지 못한다. 심해지면 두통이 생기고 머리가 멍해져 집중력이 떨어질 수도 있다. 빨리 치료해 만성이 되지 않도록 잘 관리해야 한다. 참고로, 우리 몸에 있는 두 개의 콧구멍은 효율적으로 일하기 위해 1~2시간마다 교대로 막힌다.

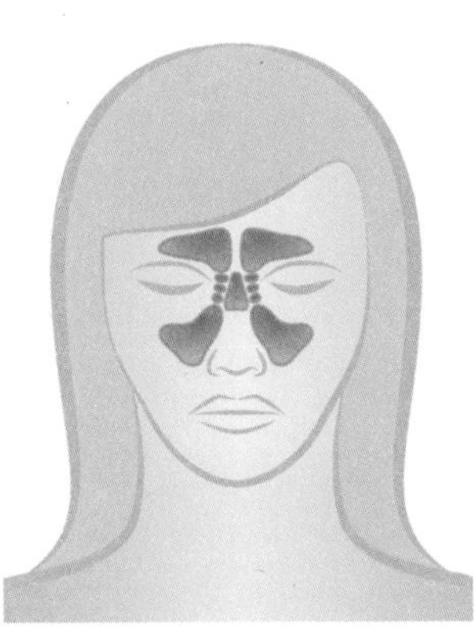

식도는 무슨 일을 할까?

| 식도 이야기 |

목과 위를 잇는 식도는 입으로 삼킨 음식물을 위로 보낸다.

세 가지만 알면 나도 과학자!

6초 만에 위까지 운반, 음식물이 지나는 길

식도는 지름 2센티미터가량의 원형 호스처럼 생긴 관이다. 길이는 성인의 경우 약 25센티미터에 이른다. 평소에는 좁아져 있다가 음식물이 지날 때만 넓어진다. 물은 1초, 음식은 6초 만에 위까지 운반된다.

물구나무를 선 채로도 물을 마실 수 있는 이유

식도는 근육이 위에서부터 순서대로 수축해(연동 운동) 물과 음식을 위로 눌러서 보낸다. 따라서 물구나무를 선 채로도 먹은 음식물을 정확하게 위까지 보낼 수 있다. 그리고 식도가 닫혀 입으로 다시 넘어오지 않는다.

식도에는 세 개의 '굽이'가 있다

식도에는 세 개의 꺾어진 굽이가 있다. 이 굽이를 지나며 식도의 너비가 좁아진다. 꼭꼭 씹지 않고 삼켰을 때 목이 막히는 것은 식도가 좁아지기 때문이다. 따라서 음식을 먹을 때는 잘 씹어서 삼켜야 한다. 참고로, 새는 식도에 '주머니'가 있어 그 주머니에 음식물을 저장해두었다가 조금씩 위로 보낸다.

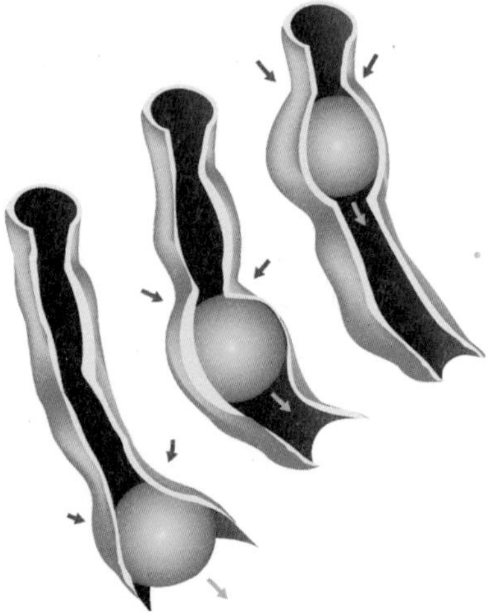

Day 093 | 장기 | 식도와 기관지

사례는 어떻게 해서 들릴까?

| 사례 이야기 |

음식물을 잘못 삼켜 기관으로 들어가면 뱉으려고 기침이 나온다.

세 가지만 알면 나도 과학자!

기관으로 잘못 들어간 음식물을 뱉어내려고 기침이 나온다

허겁지겁 먹다가 목에 걸려 캑캑거리며 고생한 경험이 누구나 한 번쯤 있을 것이다. 목에는 음식물을 식도로, 공기를 기관으로 나누어 보내는 뚜껑이 있다. 이 뚜껑이 잘 닫히지 않아서 음식물 등이 기관으로 들어가면 이물질을 내보내기 위해 기침이 터져 나오는데, 이런 신체 반응을 '사레들렸다'고 표현한다.

음식물이 폐로 들어가면 병에 걸릴 수 있다

잘못해서 음식물이나 침이 기관으로 넘어가면 '사레'에 들릴 수 있다. 입속에는 수많은 세균이 있어 사레들려 음식물에 묻은 세균이 폐로 들어가면 폐렴을 일으킬 수도 있어 위험하다(55일 차). 사레는 단순히 불편한 증상이 아니라 주의해야 할 신체 반응이다. 사람의 목은 목소리를 내기 위해 길어져 사레가 잘 들린다.

공기가 식도에 들어가도 괜찮다

음식물이 기관으로 넘어가 사레들리면 위험할 수도 있지만, 반대로 공기가 식도에 들어가면 트림이나 방귀가 늘어날 뿐 건강에는 아무런 영향이 없다.

Day 094

장기 | 식도와 기관지

트림은 왜 날까?

|트림 이야기|

음식물과 함께 삼킨 공기가 위로 되돌아오며 트림이 난다.

세 가지만 알면 나도 과학자!

트림의 정체는 음식물과 함께 삼킨 공기

밥을 먹을 때 음식물과 함께 공기도 삼킨다. 평소에는 식도와 위 사이에 뚜껑이 있어 역류하지 않는데, 위에 공기가 많이 쌓이면 뚜껑이 느슨해지며 공기가 새어 나온다. 이것이 트림이다. 동물도 트림을 한다. 특히 소의 트림에 들어 있는 메탄은 지구 온난화의 원인 중 하나로 지목되고 있다.

언제 트림이 잘 날까?

탄산음료를 마신 뒤에는 유난히 트림이 자주 나오는 기분이 든다. 탄산음료에는 이산화탄소가 녹아 있는데, 이 이산화탄소가 위 속에서 기체로 돌아가기 때문이다. 긴장해서 침을 많이 삼키면 침을 삼킬 때마다 공기를 들이마셔 트림이 늘어난다.

아기는 트림이 서툴다!?

아기는 위가 발달하지 않아 트림을 잘하지 못한다. 그래서 우유를 먹인 뒤에는 안고 토닥토닥 등을 두드리며 트림할 수 있도록 도와줘야 한다.

역류성 식도염이 뭘까?

|역류성 식도염 이야기|

강산성인 위 내용물이 식도로 역류해 속쓰림 등이 나타나는 질환이다.

세 가지만 알면 나도 과학자!

강산성인 위 내용물로 인한 식도 손상

식도 하부에는 위 내용물이 역류하는 것을 방지하는 근육(괄약근)이 있다. 이 근육의 힘이 약해지면 위 내용물이 식도로 되돌아오는데, 위 내용물은 산성이 강해 식도가 손상될 수 있다.

어떤 증상이 나타날까?

역류성 식도염의 증상으로는 속쓰림(명치와 배꼽 사이의 소화기관이 화끈거리고 쓰린 증상), 신물(시큼한 위액이 목으로 올라오는 느낌)을 비롯해 가슴 통증, 기침 등의 불편감과 귀통증 등이 나타난다.

노화와 다이어트, 과식 등이 원인

나이를 먹으면 역류를 방지하는 괄약근의 힘이 약해져 역류가 일어나기 쉽다. 비만과 과식으로 위가 압박되어도 음식물이 되넘어오는 역류성 식도염이 발생할 수 있다. 과식하지 않는 식습관이 중요하다. 원래 아시아권에는 드문 질병이었는데, 식생활이 서구화되면서 역류성 식도염 환자가 증가하는 추세다.

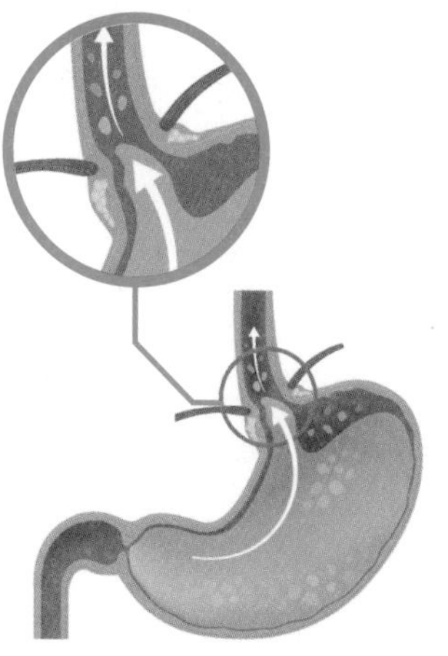

인두는 무슨 일을 할까?

|목구멍 이야기|

목구멍은 코로 들어온 공기와 입으로 들어온 음식물을 분리한다.

세 가지만 알면 나도 과학자!

목구멍을 뜻하는 '인(咽)'과 '후(喉)'

목구멍을 뜻하는 한자 '인(咽)'과 '후(喉)'는 크게 구분하지 않는다. 그런데 구체적으로는 '비강(鼻腔)', '구강(口腔)', 음식물을 위로 보내는 식도와 이어지는 '인두(咽頭)', 공기를 폐로 보내는 기관과 이어지는 '후두(喉頭)'를 아울러 '목구멍'이라고 한다.

음식물과 공기를 몸에 받아들인다

외부와 몸속을 연결하는 목구멍은 공기와 음식물을 받아들이는 역할을 한다. 인두에서는 기관과 식도가 교차한다. 음식물을 삼키면 인두 입구의 뚜껑이 자동으로 닫히고 음식물과 공기를 바른길로 보낸다.

몸에 병원균이 들어오지 못하도록 막는 최전방

인두에는 면역 작용을 하는 '편도'가 있어, 코와 입으로 들이마신 공기에 들어 있는 병원균이 기관과 폐로 들어가지 못하도록 막아준다.

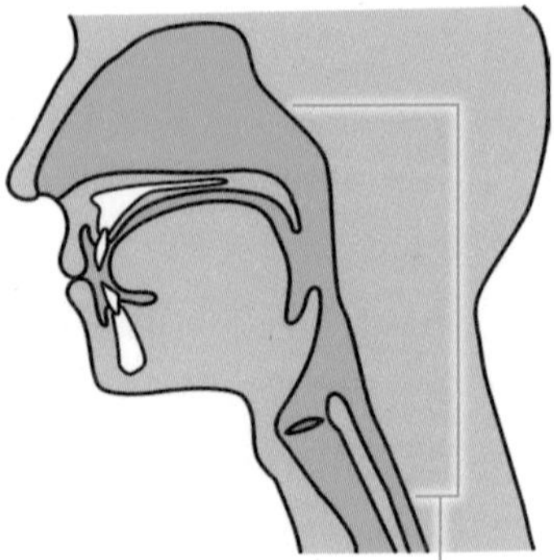

Day 097

후두는 무슨 일을 할까?

|울대뼈 이야기|

목구멍에는 목소리를 내는 성대가 있다.

세 가지만 알면 나도 과학자!

목소리를 내는 성대

기관 입구 부근까지 5센티미터가량을 '후두'라고 한다. 후두 주위를 몇 개의 연골이 에워싸고 있다. 그리고 그 안에 목구멍의 중요한 역할인 목소리를 내는 '성대'가 있다.

성인 남성은 연골이 툭 튀어나와 있다

성인 남성은 이 연골 일부가 목 앞으로 툭 튀어나와 있다. 이 부분을 흔히 '울대뼈' 혹은 '결후(結喉)'라고 한다. 보통 중학생 무렵 되면 울대뼈가 튀어나온다.

후두로는 공기만 지날 수 있다

후두 입구에 있는 '후두덮개'는 음식물이 지날 때는 닫히고, 공기를 들이마실 때는 열리는 구조다. 자동으로 음식과 공기가 제 갈 길을 가도록 교통 정리하는 똑똑한 기관이다. 공기가 지나는 기관으로 이어진 후두는 오로지 공기만 지날 수 있다. 사람의 목은 공기와 음식물이 동시에 통과할 수 없다.

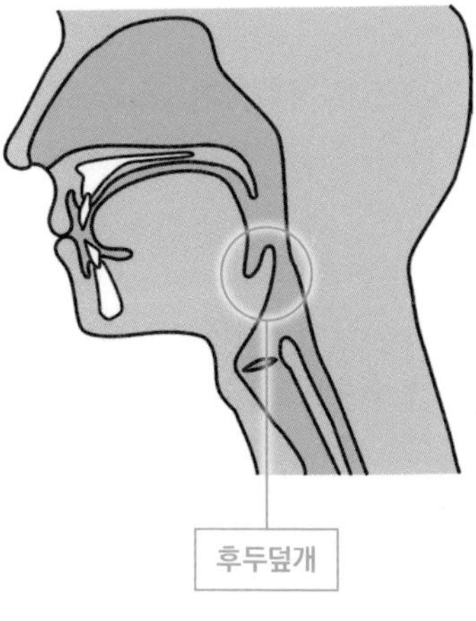

장기
오감
대사 작용
몸의 움직임
질병
네트워크

성대는 무슨 일을 할까?

|성대 이야기|

성대 좌우에 있는 두 장의 막을 진동시켜 목소리를 낸다.

세 가지만 알면 나도 과학자!

왜 목소리가 날까?

목에 있는 울대뼈에는 '성대'라는 두 장의 막이 있다. 이 막은 호흡할 때 좌우로 열리는데, 목소리를 낼 때는 닫히고 틈(聲門, 목청문)을 만든다. 뱉은 공기가 목청문을 지나면 막이 떨리며 목소리가 난다. 목소리를 낼 때 목에 손을 대보면 성대의 떨림을 느낄 수 있다.

왜 사람에 따라 목소리가 다를까?

목청문이 좁아질수록, 주름이 떨리는 횟수가 많을수록 목소리가 높아진다. 목소리의 크기는 내뱉는 숨의 양으로 정해져 숨을 세게 뱉으면 목소리가 커진다. 혀와 입의 모양을 바꿔 말할 수 있는데, 사람에 따라 입을 벌리는 방법, 움직이는 방법이 달라 제각기 다른 목소리를 낸다.

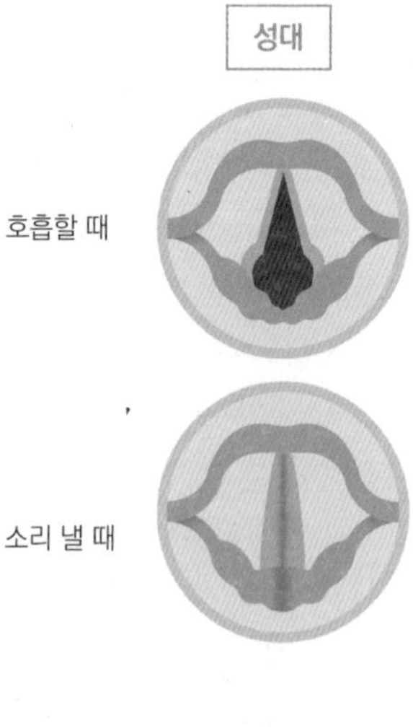

어른이 되면 목소리가 굵어지는 이유

사람은 성장하면서 울대뼈가 커진다. 울대뼈가 커지면 성대도 길고 두꺼워져 목소리가 낮아진다.

손발톱은 무엇으로 만들어질까?

| 손발톱 이야기 |

손톱과 발톱은 피부 일부가 딱딱해진 것이다.

세 가지만 알면 나도 과학자!

손발톱은 단백질로 이루어져 있다

손톱과 발톱은 피부의 일부이기 때문에 주성분이 케라틴이라는 단백질이다. 안에 신경과 혈관이 지나지 않아 잘라도 아프지 않고 피도 나지 않는다. 물건을 잡거나 걸을 때의 충격으로부터 손과 발끝을 보호해준다.

손발톱의 구조

눈에 보이는 손발톱 부분을 '조갑(조체)', 피부에 숨겨진 부분을 '손발톱뿌리(조근)', 조갑 아래 진피 부분을 '손발톱바닥(조상)', 손발톱뿌리에 있는 반달 모양의 하얀 부분을 '조반월'이라고 한다. 조반월의 흰색은 갓 만들어졌다는 증거다. 손발톱은 뿌리의 조모(爪母)에서 세포 분열이 이루어져 하루에 약 0.1밀리미터씩 자란다.

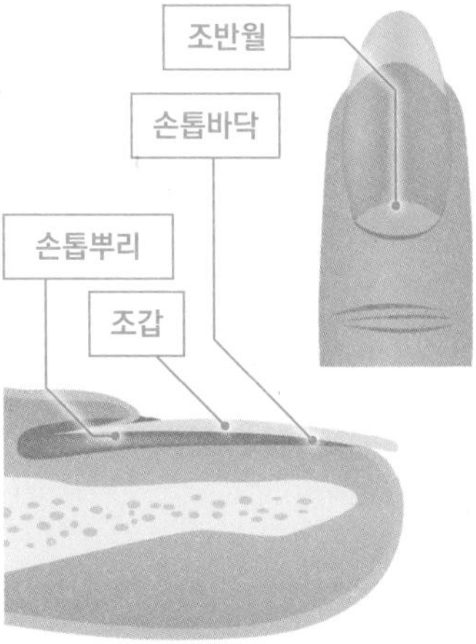

손발톱에 나타나는 증상

손발톱에도 다양한 병변 증상이 나타날 수 있다. 손발톱에 무늬가 생기면 영양소가 부족하다는 신호이고, 세로선은 노화 현상이며, 끝 부분이 하얀 것은 무좀일 수 있다.

오른손잡이와 왼손잡이는 무엇이 다를까?

|오른손잡이와 왼손잡이 이야기|

언어영역이 오른손잡이는 좌뇌 쪽에, 왼손잡이는 우뇌 쪽에 있다.

세 가지만 알면 나도 과학자!

약 90퍼센트의 사람이 오른손잡이

글씨를 쓰거나 공을 던질 때 오른손을 많이 사용하면 오른손잡이, 왼손을 많이 사용하면 왼손잡이다. 대개 네 살 이후 결정되는데, 약 90퍼센트의 사람이 오른손잡이로 알려져 있다.

주로 사용하는 손에 따라 언어영역의 위치가 다르다

뇌는 좌뇌와 우뇌로 나뉘어 있다. 좌뇌는 몸의 우측을, 우뇌는 몸의 좌측을 관장한다. 대다수 오른손잡이는 언어를 인식하는 언어영역이 뇌의 좌측에 있고 좌뇌가 잘 발달해 있다. 반대로, 왼손잡이의 60~70퍼센트는 언어영역이 뇌의 우측에 있고 우뇌를 잘 쓴다. 왼손잡이 중에는 좌우 양쪽에 언어영역이 있는 사람도 있다.

왼손잡이는 천재가 많다?

우뇌는 직감이 뛰어나고 예술적인 발상을 자아내는 부분이 있다. 그래서 왼손잡이는 천재적 재능을 가진 사람이 많다고 알려져 있다. 참고로, 어느 손을 주로 쓰느냐는 어머니 배 속에 있을 때 어느 손가락을 빠느냐에 따라 정해진다는 설도 있다.

새끼손가락을 구부리면 왜 약손가락도 함께 구부러질까?

| 손의 신경 이야기 |

손가락을 움직이는 명령을 전달하는 신경이 연결되어 있기 때문이다.

세 가지만 알면 나도 과학자!

같은 신경을 통해 명령이 전달된다

뇌가 '새끼손가락을 움직여'라는 명령을 내리면, 그 명령이 신경을 거쳐 손가락을 움직이는 근육에 전달된다. 그런데 새끼손가락과 넷째 손가락은 '척골 신경'의 지배를 받는다. 이 신경이 마비될 경우 두 손가락이 한꺼번에 접혀 있는 갈퀴손(claw hand) 증상이 나타난다.

새끼손가락과 약손가락을 움직이는 근육이 붙어 있다

엄지손가락을 제외한 네 개의 손가락을 움직이는 근육이 전부 이어져 있어 완전히 독립적으로 움직일 수 없다. 새끼손가락과 약손가락은 신경뿐 아니라 근육도 붙어 있어 하나를 구부리면 같이 구부러진다. 그러나 피아니스트처럼 연습을 반복하면 새끼손가락과 약손가락을 따로 움직일 수 있다.

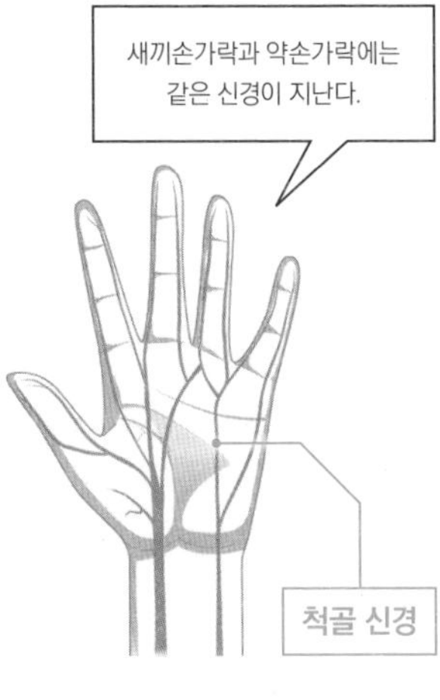

사람과 동물의 차이는 엄지손가락에 있다!

엄지손가락에는 네 개의 힘줄이 있어 다양한 방향으로 자유롭게 움직일 수 있다. 그래서 다른 네 손가락과 마주 보는 위치까지 움직여 물건을 잡는 등 복잡한 동작을 수행할 수 있다. 이는 사람의 손가락에서만 볼 수 있는 특징이다.

손가락을 꺾으면 왜 뚝뚝 소리가 날까?

|손가락 꺾기 이야기|

손가락 관절에 있는 액체 속 거품이 터지는 소리라는 설이 있다.

세 가지만 알면 나도 과학자!

소리의 정체는 뼈가 아닌 기포가 터지는 소리?

손가락 마디를 꺾으면 나는 뚝뚝 소리는 뼈에서 나는 것이 아니다. 관절은 관절포 또는 점액낭이라는 막으로 둘러싸여 있는데, 그 안에 관절액이라는 액체가 들어 있다. 관절을 갑자기 움직이면 이 관절액에 기포(거품)가 생기는데, 그 기포 터지는 소리가 뚝뚝 소리의 정체라는 주장이 있다.

손가락을 너무 많이 꺾으면 관절 변형 증상 우려

뚝뚝 소리를 영어로는 '크래킹(cracking)'이라고 한다. 이 소리가 나는 순간 관절 속에 큰 충격이 가해진다. 반복하면 염증이 생기거나, 장기적으로는 관절 형태가 변형되는 증상이 생길 수 있다.

아직 완전히 풀리지 않은 메커니즘

손가락을 꺾을 때 나는 소리에 관해서는 사실 100년 넘게 이런저런 논쟁이 이어지고 있다. 아직 확실한 이유는 밝혀지지 않았다. 다만 기포 파열음이라는 주장이 유력하다. 2018년 미국 스탠퍼드 대학교에서는 소리가 나는 원리를 수식으로 시뮬레이션해서 이 주장을 지지하는 연구 결과를 발표하기도 했다.

손가락을 삐면 왜 아플까?

|삔 손가락 이야기|

손가락 관절과 뼈 일부가 손상을 입기 때문이다.

세 가지만 알면 나도 과학자!

손가락 인대와 힘줄이 손상된 상태

누구나 손가락이나 발가락이 삐어 고생한 경험이 한두 번은 있을 것이다. 체육 시간에 피구를 하다가 손가락 끝으로 공을 너무 세게 잡거나, 실수로 손가락을 벽에 부딪혀 손가락 인대, 힘줄, 관절, 뼈 등을 다치면 손가락을 삐었다고 표현한다. 발가락도 마찬가지다.

시간이 지나면 통증이 줄어든다

손가락을 삐면 처음에는 욱신욱신 쑤시다가 시간이 지나면서 시큰하게 둔한 통증만 남는다. 테이핑 등으로 고정하고 일주일 정도 지나면 통증과 부기가 사라지고 2~3주 지나면 낫는다. 하지만 단순히 삔 정도가 아니라 골절이라면 통증이 점점 강해진다.

증상만으로는 정확히 알 수 없다

통증이 심하면 뼈가 부러지거나 힘줄이 끊어졌을 수도 있다. 증상만으로는 판별하기 어려우므로 통증이 심할 때는 빨리 병원에 가는 것이 현명하다. 간혹 손가락이 삐면서 말단 관절이 박리 골절을 일으켜 손가락 끝이 굽은 채로 펴지지 않는 '망치손가락' 사고가 발생할 수도 있다.

손가락이 삐었을 때 테이핑 등으로 고정하면 2~3주 만에 완치된다.

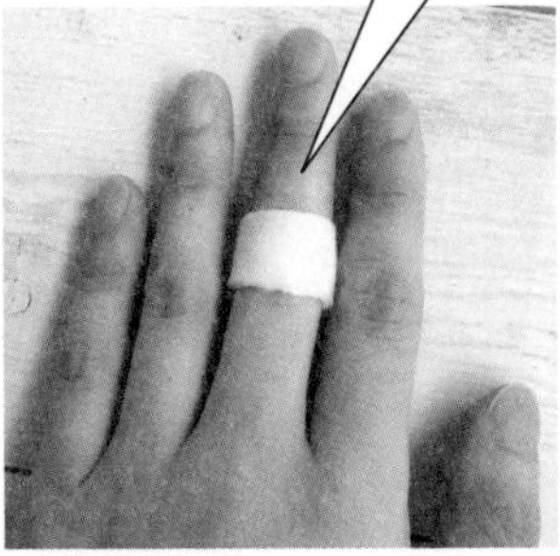

방아쇠 수지와 곤봉지가 뭘까?

|손가락 변형 이야기|

손가락을 펼 때 방아쇠를 당기는 느낌이 들고,
손가락이나 발가락 끝이 곤봉처럼 뭉툭해진 것이다.

세 가지만 알면 나도 과학자!

손가락과 발가락에 생기는 다양한 증상

방아쇠 수지와 곤봉지는 주로 손가락에 생기는 증상이다. 방아쇠 수지는 힘줄 윤활막염(건초염) 증상 중 하나로, 컴퓨터 사용과 악기 연주처럼 손가락을 많이 쓰는 사람에게 잘 발생한다. 곤봉지의 원인은 확실히 규명되지 않았으나, 폐암 등 호흡기 질환이 있는 사람에게서 나타나는 증상 중 하나다.

방아쇠 수지는 힘줄 윤활막염이 진행된 상태

근육과 뼈를 연결하는 힘줄은 힘줄집(건초)이라는 밴드와 같은 조직 속을 지난다. 이 과정에서 마찰로 염증이 생기면 '힘줄 윤활막염'이 발생한다. 심해지면 손가락을 펼 때 방아쇠를 당기는 것처럼 저항감이 느껴지는 방아쇠 수지가 되고, 통증이 있으며, 손가락 움직임이 부드럽지 않다. 갱년기 이후 여성, 임신·출산기 여성, 당뇨병, 인공 투석 중인 사람에게서 많이 나타난다.

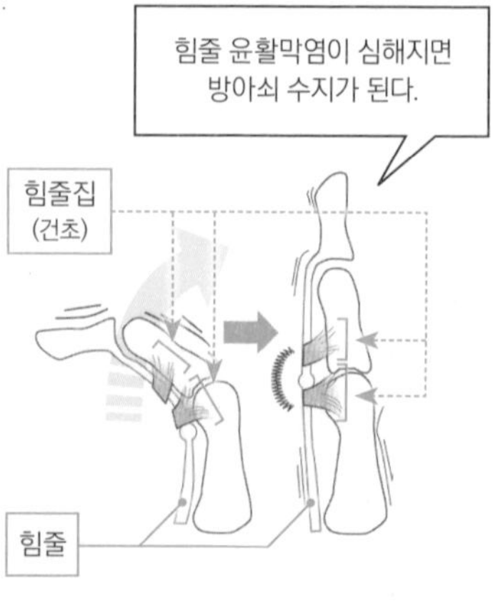

곤봉지는 원인 질환 치료가 우선

곤봉지는 이름 그대로 손가락 끝이 곤봉 모양처럼 변형된 상태다. 손가락 끝의 혈액 순환이 나빠지며 발생한다. 근본적 원인인 심장과 폐의 질환이 나으면 대개 개선된다.

Day 105

숟가락 손발톱이 뭘까?

|손발톱 변형 이야기|

손발톱 가운데가 쏙 들어가 숟가락 모양으로 변형되는 증상이다.

세 가지만 알면 나도 과학자!

숟가락처럼 가운데가 오목해지는 손발톱

손발톱의 가운데 부분이 쏙 들어가 손발톱 끝이 들리며 숟가락 모양처럼 변한다고 해서 '숟가락 손발톱'이라는 이름이 붙었다. 손발톱 색이 하얗게 변하거나 누렇게 변하며 두꺼워지기도 한다. 힘이 가해지기 쉬운 엄지손가락, 집게손가락, 가운뎃손가락에 잘 나타난다. 힘쓸 일이 많은 농사나 약품과 접촉할 일이 많은 미용업계 종사자에게서 주로 나타난다.

주요 원인은 세 가지!

주요 원인은 '철분 부족으로 인한 빈혈', '외적 압력', '손발톱 깎는 방식의 문제'를 들 수 있다. 손발톱이 얇은 아기나 유아라면 '외적 압력' 때문인 경우가 많아 성장하면 좋아진다. 빈혈이 원인일 때는 쉽게 피로를 느끼고 안색이 나빠질 수 있다.

손발톱에는 몸이 보내는 메시지가 담겨 있다

통증이 없더라도 우리 몸이 보낸 메시지일 수 있기 때문에 내버려두면 안 된다. 힘을 가하는 등 외적 요인을 배제하고, 손발톱을 깎을 때 주의해도 낫지 않으면 병원 진료를 받아보자.

Day 106 질병 | 독

복어 독은 왜 위험할까?

|복어 독 이야기|

복어 독은 사람의 호흡을 마비시켜 죽음에 이르게 하며
확실한 치료법이 없다.

세 가지만 알면 나도 과학자!

복어는 식용을 규제하는 유독 생물의 대명사

복어는 종류가 다양하다. 그런데 내장·피부·혈액·근육 등에 '테트로도톡신(tetrodotoxin)'이라는 독을 가진 종류가 많다. 복어의 먹이인 불가사리와 조개가 독을 지니고 있어 체내에 독이 계속 쌓이기 때문이다.

소량으로도 죽음에 이를 수 있다

테트로도톡신은 아주 적은 양도 위험하다. 몸무게 1킬로그램당 0.01그램이 치사량이다. 몸무게가 50킬로그램인 성인의 경우 0.5그램만 섭취해도 사망할 수 있다. 먹고 30분에서 3시간 정도 지나면 입술과 혀가 저리고, 구토와 언어 장애 등의 증상이 나타나며, 호흡이 곤란해진다. 먹고 나서 1시간 만에 사망한 사례도 있다. 섭취했을 경우 음식을 모두 토하고 즉시 병원으로 이송하면 생명을 구할 가능성이 높아진다.

복어 독 제거는 면허가 필요한 까다로운 작업

복어를 조리하려면 '복어조리산업기사'라는 국가 기술 자격이 필요하다. 특히 복어의 독이 있는 부산물은 자물쇠가 채워진 용기에 넣어 안전하게 폐기 처리해야 한다.

말벌에 쏘이면 어떻게 될까?

|말벌의 독 이야기|

처음 쏘이면 항체가 만들어지고,
두 번 쏘이면 알레르기 반응이 일어나 죽음에 이를 수도 있다.

세 가지만 알면 나도 과학자!

말벌에 쏘이면 체내에서 항체가 만들어진다

알레르기가 없으면 처음 쏘였을 때는 붉어지고 붓기만 하는 사람이 많다. 이런 경우에는 며칠 지나면 증상이 사라진다. 그러나 사람에 따라 통증이 심하거나 온몸에 두드러기가 생길 수도 있다.

두 번째 쏘이면 알레르기 반응이 일어난다!

말벌에 쏘였을 때는 '두 번째'를 조심해야 한다. 말벌에 한 번 쏘이면 몸을 지키기 위해 체내에서 항체(25일 차)가 만들어진다. 그런데 한 번 쏘인 사람이 다시 쏘이면 항체가 엄청난 양의 히스타민(histamine)을 분비해 아나필락시스(348일 차)가 일어날 수 있다. 쇼크가 발생하면 혈압 저하, 경련, 의식 장애 등의 증상이 발생해 생명을 위협할 수도 있다.

말벌에 쏘이면 바로 병원에 가자!

말벌 독은 쏘이고 나서 한 시간 이내가 골든 타임으로 알려져 있다. 바로 병원에 가지 않으면 때를 놓칠 가능성이 있다. 벌집이 가장 커지는 7~10월에는 말벌에 잘 쏘일 수 있으니 특히 주의하자.

Day 108 질병 | 독

독가스는 어떤 물질일까?

|독가스 이야기|

사람을 죽음에 이르게 할 정도로 무시무시한 화학무기다.

세 가지만 알면 나도 과학자!

제1차 세계 대전 때 최초로 독가스가 사용되었다

전쟁에서 최초로 독가스가 사용된 것은 제1차 세계 대전(1915년)이다. 독일군이 벨기에에서 프랑스군에게 '염소가스'를 사용해 1만 4,000명이 중독되고, 5,000명 이상이 사망했다고 알려졌다.

전쟁에서 사용된 독가스의 종류와 증상

제1차 세계 대전에서는 흔히 '겨자탄'이라고 부르는 '머스터드 황' 가스가 많이 사용되었다. 이 가스에 노출되면 피부가 부어오르고 엄청난 통증이 발생하는데, 특효약이 없다. 또 일본군이 중일 전쟁 때 제조한 독가스 '포스젠'은 호흡기 계통의 조직을 파괴해 호흡이 곤란해진다.

일본을 뒤흔든 신경가스 '사린'

도쿄 지하철 사린 사건(1995년)은 옴진리교라는 종교 단체가 도쿄 지하철 차량 안에 사린을 살포한 사건을 말한다. 사린은 아주 소량으로도 호흡이 곤란해지는 맹독 가스다. 이 사건으로 사망자 14명, 부상자 약 6,300명이 발생했다.

Day 109 질병 | 독

해파리 독에 쏘이면 어떻게 될까?

|해파리 독 이야기|

대체로 쏘인 부위에 엄청난 통증과 염증이 발생한다.

세 가지만 알면 나도 과학자!

촉수 등에 있는 자포로 독을 내보낸다

바다에 가면 바닷물 위를 둥실둥실 떠다니는 해파리를 볼 수 있다. 해파리는 대부분 촉수에서 '자포'라는 독침을 발사해 먹이를 잡는다. 따라서 해파리를 섣불리 만지면 독침에 쏘일 수 있다.

사람을 죽음에 이르게 할 수도 있다

해파리는 종류가 다양하다. 5~8월 제주도와 남해에 자주 출몰하는 작은부레관해파리를 특히 조심해야 한다. 해변에 떠내려온 해파리를 비닐봉지로 오인해 접촉하는 사고가 자주 발생한다. 쏘이면 엄청난 통증이 발생하고, 심하면 사망할 수도 있다. 우리나라 연근해에서 가장 많이 출몰하는 독성 해파리는 보름달물해파리와 노무라입깃해파리다.

해파리에 쏘였을 때 대처법

작은부레관해파리에 쏘이면 응급 처치로 환부를 45도 정도 물에 담그거나 얼음으로 식힌다. 맨손으로 만지지 않도록 촉수를 제거한 후 의료기관에 가서 치료받는다.

Day 110 질병 | 독

독사의 독은 어떤 물질일까?

|독사의 독 이야기|

독사의 독은 상황에 따라 사망할 수도 있는 독성 물질이다.

세 가지만 알면 나도 과학자!

지구에 서식하는 독사는 대략 700종

지구에는 3,400종 이상의 뱀이 서식하고 있다. 그중에서 독이 있는 뱀은 700종 가량 된다. 뱀의 종류에 따라 차이가 있지만, 대개 타액(침) 속에 독이 들어 있는 종이 많고, 물리면 상처를 통해 독이 주입된다.

신경에 작용해 호흡이 곤란해진다

많은 독사가 신경독을 가지고 있다. 우리 몸의 근육은 신경으로 전달되는 전기 신호로 움직이는데, 독사의 신경독이 이 신호를 전달하지 못하게 막는다. 팔다리를 움직일 수 없고, 폐 근육도 움직이지 않아 심하면 호흡이 곤란해진다.

독사에 물렸을 때 대처법

독사에 물리면 독이 순식간에 온몸을 순환할 수 있으니 최대한 몸을 움직이지 말고 병원으로 이송한다. 병원까지 시간이 많이 걸릴 경우 상처보다 심장 가까운 곳을 수건 등으로 느슨하게 묶으면 독이 잘 퍼지지 않는다. 참고로, 뱀은 먼저 건드리지 않으면 웬만해선 인간을 공격하지 않는다.

수은은 왜 몸에 해로울까?

|수은 이야기|

수은은 편리한 금속이지만, 사람과 환경에 유독한 물질이다.

세 가지만 알면 나도 과학자!

무척 편리해 생활에 도움이 되지만, 위험한 물질

수은은 철이나 납과 달리 20도 정도에서 액체가 되는 희귀한 금속이다. 형광등 등의 조명에 주로 사용되는데, 옛날에는 체온계에도 사용했다. 무척 편리한 금속이지만 환경을 오염시키거나 인체에 해롭다.

수은이 몸에 미치는 영향

수은은 '무기수은'과 '유기수은'으로 나눌 수 있다. 둘 다 위험하지만, 유기수은은 체내에서 신경에 손상을 주어 더 위험하다. 복어나 말벌 독과 비슷하다.

세계사에 기록된 수은 중독 사건

1970년 이라크에서 유기수은으로 소독한 밀가루로 만든 빵을 유통해 400명 이상이 사망하는 사건이 발생했다. 일본에서도 1956년 미나마타시의 한 공장에서 유기수은이 유출되어 근해에서 잡은 생선을 먹은 사람들이 수은에 중독되는 일명 '미나마타병(水俣病)' 사건이 발생했다. 참고로, 창백할 정도로 하얀 얼굴을 선호하던 17세기 빅토리아 시대 여인들은 수은이 들어간 화장품을 사용하기도 했다.

독버섯의 독에는 어떤 종류가 있을까?

|독버섯 이야기|

환각을 보거나 설사를 일으키는 등 여러 종류의 독이 있다.

세 가지만 알면 나도 과학자!

동물 실험으로 독버섯의 독성분 해명

버섯은 종류가 엄청 다양해 어떤 독버섯이 있는지, 어떤 성분인지 밝혀지지 않은 것이 많다. 특히 동물의 독과 달리 여러 독이 섞인 경우가 많다.

독버섯의 이모저모

독버섯에 중독되면 섭취 후부터 중독 증상이 나타나는 시간으로 예후를 예측한다. 섭취 후부터 6시간 이내에 증상이 나타나면 사망률이 비교적 낮고, 6시간 이후에 증상이 나타나면 사망률이 높은 것으로 알려져 있다. 우리나라에 서식하는 버섯은 현재 1,900종이 알려져 있는데,
식용 가능한 버섯은 400종뿐이다.

다양한 독버섯의 독 성분과 작용

흔히 환각버섯이라고 부르는 버섯에는 실로시빈이라는 환각과 정신착란을 일으키는 성분이 들어 있다. 두엄흙물버섯에 들어 있는 코프린이라는 독은 알코올 대사를 방해한다. 그 밖에 백혈구를 감소시키는 트리코테신, 발한과 혈압 저하를 일으키는 무스카린 등 다양한 독 성분이 있다.

혈액은 어디서 만들어질까?

|혈액 이야기|

혈액은 뼛속에 있는 '골수'에서 만들어진다.

세 가지만 알면 나도 과학자!

골수 속에서 매일 쉬지 않고 만들어진다

혈액은 적혈구, 백혈구, 혈소판이라 불리는 '입자(세포 성분)'와 '혈장'이라는 액체로 이루어져 있다. 이 혈액은 사실 뼛속의 '골수'에서 매일 쉬지 않고 만들어진다. 혈액을 만드는 골수는 말랑말랑한 스펀지처럼 구멍이 숭숭 뚫려 있는 조직이다.

'머리뼈' 등 몇 개 뼈만 혈액을 만든다

그렇지만 모든 뼈에서 혈액이 만들어지는 것은 아니다. 성인의 몸에서는 머리를 지키는 '머리뼈', 심장과 폐를 지키는 '갈비뼈', 가슴을 지키는 '복장뼈' 등에서 혈액이 만들어진다. 하지만 아기는 거의 모든 뼈에서 혈액이 만들어진다.

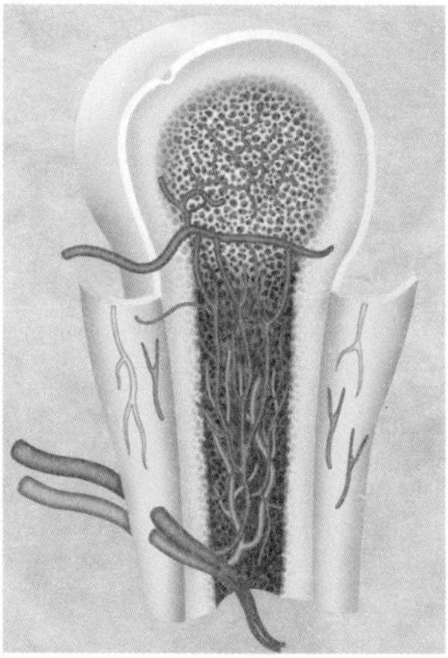

혈액에도 수명이 있다

혈액은 매일 새로 만들어지는데도 수명이 있다. 몸무게 50킬로그램인 사람의 경우 대략 4개월이면 혈액이 새로 교체된다. 수명을 다해 불필요해진 혈액은 소변과 대변에 섞여 몸 밖으로 배출된다.

적혈구는 무슨 일을 할까?

|적혈구 이야기|

산소를 온몸으로 공급하고 이산화탄소를 수거해서 운반한다.

세 가지만 알면 나도 과학자!

형태를 유연하게 바꾸며 몸속을 도는 배달부

혈액의 약 45퍼센트를 차지하는 적혈구는 산소를 온몸으로 공급하고 몸속에서 배출된 이산화탄소를 모으는 배달부와 같다. 원반 모양인데, 가는 혈관을 지날 때는 날씬해졌다가 통과하면 다시 원래 모양으로 돌아간다. 적혈구의 수명은 약 120일이다.

피가 붉은색인 이유는 헤모글로빈 때문

피가 붉게 보이는 것은 적혈구 속에 있는 '헤모글로빈'이라는 단백질이 붉은색이기 때문이다. 헤모글로빈은 동맥을 지날 때 검붉은색을 띠는데, 운반하는 산소의 양이 많으면 선명한 빨간색으로 변한다. 참고로, 메뚜기, 문어, 오징어처럼 혈액이 파랗게 보이는 생물도 있다.

적혈구가 감소하면 빈혈 증상

적혈구가 감소하면 세포 속 산소가 부족해져 호흡 곤란, 가슴 두근거림, 현기증 등의 빈혈 증상(359일 차)이 나타나고, 적혈구가 너무 많아지면 얼굴이 불그스레해지거나 두통 등의 증상이 나타날 수 있다.

백혈구는 무슨 일을 할까?

| 백혈구 이야기 |

세균과 바이러스로부터 우리 몸을 지켜준다!

세 가지만 알면 나도 과학자!

아메바처럼 움직이며 순찰

백혈구는 아메바처럼 움직이며 우리 몸속을 순찰하는 든든한 지킴이다. 몸에 들어온 세균과 바이러스를 발견하면 혈관 밖으로 나와 해치우거나 이물질의 정보를 동료 세포에게 가르쳐주어 우리 몸을 지킨다. 참고로, 상처에 생기는 '딱지'는 균과 싸운 '백혈구의 사체'다.

팀플레이가 특기!

백혈구의 종류에는 호중구(262일 차), 림프구(364일 차), 단핵구(365일 차) 등이 있다. 이 백혈구들이 우리 몸 곳곳에서 서로 연락을 주고받으며 팀 단위로 힘을 합쳐 활약한다.

적과 싸울 때는 수를 늘린다

우리 몸에서 적혈구는 혈액의 절반 가까이를 차지한다. 그에 비해 백혈구는 1퍼센트도 안 될 정도로 매우 적다. 그러나 백혈구도 싸울 때는 수를 늘려 적에 대항한다. 백혈구의 수명은 몇 시간에서 며칠로 다양한데, 종류에 따라 다르다.

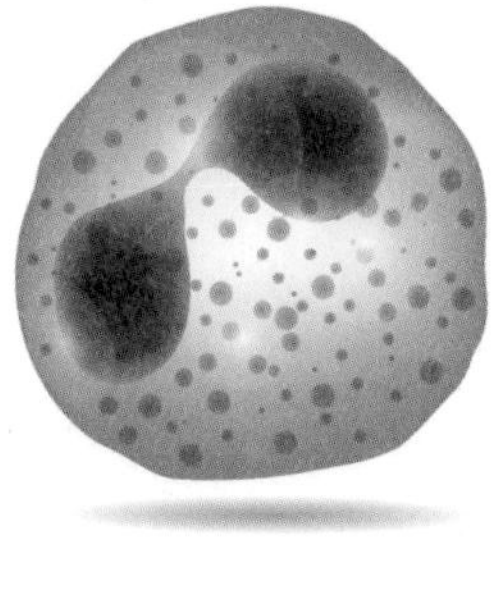

혈소판은 무슨 일을 할까?

|혈소판 이야기|

혈관에 상처가 생기면 모여들어 상처를 막아 피를 멈추게 한다.

세 가지만 알면 나도 과학자!

찢어진 혈관에 붙거나 서로 응집해 피를 멈추게 한다

혈소판은 혈관에 생긴 손상을 막아 피를 멈추게 하는 역할을 한다. 혈관에 상처가 생기면 동글동글한 공 모양에서 삐죽삐죽 돌기가 나와 찢어진 혈관 벽에 착 달라붙거나 서로 응집해 피가 나는 것을 막아준다.

골수 세포가 떨어져 나와 만들어진다

혈소판은 '혈액의 공장'인 골수 속 '거핵구'라는 세포가 떨어져 나와서 만들어진 것이다. 혈소판은 적혈구에 비해 크기가 매우 작으므로 혈관 벽을 따라 흐르다가 혈관이 손상될 경우 조기에 발견할 수 있다. 혈소판의 수명은 약 10일로 알려져 있다.

지혈에는 2단계가 있다!

피가 멈출 때까지 크게 2단계를 거친다. 혈소판이 상처에 모여 피를 막는 '1차 지혈', 그 후 피브린이라는 단백질이 혈소판 전체를 덮어 응고시키는 '2차 지혈'이 이루어져 출혈을 막는다.

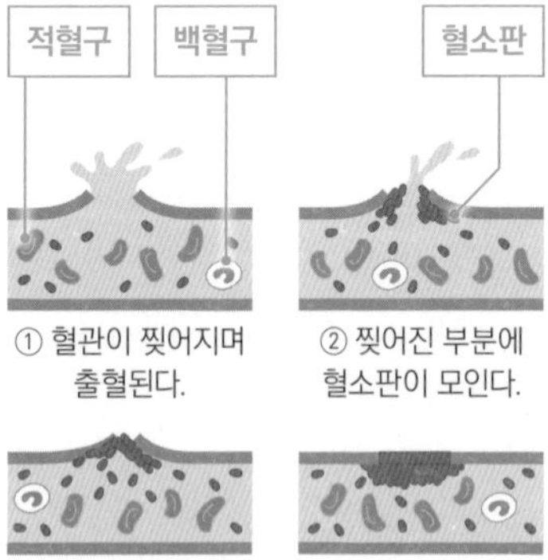

① 혈관이 찢어지며 출혈된다.
② 찢어진 부분에 혈소판이 모인다.
③ 피브린이 그물눈처럼 변신하고 혈구를 모아 응고시킨다.
④ 더 단단하게 굳어 피가 떡처럼 뭉치며 지혈이 마무리된다.

혈장이 뭘까?

|혈장 이야기|

몸에 수분과 염분 등의 영양소를 전달하는 혈액 속의 액체다.

세 가지만 알면 나도 과학자!

대부분 수분으로 이뤄진 말갛고 투명한 액체

혈장은 혈액의 절반을 차지한다. 약 90퍼센트는 물이고, 나머지 10퍼센트가량에 단백질(알부민, 글로불린, 피브리노겐 등)과 포도당, 혈액 응고 요소, 전해질, 산소 등 우리 몸의 세포에 필요한 물질과 이산화탄소, 노폐물 등이 녹아 있다. 말갛고 농도가 묽으며 노란색을 띤 액체다.

산소 외 중요한 물질 운반

산소 운반은 적혈구가 맡고, 그 외 중요한 물질은 혈장이 전달한다. 수분과 당분, 염분 외에도 우리 몸 상태를 조정하는 데 필요한 물질(호르몬) 등을 전달하고, 불필요해진 물질을 운반해서 처리한다. 혈소판이 상처를 막을 때도 혈장 속의 단백질을 사용한다!

체온 조절 작용

혈장은 몸의 열을 조절하는 역할도 한다. 체온이 높을 때는 몸 밖으로 열을 방사시켜서 적당한 체온을 유지할 수 있도록 균형을 맞춘다.

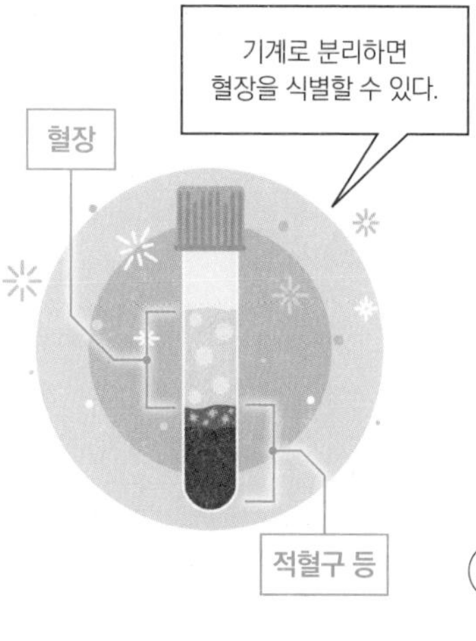

'혈액이 탁해진다'는 말이 무슨 뜻일까?

|고지혈증 이야기|

콜레스테롤과 중성지방이 많아지면 피가 탁해진다.

세 가지만 알면 나도 과학자!

육류와 기름진 음식, 단 음식 과다 섭취 주의

평소에 맑은 혈액이 탁해지는 현상을 '고지혈증'이라고 한다. 혈액 속에 콜레스테롤과 중성지방이 너무 많아진 상태다. 육류와 기름진 음식, 달콤한 디저트 등을 즐겨 먹고 운동이 부족하면 고지혈증이 나타날 수 있다.

탁한 혈액의 상태도 여러 가지

탁한 혈액에도 여러 상태가 있다. 적혈구끼리 들러붙어 덩어리지면 혈액이 끈적끈적해진다. 백혈구끼리 들러붙어 혈관 벽에 처덕처덕 붙어 걸쭉해진 상태도 있다. 당질을 과도하게 섭취해 혈소판이 붙기 쉬워지면 혈액 입자가 거칠어진다고 알려져 있다. 혈액이 탁해지면 동맥경화(82일 차)를 일으킬 수 있다.

맑은 혈액을 유지하려면 식사와 운동이 중요

맑은 혈액 상태를 유지하려면 균형 잡힌 식사가 중요하다. 고기를 너무 많이 먹지 말고 채소와 현미, 등푸른생선, 해조류, 견과류 등을 챙겨 먹자. 불필요한 지방을 연소하기 위해 빨리 걷기 등의 운동도 빼먹지 말자.

혈액형은 어떤 차이가 있을까?

|혈액형 이야기|

A형, B형, O형, AB형은 적혈구 모양의 차이로 구별한다.

세 가지만 알면 나도 과학자!

‘A형 물질’과 ‘B형 물질’이 혈액형 결정

잘 알려진 ‘ABO식 혈액형’은 적혈구에 붙는 ‘A형 물질’과 ‘B형 물질’이 결정한다. A형에는 A형 물질, B형에는 B형 물질, AB형에는 둘 다 붙고, O형에는 둘 다 붙지 않는다. 이 모양의 차이로 혈액형을 구별할 수 있다.

같은 혈액형끼리 수혈

심각한 부상으로 피가 부족해졌을 때 다른 사람의 피를 받아서 몸에 넣는 것을 ‘수혈’이라고 한다. 수혈은 반드시 같은 혈액형끼리 해야 한다. 다른 혈액형의 피를 몸에 넣으면 혈관 속에서 피가 굳어 생명이 위험할 수 있다. 하지만 O형은 적혈구에 응집원이 없어 모든 혈액형에, A형과 B형은 각각의 응집원이 있어 AB형에 수혈할 수 있다.

【적혈구의 종류】

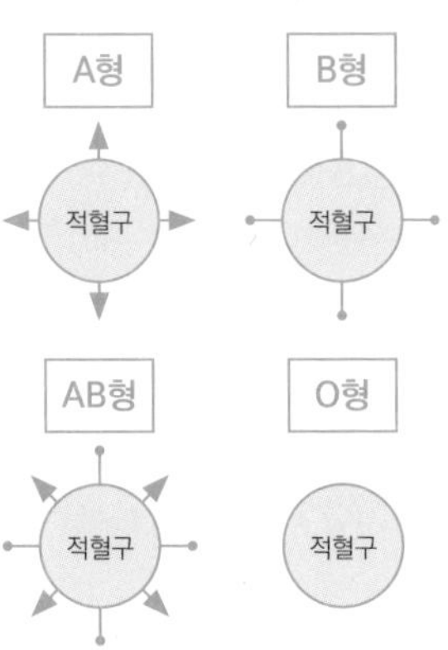

한국인에게 가장 많은 혈액형은 A형

보건복지부 조사에 따르면 한국인의 혈액형 구성은 A형 33퍼센트, O형 27퍼센트, B형 27퍼센트, AB형 13퍼센트다. 혈액형 비율은 나라마다 다르다. 미국과 라틴아메리카는 O형이 많고, 인도와 파키스탄은 B형이 가장 많다.

왜 매일 잠을 자야 할까?

|수면의 중요성 이야기|

밤잠은 다음 날을 준비하며 뇌와 몸을 점검하고 정비하는 시간이다.

세 가지만 알면 나도 과학자!

푹 자지 않으면 골골 아프기 쉽다

우리 몸은 잠자는 동안 뇌와 장기 등이 휴식을 취한다. 잠자는 동안 병원균과 싸우는 세포가 만들어지기 때문에 잠자는 시간이 부족하면 감염병 등의 질병에 걸리기 쉽다.

잠을 자지 않으면 머리도 잘 안 돌아간다!

푹 자지 않으면 아무리 공부해도 머리가 잘 돌아가지 않는다. 자는 동안 뇌가 낮에 입수한 지식 등을 정리하고 기억하기 때문이다. 특히 성장기에는 잠자는 동안 성장 호르몬이 분비되기 때문에 푹 자지 않으면 키 성장에 방해가 된다.

수면 시간은 어느 정도 필요할까?

사람에 따라 필요한 수면 시간이 다르다. 어른은 7~8시간, 어린이는 9시간가량 필요하다. 그러나 2023년 조사에서 한국인의 평균 수면 시간은 6.9시간으로, 수면 부족인 사람이 많다. 미인은 잠꾸러기라는 말처럼, 어른이나 어린이나 잠이 보약이다.

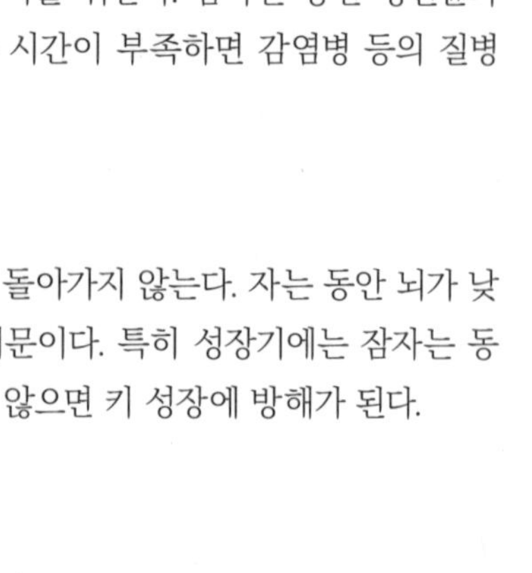

렘수면과 논렘수면은 어떤 차이가 있을까?

|렘수면과 논렘수면 이야기|

렘수면은 얕은 잠이고, 논렘수면은 깊은 잠이다.

세 가지만 알면 나도 과학자!

수면은 90~120분 주기로 교체

잠자는 동안 우리 몸은 휴식한다. 하지만 뇌는 쉬지 않는다. 얕은 잠인 렘수면일 때는 깨어 있고, 깊은 수면인 논렘수면일 때는 잠들어 있다. 렘수면과 논렘수면이 90~120분 주기로 교체된다. 꿈은 렘수면 주기에 꾼다.

잠자는 동안에도 일하는 뇌

렘수면은 기억과 감정 등의 정보를 정착시키고 불필요한 정보를 삭제해 뇌를 정리해준다. 논렘수면 동안 성장 호르몬이 분비되고 피부와 세포를 수리해 다음 날을 위해 에너지를 축적한다.

가위눌림은 귀신의 소행일까?

가위눌림은 꿈을 꾸는 렘수면 동안 일어난다. 흔히 '검은 옷을 입은 사람이 머리맡에 서 있었다'거나 '모르는 사람이 발을 잡아당겼다'는 으스스한 경험담을 말하는데, 이는 귀신의 소행이 아니라 꿈과 현실이 뒤섞여 발생하는 착각이다(아마도 그럴 거라고 믿고 싶다~). 가위에 자주 눌리는 사람은 유전적 원인도 있다.

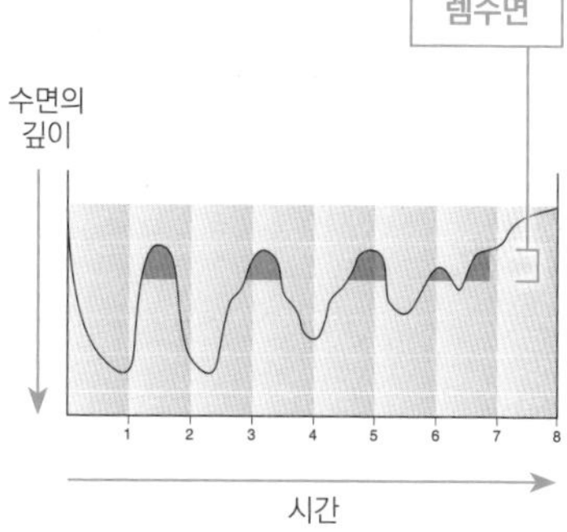

Day 122

졸음은 왜 오는 걸까?

|졸음 이야기|

피곤하면 생체시계가 솔솔 잠이 오게 만든다.

세 가지만 알면 나도 과학자!

졸음이 오게 만드는 메커니즘

신나게 뛰어놀거나 열심히 공부한 날은 참을 수 없을 정도로 졸음이 쏟아진다. 몸이 피곤해지면 졸음이 오기 때문이다. 그런데 녹초가 될 정도로 지치지 않은 날에도 밤이 되면 잠이 오는 현상은 생체시계(356일 차)와 관계있다.

인체 내부에 있는 '보이지 않는 시계'

생체시계가 정해진 시간에 잠이 오고 일어나게 만드는 과정에서 몸은 그 시간을 기억한다. 항상 일정한 시간에 잠자리에 드는 사람의 경우, 그 시간이 가까워지면 생체시계가 작동해 눈꺼풀이 무거워지며 잠이 온다.

왜 어두워지면 잠이 올까?

생체시계는 빛의 영향도 받는다. 멜라토닌이라는 물질 때문이다. 햇빛 등을 받으면 멜라토닌이 감소하고 어두워지면 멜라토닌이 증가하는데, 멜라토닌이 증가하면 졸음이 온다. 멜라토닌은 수면제로 처방되기도 하고 시차병 치료에 활용되기도 한다.

하품은 왜 나올까?

|하품 이야기|

하품은 뇌 온도를 내리기 위해 공기를 받아들이려는 신체 반응이다.

세 가지만 알면 나도 과학자!

하품은 뇌의 자동 온도 조절 장치

졸리거나 피곤하거나 따분하면 하품이 나온다. 하품은 뇌 온도가 올라갔다는 증거다. 하품으로 공기를 받아들여 뇌 온도를 내린다.

졸릴 때만 하품이 나오는 것은 아니다

하품은 졸릴 때나 피곤할 때만 나오는 것이 아니다. 선생님에게 꾸지람을 들을 때나 시험 직전처럼 뜬금없는 상황에서도 하품이 나올 수 있다. 긴장과 스트레스를 느끼면 뇌 온도가 올라가서 하품이 나오는 것이다. 뇌가 쾌적하게 느끼는 온도는 체온보다 약간 높은 37도 정도라고 알려져 있다.

하품이 옮는다는 말이 사실일까!?

옆 사람이 하품을 하면 돌림노래를 하듯 함께 하품이 나올 때가 있다. 또 하품에 관해 생각하거나, 하품과 관계있는 텔레비전이나 책을 보는데 하품이 나올 때도 있다. 이런 반응이 나타나는 것은 상대방의 기분과 태도에 공감하는 뇌의 작용 때문이다.

어떨 때 잠꼬대를 할까?

|잠꼬대 이야기|

렘수면과 논렘수면의 잠꼬대가 따로 있다.

세 가지만 알면 나도 과학자!

렘수면과 논렘수면의 잠꼬대는 다르다

렘수면 중에 하는 잠꼬대는 온몸의 근육이 이완되어 목과 입 근육이 제대로 움직이지 않아 옹알이처럼 웅얼거린다. 반면 논렘수면 중에 잠꼬대할 때는 또박또박 말한다.

잠꼬대는 깨어 있을 때처럼 뇌를 사용한다

잠꼬대 중에 뇌 속에서 '언어영역'이라는 부분이 작동한다는 사실이 밝혀졌다. 이는 깨어 있을 때 말하기 위해 사용하는 부분이다. 참고로, 잠꼬대에 대답해주면 졸음을 쫓아 수면이 얕아질 수 있으니 대꾸하지 말자.

잠꼬대는 질병의 신호

대부분 걱정할 필요 없지만, 잠꼬대가 너무 심하면 질병의 신호일 수도 있다. 큰 소리를 내거나, 외치거나, 서서 돌아다니면 문제가 될 수 있다. 정도가 심하면 렘수면 행동 장애라는 수면 장애나 파킨슨병을 의심할 수 있다. 걱정된다면 병원에 가서 검사를 받아보자.

Day 125 대사 작용 | 수면

밥을 먹고 나면 왜 잠이 쏟아질까?

| 혈당치와 수면 이야기 |

식후에는 혈당치가 올랐다가 급격하게 떨어지며 잠이 쏟아진다.

세 가지만 알면 나도 과학자!

혈당치가 상승한 뒤 급격하게 떨어지며 잠이 온다

밥을 먹으면 혈당치(360일 차)가 상승한다. 올라간 혈당치를 내리기 위해 췌장에서 인슐린이라는 호르몬이 분비되어 혈당치를 내린다. 혈당치가 급격하게 떨어지면 잠이 심하게 쏟아지고 두통이나 구토 증상이 나타난다. 이러한 신체 반응을 '혈당 스파이크'라고 한다.

배가 고프면 왜 잠이 오지 않을까?

배 속에서 꼬르륵 소리가 나며 허기가 져서 밤중에 눈이 말똥말똥해지며 잠이 오지 않을 때가 있다. 배가 고프면 잠을 깨우는 작용을 하는 '오렉신(orexin)'이라는 물질이 뇌에서 분비되기 때문이다. 이 물질이 몸을 활발히 움직이게 해서 잠이 달아난다.

배고픈 야생동물은 최강의 사냥꾼

오렉신으로 뇌의 각성 수준이 상승하면 집중력이 높아진다. 교감신경도 흥분해 운동 능력이 향상된다. 야생 육식동물은 이렇게 육체 능력을 강화해 사냥에 나선다.

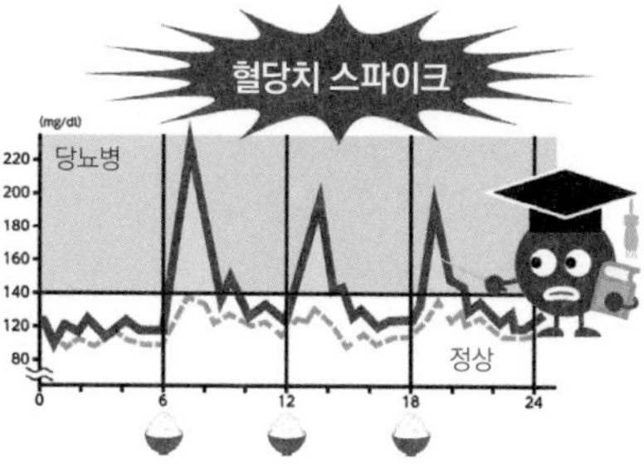

Day 126 대사 작용 | 수면

잠을 자면서 왜 이리저리 뒤척일까?

|수면 중 뒤척임 이야기|

몸의 어느 한 곳에 혈액이 고이지 않도록 방지하기 위해서다.

세 가지만 알면 나도 과학자!

수면 중 뒤척임은 혈액 순환 개선을 위해

자는 동안에도 심장은 쉬지 않고 움직여 혈액이 온몸을 순환한다. 그런데 같은 자세로 자면 어느 한 곳에 혈액이 모이거나 몸의 무게로 혈관이 눌려 혈액 순환이 나빠질 수 있다. 혈액이 막힘 없이 잘 흐르게 하려고 자면서 몸을 이리저리 뒤척이는 것이다.

하룻밤 동안 몇 번이나 뒤척일까?

하룻밤 동안 몸을 뒤척이는 횟수는 수면 시간과 계절(열대야가 심한 여름에 증가)에 따라 차이가 있다. 대략 20~30회로 알려져 있다. 몸을 뒤척이는 타이밍은 렘수면(얕은 수면)과 논렘수면(깊은 수면)이 바뀔 때가 많다.

뒤척이지 않으면 '욕창'이 생길 수도 있다

몸을 뒤척이지 않고 같은 자세를 계속 유지하면 혈액 순환에 지장이 생긴다. 심하면 피부에 구멍이 뚫리는 '욕창'이 생길 수도 있다. 건강한 사람은 걱정할 필요 없지만, 질병이나 부상으로 몸을 잘 움직일 수 없는 사람은 주의해야 한다.

Day **127** 오감 | 털

머리카락은 무엇으로 이루어져 있을까?

|머리카락의 소재 이야기|

피부의 '각질'이 변해서 머리카락이 된다.

세 가지만 알면 나도 과학자!

머리카락은 1년에 10센티미터 넘게 자란다

사람의 머리는 가느다란 머리카락으로 덮여 있다. 머리카락은 1년 동안 약 10센티미터 이상, 긴 머리카락은 6년 이상 계속 자란다. 머리카락 뿌리 부분(모근)은 어머니 배 속에 있을 때 만들어진다. 모근의 수는 기본적으로 태어나면서부터 정해져 있어 변하지 않는다. 머리카락 수는 사람에 따라 다른데, 대체로 10만 가닥 정도 된다.

세 개 층으로 이루어진 머리카락

머리카락은 '모표피', '모피질', '모수질'이라는 세 개의 층으로 이루어져 있다. '큐티클'이라고도 부르는 가장 바깥의 모표피는 반투명한 단백질 비늘이 겹친 듯한 형태로 되어 있으며, 모발 안쪽을 지켜준다.

모발 색을 정하는 멜라닌 색소가 잔뜩

모표피 안쪽의 모피질이 머리카락 대부분을 차지한다. 모피질에는 모발의 색을 결정하는 '멜라닌 색소'가 잔뜩 들어 있다. 가장 안쪽 층인 모수질은 속이 비어 있는 모발의 중심부로, 솜털처럼 가느다랗게 자란다.

【모발의 단면도】

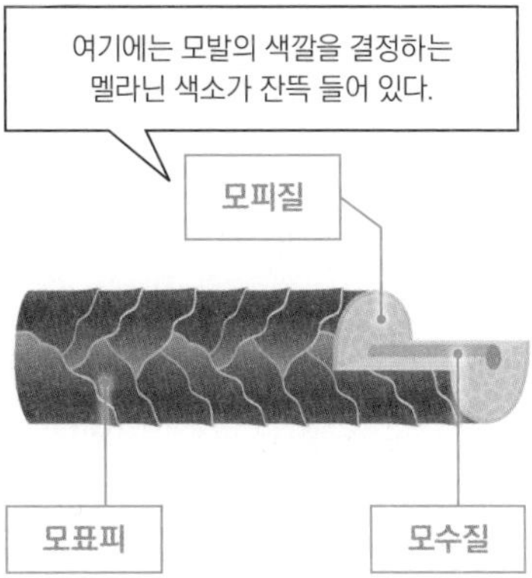

머리카락은 어떻게 만들어질까?

|모발 세포 이야기|

머리카락 뿌리(모근)에서 모기세포라는 새로운 세포가
쉼 없이 태어나 머리카락이 자란다.

세 가지만 알면 나도 과학자!

모근에서 매일 새로운 세포가 태어난다

알고 보면 머리카락은 죽은 세포다. 그런데 자란다. 모근에서 볼록하게 솟은 모구(毛球)라는 부분에는 살아 있는 모모세포(hair germinal matrix cell)가 모여 있다. 이 모모세포가 매일 분열을 반복해 새로운 세포가 태어난다.

'모유두'가 지시를 내린다

모모세포가 건강하게 분열을 반복하도록 모구 안쪽에 있는 '모유두'가 영양을 공급해준다. 모유두에는 가느다란 혈관이 지나는데, 이 혈관에서 얻은 영양소를 모모세포에 건네주어 분열을 촉진한다.

새로운 세포에 밀려 위로 자란다

모유두에서 영양을 공급받은 모모세포는 자꾸자꾸 분열해서 증식한다. 증식한 세포는 나중에 태어난 세포들에 자리를 내주고 쑥쑥 자라 피부 밖으로 나간다. 이렇게 해서 머리카락이 자라는 것이다. 머리카락은 보통 하루에 0.2~0.3밀리미터, 한 달에 1센티미터가량 자란다.

【모발의 성장 주기】

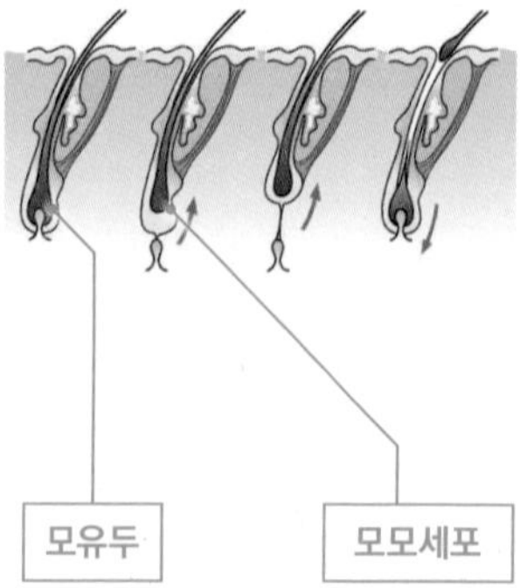

직모와 곱슬머리는 어떤 차이가 있을까?

|직모와 곱슬머리 이야기|

모발 안쪽의 단백질 정렬 방식과
모근을 둘러싼 모포의 방향이 서로 다르다.

세 가지만 알면 나도 과학자!

모발 안쪽에는 단백질이 사슬처럼 연결되어 있다

모발은 '모표피', '모피질', '모수질'이라는 세 개의 층으로 이루어져 있는데, 중간 부분에 해당하는 모피질은 실 모양으로 생긴 단백질이 사슬처럼 연결되어 있다. 이 단백질 사슬이 머리카락 모양을 만든다.

직모와 곱슬머리는 모피질의 단백질 정렬 방식이 결정

어떤 사람은 머리카락이 쭉 곧은 직모이고 어떤 사람은 구불구불한 곱슬머리다. 이처럼 차이가 나는 이유는 모피질 속의 단백질 정렬 방식이 다르기 때문이다. 그리고 모근을 감싼 '모포(毛包)'라는 조직이 구부러져 있으면 곱슬머리가 되기 쉽다고 알려져 있다.

약품으로 단백질 연결을 끊어 모양을 바꾸는 파마

직모가 싫어서 파마로 웨이브를 만드는 사람도 있다. 파마를 할 때는 두 종류의 약품을 사용한다. 먼저 단백질의 연결을 끊어 모양을 바꾸기 쉽게 해주는 약품을 바르고 머리카락을 헤어롤로 감는다. 그런 다음 단백질을 재연결해서 웨이브를 만들어주는 약품을 바른다.

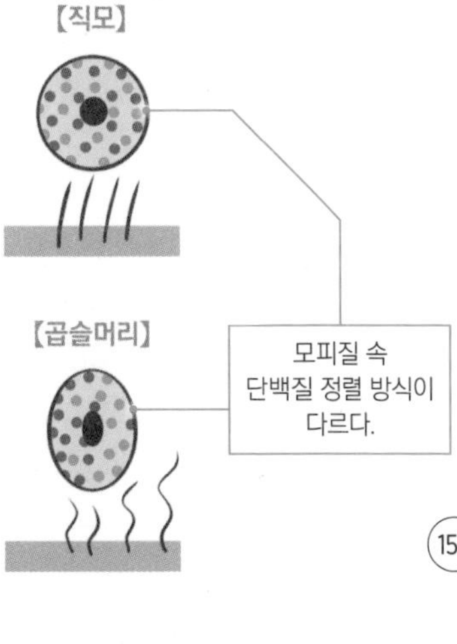

나이를 먹으면 왜 흰머리가 생길까?

|흰머리 이야기|

멜라닌 색소를 만드는 멜라노사이트가 노화하기 때문이다.

장기
오감
대사작용
몸의 움직임
질병
네트워크

세 가지만 알면 나도 과학자!

갓 태어난 머리카락은 하얗다

모모세포가 만들어내는 새 머리카락은 사실 하얗다. 그런데 왜 우리 머리카락은 검은색일까? 비밀의 열쇠는 바로 멜라닌이다. 새로 태어난 흰 머리카락에 검은색 색소인 멜라닌이 더해지기 때문이다. 선천적으로 금발인 서양인은 원래 멜라닌 색소의 양이 적다.

나이를 먹으면 멜라닌 색소가 줄어든다

모모 세포 옆에서 멜라노사이트라는 세포가 멜라닌 색소를 만들어 모모세포에 전달한다. 이때 전달하는 색소의 양이 많으면 머리카락이 검어진다. 한데 나이를 먹어 멜라노사이트의 작용이 약해지면 생성되는 멜라닌 색소가 줄어들어 희끗희끗한 새치가 생긴다.

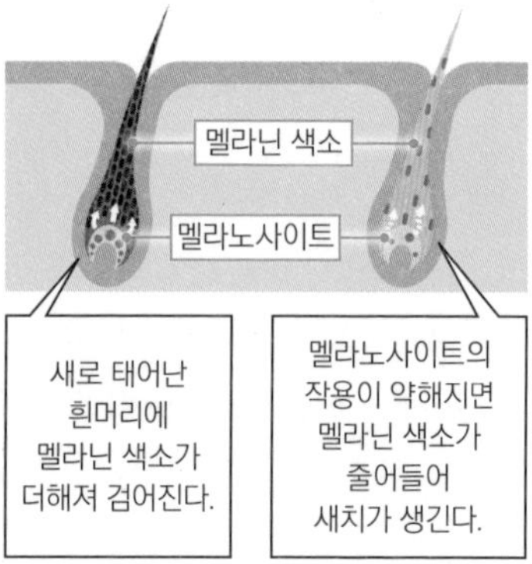

노화가 유일한 원인은 아니다

노화만으로 멜라노사이트의 작용이 약해지지는 않는다. 영양과 수면이 부족하거나 병에 걸려도 멜라노사이트가 약해져 새치가 생길 수 있다.

Day **131** 오감 | 털

어른이 되면 왜 겨드랑이와 아랫도리에 털이 날까?

| 몸의 털 이야기 |

남성 호르몬과 여성 호르몬이 다량 분비되기 때문이다.

세 가지만 알면 나도 과학자!

성호르몬이 분비되면 몸매가 달라진다

사춘기가 되어 성호르몬이 분비되면 겨드랑이와 아랫도리 주변에 털이 자란다. 남자는 수염도 난다. 이것을 2차 성징이라고 한다. 남자는 남성 호르몬, 여자는 여성 호르몬이 증가해 남자다운 몸, 여자다운 몸이 되어간다.

이성에게 매력적으로 느껴지도록

겨드랑이나 아랫도리 등 일부 신체 부위에 털이 자라는 정확한 이유는 규명되지 않았다. 다만 겨드랑이와 사타구니에는 냄새를 만드는 땀샘(아포크린샘)이 다량 모여 있다. 이 부위에 털이 자라면 땀이 고여 체취가 강해져 이성에게 존재감을 과시할 수 있기 때문에 털이 나게 되었다는 이야기가 있다.

남성 호르몬, 여성 호르몬이 증가한다.

↓

겨드랑이털과 음모가 자란다
(2차 성징)

중요한 부위를 보호하기 위해

겨드랑이는 피부끼리 쓸리고, 사타구니는 점막이 퍼져 있는 부위라서 털로 덮어 보호한다는 주장도 있다. 참고로, 속눈썹은 눈에 이물질이 들어가지 않게 하려고, 눈썹은 땀을 막기 위해서 난다고 알려져 있다.

AGA가 뭘까?

| AGA 이야기 |

나이가 들수록 머리숱이 점점 줄어드는 질환이다.

세 가지만 알면 나도 과학자!

모발 성장기가 짧아진다

모발은 세포가 분열해 머리카락이 자라는 '성장기', 성장기가 멈추는 '퇴화기', 빠지는 '휴지기'를 거쳐 교체된다. 그런데 성장기가 짧아져 머리카락이 가늘어지고 빠지는 개수가 많아지는 질환을 AGA(androgenetic alopecia, 남성형 탈모)라고 한다.

숱이 줄고 정수리가 휑해진다

AGA가 발병하면 점점 머리카락이 가늘어지고 빠지는 양이 늘어나 숱이 적어진다. 흔히 헤어 라인이라고 부르는 이마 주변과 정수리 부분의 숱이 줄어 휑하게 빈다. 그리고 숱이 줄어든 부분의 면적이 점점 넓어진다.

AGA는 유전성이 강하다

AGA를 '남성형 탈모'라고 하는 이유는 남성 호르몬과 연관이 있기 때문이다. 부모에게서 자녀로 유전되기 쉽다는 사실도 밝혀졌다. 따라서 아버지의 머리숱이 적으면 그 아들도 마찬가지로 머리숱이 적을 확률이 높다. AGA는 남성뿐 아니라 여성에게도 나타날 수 있다.

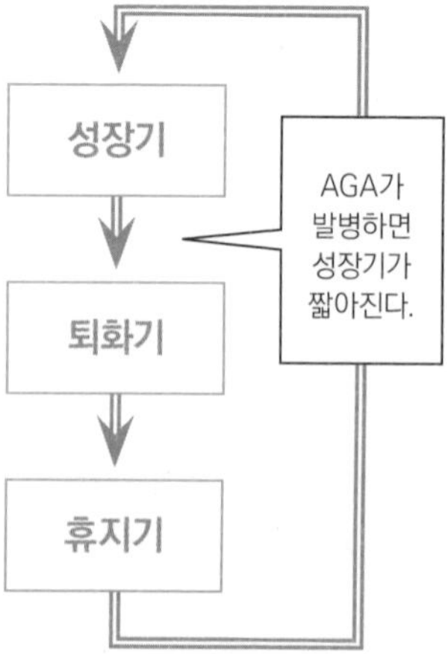

원형탈모증은 왜 생길까?

|원형탈모증 이야기|

면역 작용에 이상이 생겨 모근이 고장 나기 때문이다.

세 가지만 알면 나도 과학자!

갑자기 동전 모양으로 머리카락이 뭉텅 빠진다

멀쩡하던 머리카락이 어느 날 갑자기 동전 모양으로 뭉텅 빠지며 두피가 훤히 들여다보이는 증상을 '원형탈모증'이라고 한다. 원형탈모증은 어른뿐 아니라 어린이도 걸릴 수 있다. 원형탈모증을 앓는 사람의 4분의 1이 15세 이하라는 조사 결과도 있다.

면역이 모근을 망가뜨린다

우리 몸에는 외부에서 들어오는 적을 처치해서 몸을 지키는 '면역'이라는 작용이 있다(22일 차). 원형탈모증은 면역이 모근의 특정 부분(모포)을 실수로 공격해서 망가뜨려 머리카락이 자라지 않게 되어 나타나는 질환이다.

피로와 스트레스가 발병 요인

면역이 모포를 공격하는 이유는 명확히 밝혀지지 않았다. 다만 피로와 스트레스가 심한 상황에서 일어나기 쉽다고 한다. 원형탈모증은 유전성이 강하다고 알려져 있다. 참고로, 머리 전체와 속눈썹, 눈썹, 몸의 털이 빠지는 원형탈모증도 있다.

Day 134 장기 | 위

위는 무슨 일을 할까?

| 위의 역할 이야기 |

음식물을 강한 산성 위액으로 죽처럼 걸쭉하게 만들어 소화한다.

세 가지만 알면 나도 과학자!

음식물이 들어오면 30배 정도 팽창

위는 알파벳 'J'자 모양의 주머니처럼 생겼다. 텅 비었을 때는 야구공 크기(약 50밀리리터)만 하다. 하지만 음식물이 들어오면 크게 확장되어 한 번에 1.2~1.6리터까지 너끈히 들어간다. 잔뜩 먹고 나면 배가 볼록 나오는 것은 위가 늘어났기 때문이다.

위가 늘어나는 이유

위 다음에 이어져 있는 소장은 가느다란 관이라서 한꺼번에 많은 양의 음식물을 받아들일 수 없다. 따라서 소장이 준비할 동안 위에서 음식물을 소화시키면서 일시적으로 보관해둔다.

음식물을 흡수하기 쉬운 형태로 바꾼다

육류 등의 단백질은 그대로 흡수되지 않는다. 그러므로 인체를 포함한 동물의 몸은 위산이라는 강력한 산성 액체를 이용해 흡수할 수 있는 아미노산으로 바꾼다. 그리고 걸쭉한 상태로 만들어 소장으로 보낸다. 떡은 2시간 30분, 비스킷은 4시간 정도 걸려야 소화된다.

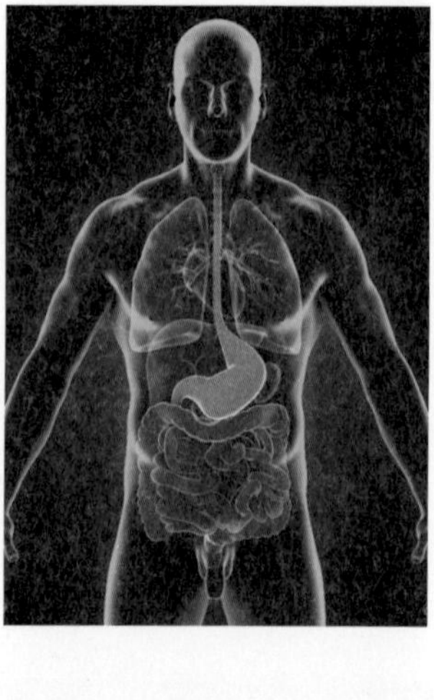

Day 135 장기 | 위

위산은 어떤 성분으로 이루어져 있을까?

|위산 이야기|

단백질을 분해하는 펩신과 살균 작용을 하는 염산이 주요 성분이다.

세 가지만 알면 나도 과학자!

위액은 식사 때마다 분비된다

위액은 위의 내벽에 있는 위샘에서 분비되는 소화액이다. 그렇지만 위액이 항상 분비되는 것은 아니다. 식욕을 돋우는 냄새를 맡거나 음식이 위에 들어왔을 때만 분비된다. 보통 식사 때마다 500~700밀리리터의 위액이 분비된다. 하루에 2리터 정도 분비되는 셈이다.

단백질을 아미노산으로 바꾼다

단백질은 우리 몸을 만드는 데 필요한 3대 영양소 중 하나다. 그런데 단백질 분자는 크기가 커 우리 몸에서 그대로 흡수할 수 없다. 따라서 위액에 들어 있는 펩신이라는 소화 효소가 단백질을 작은 아미노산으로 분해한다.

살균 작용도 한다

염산을 포함한 강력한 위산은 음식물에 묻어 있는 균과 우리 몸에 들어온 바이러스를 살균한다. 또한 음식물이 상하지 않게 해준다. 위액은 철의 녹을 제거할 정도로 강산성이지만, 무색투명하고 냄새가 없다.

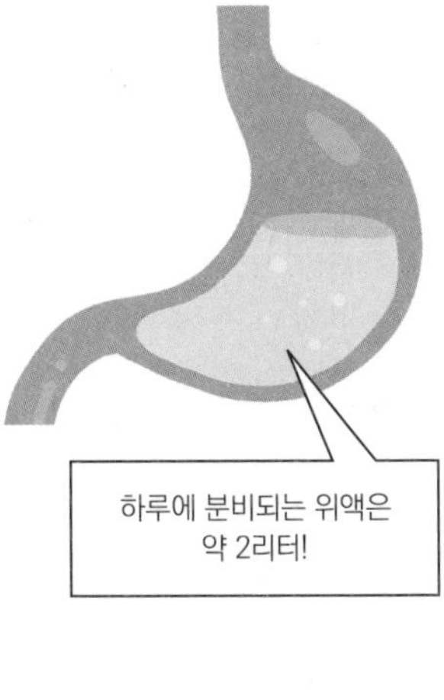

Day 136

위는 왜 위산에 녹지 않을까?

|위의 보호막 이야기|

뮤신이라는 점액이 보호막을 형성해 위벽을 감싸기 때문이다.

세 가지만 알면 나도 과학자!

끈적끈적한 액을 분비해 자신을 보호

고기와 못도 녹일 정도로 강력한 산이 위를 녹이지 않는 것은 참으로 불가사의한 인체의 신비다. 위벽이 위산에 녹지 않는 것은 위 표면에 끈적끈적한 점액으로 막을 형성해 위산이 직접 닿지 않도록 감싸고 있기 때문이다.

위산을 중화하는 단백질 뮤신

위산은 산성이 엄청나게 강해 직접 닿으면 피부에 화상을 입을 정도다. 그래서 위는 뮤신이라는 위산을 중화하는 단백질을 분비한다. 뮤신은 위벽과 닿는 부분을 약한 산성으로 유지해 위산으로부터 위를 보호해 준다.

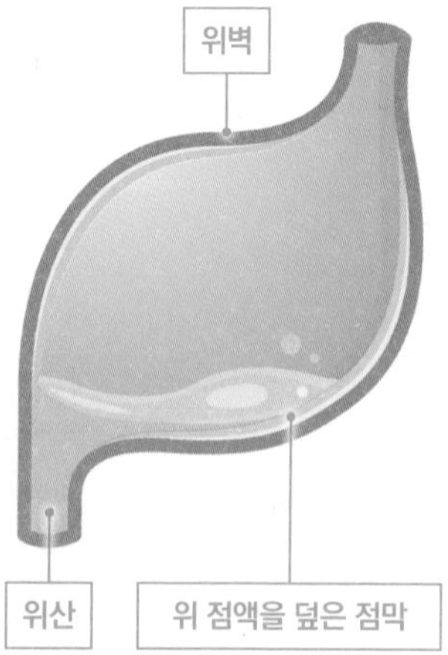

뮤신은 눈물과 침에도 들어 있다

뮤신은 위액 외에 눈물, 침, 장액 등 온몸의 점액에 들어 있다. 점막의 손상을 방지하고 보습 효과가 있다. 참고로, 쌀 문화권에 사는 아시아인들은 서양인보다 소화가 잘되는 쌀을 주식으로 삼아 위가 가늘다.

위궤양이란 어떤 질병일까?

|위궤양 이야기|

스스로 분비한 위산으로 위에 상처가 생겨 발생하는 질환이다.

세 가지만 알면 나도 과학자!

위를 지키는 점액이 줄어들거나 위산이 위벽에 상처를 내기도

건강한 위는 위산으로부터 위벽이 손상되지 않도록 뮤신을 포함한 점액이 보호한다. 그러나 헬리코박터균에 감염되면 위를 보호하는 점액이 줄어든다. 점액이 줄어들면 위산으로 인해 위벽이 헐 수 있다.

속이 비었을 때 통증이 더 심해질 수 있다

위궤양이 생기면 윗배와 명치 부근에 은근한 통증이 느껴진다. 속이 비었을 때 통증이 더 강해지는 경향이 있다. 또 구역질이 나거나 신물이 올라오고, 심하면 피를 토하거나 피가 섞인 검은 대변을 볼 수도 있다.

가장 많은 원인은 헬리코박터균

위궤양이 나타나는 가장 많은 원인은 헬리코박터균 감염이다. 진통제 복용과 스트레스, 흡연도 위 기능을 약화시켜 위궤양에 걸리기 쉽게 만든다. 대한상부위장관·헬리코박터학회에 따르면 우리나라에서는 십이지장궤양 환자의 90~95퍼센트, 위궤양 환자의 60~80퍼센트에서 헬리코박터균이 발견된다.

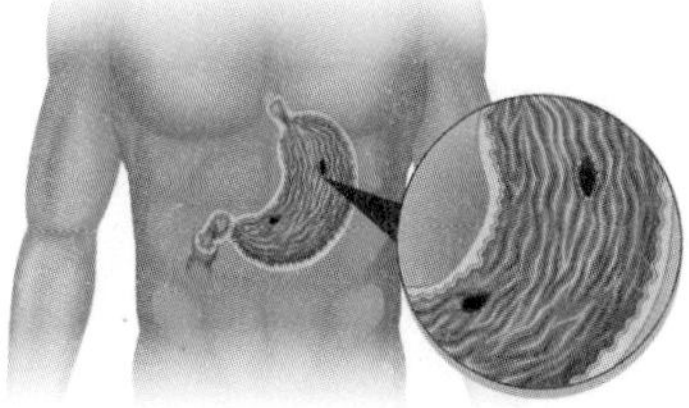

구토는 왜 나올까?

|구토 이야기|

질병으로 뇌 속의 '구토 중추'가 자극을 받아 구토가 나온다.

세 가지만 알면 나도 과학자!

구토 중추가 자극받으면 위는 음식물을 내보내려 한다

위 속에 있는 음식물을 토하는 신체 반응을 '구토'라고 한다. 질병 등으로 뇌의 '구토 중추'가 자극받으면 '구역질이 나서 토할 것 같아'라는 명령이 뇌에서 위로 전달된다. 이에 따라 위는 음식물을 몸 밖으로 내보내려고 토한다.

가장 많은 원인은 소화기 이상

감기 등의 질병이나 과식, 복통 등으로 토한 경험이 있는 사람이 많을 것이다. 위장 등의 소화기에 탈이 났을 때나 몸에 해로운 음식을 먹었을 때 주로 구토 반응이 일어난다. 과음한 경우에도 구토 반응이 나타날 수 있다.

냄새나 영화 감상으로도 구토 반응 유발

강한 냄새를 맡거나 속이 뒤집히는 장면이 나오는 영화를 볼 때도 구토 중추가 자극을 받아 구토 반응이 나타날 수 있다. 구토를 하면 몸에서 수분이 상실되므로 구토 후에는 수분을 충분히 섭취해 보충해줘야 한다.

음식을 먹고 나서 바로 달리면 왜 배가 아플까??

|복통 이야기|

근육이 혈액을 사용해 소화에 필요한 혈액이 부족해진다.

세 가지만 알면 나도 과학자!

위와 장에서 음식물을 소화하려면 혈액이 다량 필요

밥을 먹은 후에는 음식물을 소화하기 위해 위와 장에 평소보다 많은 혈액이 필요하다. 그런데 이때 격렬한 운동을 하면 근육으로 혈액이 집중되어 몸 전체의 혈액이 부족해진다.

혈액을 공급하기 위해 비장이 수축

몸 전체의 혈액이 부족해지면 우리 몸은 오래된 혈액 속의 적혈구를 분해하는 비장을 쥐어짜서 혈액을 공급한다. 비장이 수축할 때 비장이 있는 왼쪽 배가 뒤틀리며 꼬이듯 아픈 느낌이 든다.

혈액이 부족하면 위와 장이 경련

소화에 필요한 혈액이 부족해지면 위와 장이 경련을 일으키기 시작한다. 이 경련을 주위 신경이 통증이라고 착각해 뇌에 신호를 보낸다. 그러면 옆구리 주변으로 배가 뒤틀리듯 아프다. 빨리 달릴 때도 위에 고인 가스가 움직여 주위를 압박해 배가 아플 수 있다.

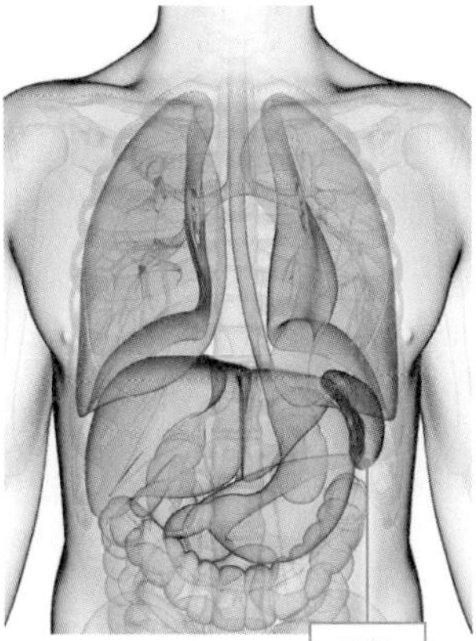

헬리코박터균은 왜 위험할까?

|헬리코박터균 이야기|

위 속에 서식하는 세균으로, 갖가지 질환을 일으키기 때문이다.

세 가지만 알면 나도 과학자!

강력한 위산에도 멀쩡

헬리코박터균은 '헬리코박터 파일로리균(helicobacter pylori)'을 줄인 말이다. 우리말로는 '위나선균'이라고 한다. 헬리코박터균은 위 속에 서식하는 세균이다. 위 속은 강한 산성이어서 일반적인 세균은 살 수 없지만 헬리코박터균은 멀쩡하다.

나이가 들수록 감염자 증가

헬리코박터균은 대개 식수나 음식을 통해 입으로 들어온다. 위가 발달하지 않은 5세 이하 어린아이에게 주로 감염된다고 알려져 있다. 그러나 국가암정보센터에 따르면, 우리나라 국민은 헬리코박터균 유병률이 60퍼센트에 달한다. 또한 헬리코박터균 보균자 중 16세 이상이 절반 넘을 정도로 성인에게 집중돼 있다.

다양한 질병의 원인

헬리코박터균이 위 속에서 오래 살면 위점막이 손상되어 위궤양과 위암 등 다양한 질병에 걸릴 위험이 높아진다.

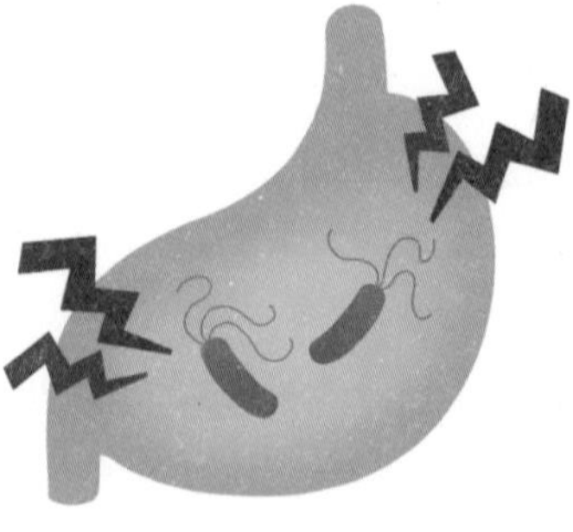

뼈는 무엇으로 이루어져 있을까?

|뼈의 성분 이야기|

미네랄 성분과 콜라겐으로 이루어져 있다.

세 가지만 알면 나도 과학자!

미네랄 성분과 콜라겐으로 이루어진 뼈

뼈는 칼슘과 인이라는 미네랄 성분과 단백질의 하나인 콜라겐으로 이루어져 있다. 철근 건물에 비유하면, 단단한 콘크리트 부분이 칼슘과 인이고 유연한 철근 골조 부분이 콜라겐이다. 뼈는 칼슘 저장고 역할을 하는데, 혈액 속의 칼슘이 부족하면 뼈에서 칼슘이 녹아 나온다.

뼈의 강도는 골밀도와 골질로 결정!

뼈의 강도(골강도)는 '골밀도(칼슘과 인의 양)'와 '골질(콜라겐의 질)'이라는 두 가지 요소로 결정된다. 칼슘과 인이 감소하면 골밀도가 낮아지며 뼛속에 구멍이 숭숭 뚫린다. 콜라겐 질이 나빠지면 강도가 약해져 철근이 녹슨 건물과 같은 상태가 된다.

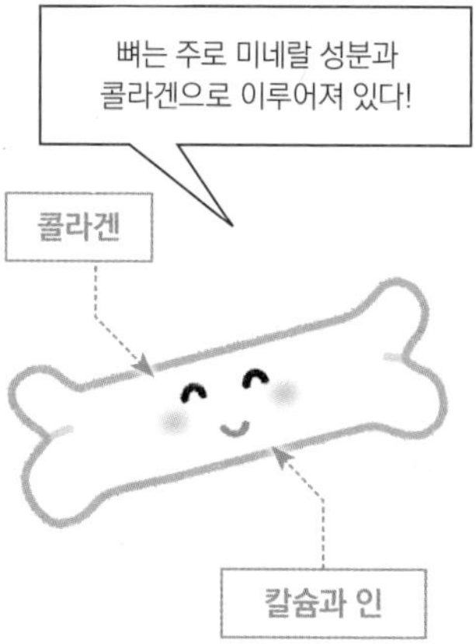

나이를 먹으면 골밀도 변화

골밀도는 스무 살 무렵 정점에 달해 쉰 살 무렵까지 일정한 수준을 유지한다. 그런데 쉰 살 넘으면 급격하게 낮아진다는 사실이 밝혀졌다.

Day 142

뼈에는 어떤 세포가 있을까?

|뼈의 세포 이야기|

뼈를 만드는 뼈모세포와 뼈를 부수는 뼈파괴세포가 있다.

세 가지만 알면 나도 과학자!

뼈는 매일매일 새로 만들어진다!

'뼈파괴세포'는 오래된 뼈를 녹이고, '뼈모세포'는 새로운 뼈를 만든다. 뼈는 매일 새로운 뼈가 만들어지고 교체되며 성장한다. 이를 골대사(뼈 리모델링)라고 한다. '잠을 많이 자야 키가 큰다'는 말은 일리가 있다. 뼈모세포는 잠자는 동안 활발하게 활동하기 때문이다.

골절이 치유될 때도 리모델링

뼈가 부러졌을 때 깁스 등으로 고정하고 안정을 유지하면 자연스럽게 붙으며 치유된다. 이 과정에도 뼈모세포와 뼈파괴세포의 활동이 관여한다.

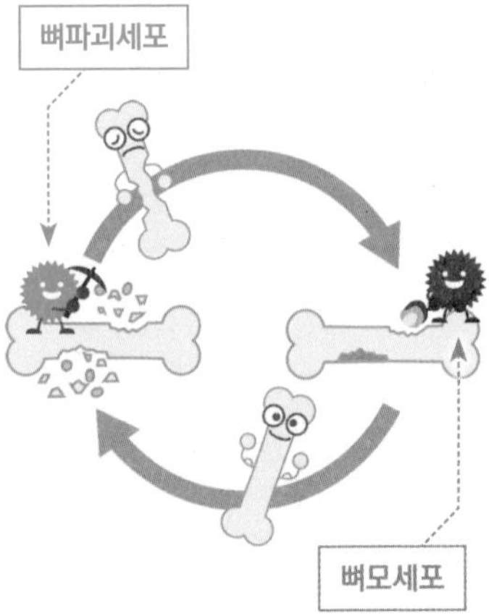

뼈가 성장하는 원리

성장기 아동의 뼈 양쪽 끝에는 '연골세포'가 집중되어 있다. 이 연골세포가 증가하면 뼈는 세로 방향으로 자란다. 그리고 뼈 표면에 있는 골막의 뼈모세포가 증가하면 뼈는 가로 방향으로 길어지고 굵어진다.

우리 몸에는 뼈가 몇 개나 있을까?

|뼈의 개수 이야기|

어른은 206개, 아기는 300개가 넘는다.

세 가지만 알면 나도 과학자!

뼈는 점점 커지며, 어른이 되면 연결된다

몸속의 뼈가 커지면서 몸이 성장한다. 성장 과정에서 벌어져 있던 뼈와 뼈 사이가 연결되고, 따로 떨어져 있던 뼈가 하나로 이어진다. 그래서 아기일 때 300개가 넘던 뼈가 어른이 되면 206개로 줄어든다. 가장 큰 뼈는 넓적다리의 넙다리뼈로 약 40센티미터이고, 가장 작은 뼈는 귀에 있는 등자뼈로 3밀리미터다.

탄탄한 뼈의 구조

뼈에는 골질이 촘촘하게 차 있는 '치밀질'과 스펀지처럼 엉성한 '해면질'이 있다. 뼈 중심부에 있는 해면질은 수많은 기둥으로 하나의 구조를 이룬다. 이런 구조로 되어 있기 때문에 외부에서 힘을 가해도 쉽게 부러지지 않는다.

골막의 역할

뼈 표면은 '골막'이라는 얇은 막으로 덮여 있다. 골막에는 수많은 혈관과 신경이 지나고 뼈에 영양소를 공급하며 뼈를 성장시켜 뼈가 튼튼하게 유지되도록 한다.

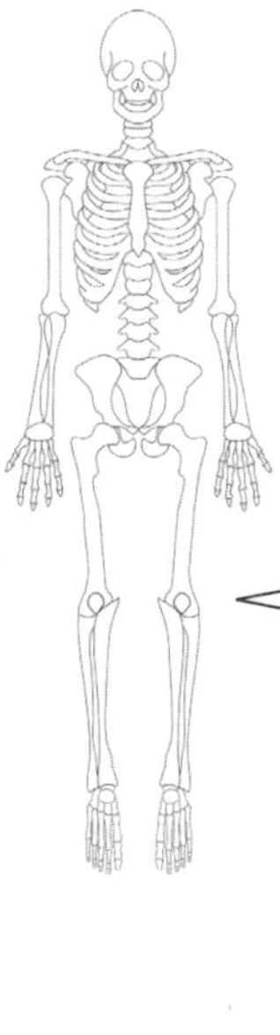

머리뼈는 어떤 구조일까?

|머리뼈 이야기|

뇌를 충격으로부터 보호하기 위해 매우 튼튼하다.

세 가지만 알면 나도 과학자!

소중한 뇌를 보호하는 엄청 튼튼한 용기

뇌는 인체에서 가장 중요한 부분이기 때문에 뇌를 지키는 머리뼈는 무척 튼튼하다. 15종, 23개의 뼈로 이루어져 있다. 대부분 뼈는 얇지만 단단하게 연결되어 있어 웬만해선 움직이지 않는다. 일부 머리뼈 내부에는 공동(空洞)이 있는데, 머리를 가볍게 만들기 위해 일부러 비워둔 것이다.

머리뼈는 '뇌머리뼈'와 '얼굴머리뼈'로 나뉜다

머리뼈는 크게 '뇌머리뼈'와 '얼굴머리뼈'로 나뉜다. 뇌를 안에 담고 있는 '뇌머리뼈'는 이마뼈, 뒤통수뼈, 나비뼈, 벌집뼈, 관자뼈, 마루뼈로 이루어져 있다. '얼굴머리뼈'에는 코뼈, 광대뼈, 위턱뼈, 입천장뼈, 아래턱뼈, 목뿔뼈 등이 있다.

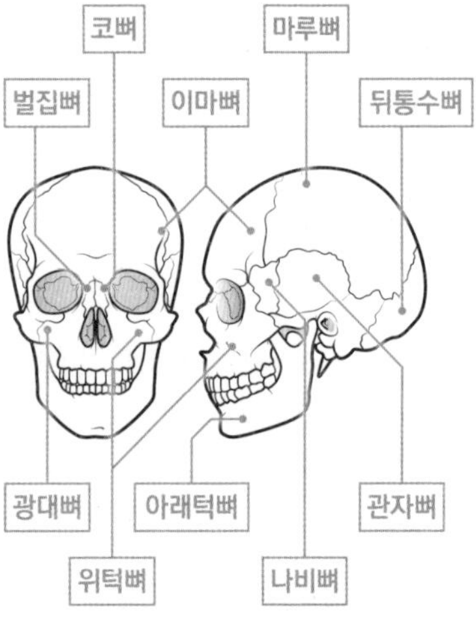

아기의 머리는 말랑말랑하다?

아기의 머리를 만지면 이마뼈와 마루뼈 접합 부분이 부드럽고 말랑말랑하다. 이것을 '앞숫구멍'이라고 한다. 어머니 몸에서 빠져나오기 쉽게 부드러운 구조로 만들어지는데, 두 살 무렵이면 이 틈이 완전히 닫힌다.

Day 145

등뼈는 어떤 구조일까?

|등뼈 이야기|

약 30개의 뼈가 연결되어 머리와 몸 전체를 지탱한다.

세 가지만 알면 나도 과학자!

다섯 부분으로 이루어져 몸을 지탱한다

등뼈는 머리를 올려놓고 몸을 지탱하는 중요한 버팀목 역할을 한다. 척추라고도 한다. 위에서부터 목뼈, 등뼈, 허리뼈, 엉치뼈, 꼬리뼈로 이루어져 있다. 약 30개의 뼈가 죽 이어져 있다. 엉덩이에 있는 꼬리뼈는 태어날 때 5개였다가 1개로 합쳐진다.

S자 커브 모양의 등뼈

등뼈는 옆에서 보면 일자가 아니라 완만한 S자 커브(curve) 모양이어서 '척추 커브'라고 한다. 무거운 머리를 지탱하고 운동에서 오는 충격을 완화하기 위해서다. 커브를 이용해 중력을 분산시켜 근육으로 가는 부담을 줄인다. 커브가 비뚤어지면 어깨결림, 요통 등을 일으킬 수 있다.

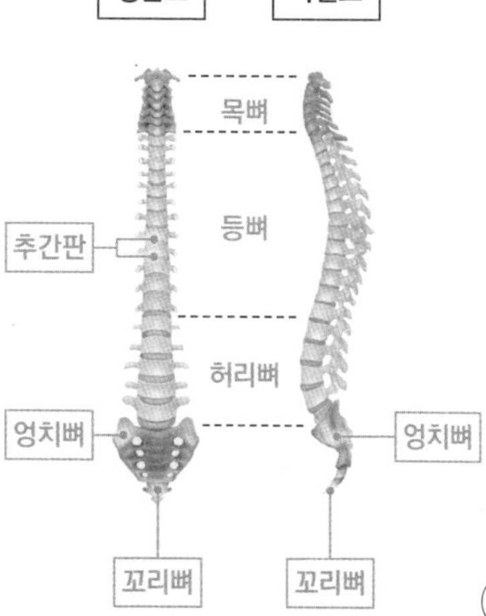

지면에서 오는 충격을 흡수하는 추간판

척추뼈의 추체와 추체를 연결해주는 '추간판'은 지면에서 오는 척추의 운동과 충격을 흡수해 뇌에 미치는 영향을 완화해주는 쿠션 역할을 한다.

갈비뼈는 어떤 구조일까?

|갈비뼈 이야기|

갈비뼈가 있는 부분은 폐와 심장을 보호하는 새장 모양이다.

세 가지만 알면 나도 과학자!

복장뼈, 등뼈, 갈비뼈로 이루어진 흉곽

우리 몸의 가슴 부분에는 골격이 새장처럼 생긴 흉곽이 있다. 이 흉곽은 폐와 심장을 둘러싸고 보호한다. 앞부분에 복장뼈, 뒤에 등뼈가 있고, 갈비뼈가 그 사이를 연결한다.

유연성 있는 흉곽

예전에는 갈비뼈를 '늑골(肋骨)'이라고도 불렀다. 좌우로 12개씩 총 24개가 있다. 등뼈에서 원형을 그리듯 뻗어 복장뼈로 이어지는데, 그 사이를 부드러운 '갈비 연골'이 연결해준다. 갈비 연골 덕분에 흉곽이 유연해 자연스럽게 호흡할 수 있다. 11번과 12번 갈비뼈는 복장뼈와 연결되어 있지 않아 '뜬갈비뼈' 또는 '부유늑골'이라고 한다.

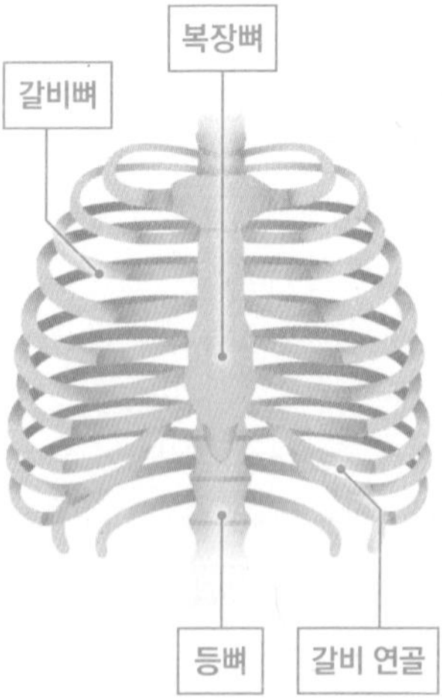

부러지기 쉬운 갈비뼈

갈비뼈는 우리 몸에서 가장 부러지기 쉬운 연약한 뼈다. 너무 가늘어 기침을 심하게 하는 것만으로도 부러질 수 있다. 충격을 흡수해 내장에 미치는 영향을 줄여주기도 하지만, 부러진 갈비뼈가 폐를 찌를 수도 있다.

골다공증이 뭘까?

|골다공증 이야기|

골밀도가 저하되어 금이 가거나 부러지기 쉬워지는 질환이다.

세 가지만 알면 나도 과학자!

뼈에 구멍이 숭숭 뚫려 금이 가거나 부러지기 쉽다

뼈를 만드는 뼈모세포의 활동이 뼈를 부수는 뼈파괴세포의 활동을 따라가지 못하면 뼈는 수세미처럼 숭숭 구멍 뚫린 상태가 된다. 자기도 모르는 사이 뼈가 약해져 넘어지기만 해도 뼈에 금이 가거나 부러질 수 있다. 자각 증상이 없어 골다공증을 '침묵의 질환'이라 부르기도 한다.

비타민D·비타민K 결핍이 원인

골강도가 낮아지는 원인으로는 칼슘 부족 외에도 칼슘 흡수를 촉진하는 '비타민D'와 뼈 조성을 돕는 '비타민K' 부족을 꼽을 수 있다. 멸치처럼 뼈째 먹는 생선, 콩 발효 식품을 열심히 챙겨 먹자. 나이를 먹어 어쩔 수 없는 부분도 있다.

골다공증인 사람의 골절은 매우 위험

골다공증인 사람은 흔히 고관절이라고 부르는 엉덩관절이나 등뼈에 골절이 발생하기 쉽다. 이 부위를 다치면 몸을 움직이기 어렵다. 이로 인해 혈전이 생기거나 음식물이 기도로 잘못 넘어가 폐렴을 일으킬 수도 있다. 따라서 골다공증 환자에게 골절은 생명을 위협하는 위험한 부상이다.

백신이 뭘까?

|백신 이야기|

병원체에 감염되기 전, 힘을 없애거나 약화시키는 약이다.

세 가지만 알면 나도 과학자!

본래 우리 몸이 지닌 면역 반응을 이용해 질병 예방

병원체가 침입하면 우리 몸은 그 병원체를 기억해 면역(22일 차)을 형성한다. 그리고 다시 그 병원체가 들어오면 신속하게 물리친다. 이런 면역 반응을 이용해 질병을 예방하거나 병원체로 만든 약이 백신이다. 백신이라는 말은 소를 뜻하는 라틴어 바카(vacca)에서 유래했다(152일 차).

예방접종으로 백신 주입

예방접종 경험을 떠올려보자. 백신으로 예방접종을 하면 그 병원체에 대해 우리 몸에서 면역이 형성된다. 100퍼센트 효과가 있지는 않지만, 그 병에 잘 걸리지 않거나 걸리더라도 가벼운 증상만 보이고 넘어갈 수 있다. 하지만 오늘날에도 아직 백신이 없어 예방접종으로 막을 수 없는 감염병이 많다.

부작용도 있지만 효과가 크다

백신을 접종하면 부작용이 생길 수도 있다. 하지만 일반적인 부작용보다 감염병에 걸렸을 때의 위험이 더 크고 예방 효과가 더 좋아, 국가적 차원에서 백신 접종을 권장한다.

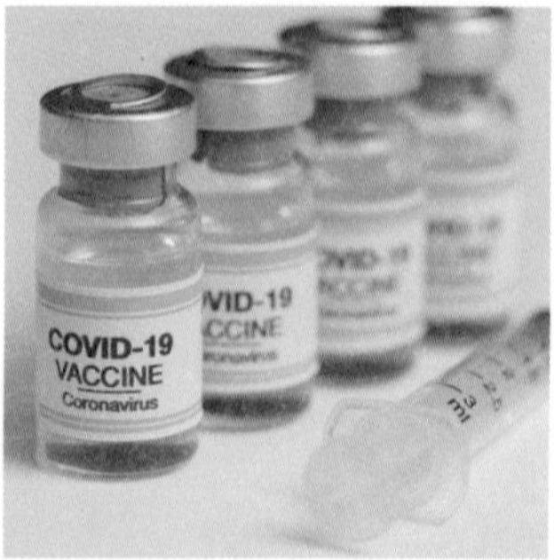

생백신이 뭘까?

|생백신 이야기|

살아 있는 세균과 바이러스의 힘을 약하게 만든 백신이다.

세 가지만 알면 나도 과학자!

생백신을 접종하면 그 병에 자연스럽게 걸린 상태가 된다

백신의 종류는 여러 가지가 있다. 그중 생백신은 세균과 바이러스를 살린 채 농도를 낮춰 안정적인 상태로 만든 백신이다. 생백신을 접종하면 몸속에서 세균과 바이러스가 증식해 면역(22일 차)을 형성한다. 따라서 간혹 감염되더라도 증상이 가볍다.

백신은 자연 감염보다 안전하게 면역을 형성한다

백신을 맞지 않은 무방비 상태에서 감염병에 걸리면 중증화 위험성이 높다. 또 다른 사람에게 옮기기도 쉽다. 그러나 생백신은 세균과 바이러스를 약화해 중증화 위험성이 거의 없다. 또한 다른 사람에게 전파되어 감염시키지도 않으면서, 안전하게 면역이 형성하도록 유도한다.

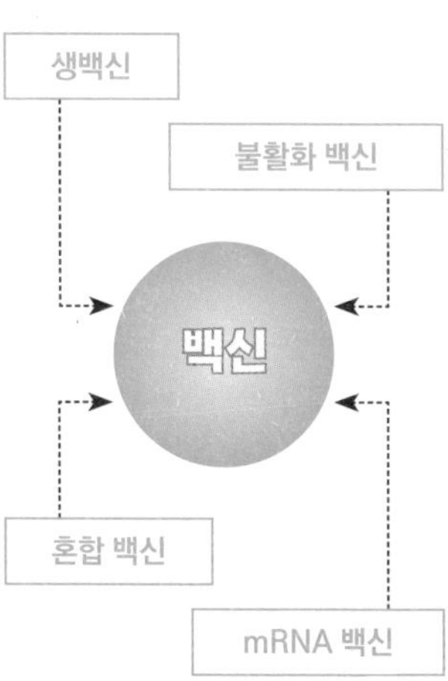

친숙한 감염병은 생백신으로 예방한다

생백신은 홍역, 풍진, 수두, BCG(결핵), 볼거리처럼 자주 접하는 감염병 예방접종에 사용된다.

Day **150** 질병 | 백신

불활화 백신이 뭘까?

|불활화 백신 이야기|

죽은 세균과 바이러스 일부만 사용해서 만든 백신이다.

세 가지만 알면 나도 과학자!

세균과 바이러스가 살아 있지 않아 면역이 잘 형성되지 않는다

불활화 백신(사백신)은 생백신과 달리 살아 있는 세균과 바이러스를 주입하지 않고, 세균과 바이러스에서 질병을 발생시키는 힘을 없앤 성분을 모아서 만든다. 생백신보다 면역력이 잘 형성되지 않아 몇 차례에 걸쳐 접종한다.

인플루엔자는 불활화 백신

불활화 백신에는 DPT-IPV 백신(디프테리아·백일해·파상풍·불활화 소아마비), 폐렴구균 결합형, 일본뇌염, 인플루엔자 등이 있다. 접종 후 1주일 만에 2차 접종을 할 수 있다.

여러 번 접종하는 백신은 더 있다

톡소이드 백신은 불활화 백신 중 하나로 분류되기도 한다. 세균의 독소만 추출해 독성을 없애는 방법으로 만든다. 디프테리아와 파상풍 백신이 톡소이드 백신에 해당한다. 참고로, 해외여행 시 특정 예방접종 증명서를 요구하는 나라도 있다.

【불활화 백신을 만드는 과정】

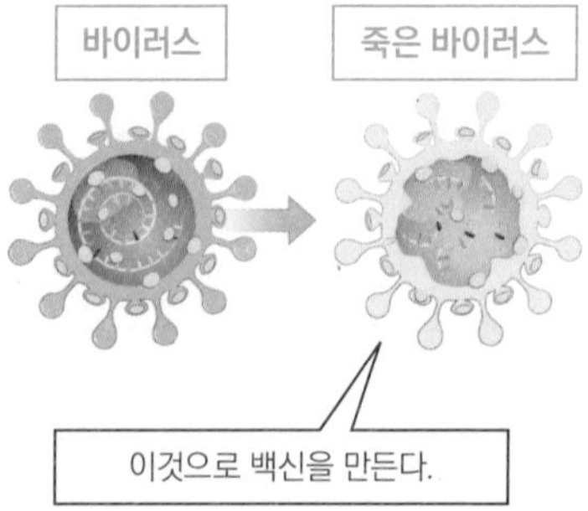

혼합 백신이 뭘까?

|혼합 백신 이야기|

1회 주사로 여러 번 접종한 것과 같은 효과가 있는 백신이다.

세 가지만 알면 나도 과학자!

1회에 여러 번 접종한 효과

혼합 백신은 하나의 예방 주사약에 여러 가지 백신 성분이 들어 있는 것을 말한다. 그렇다고 여러 가지 백신을 섞기만 한 것은 아니다! 이는 엄청 까다로운 기술로, 1회에 백신을 여러 번 접종한 것과 같은 효과가 있다.

백신 혼합에는 규칙이 있다

혼합 백신을 제조할 때는 생백신(149일 차)은 생백신끼리, 불활화 백신(150일 차)은 불활화 백신끼리, 특성이 비슷한 백신끼리만 조합한다. 생백신과 불활화 백신은 섞이지 않는다. 국가에 따라 백신 혼합 개수가 다르다. 우리나라는 현재 5가 혼합 백신을 사용하는데, 4가나 6가를 사용하는 나라도 있다.

한 번 주사로 여러 가지 효과를 동시에

혼합 백신은 주사 횟수를 줄일 수 있는 게 최대 장점이다. 깜빡하고 접종 시기를 놓치는 상황을 방지해준다. 하지만 제조하기가 까다로워, 같은 내용의 백신을 한 번씩 접종하는 것보다 제조 단가가 비싸다.

【모두 불활화 백신】

세계 최초로 개발된 백신은 뭘까?

|백신의 역사 이야기|

천연두를 예방하기 위해 우두 병원체를 인체에 접종했다.

세 가지만 알면 나도 과학자!

우두의 병원체가 천연두 예방에 활용된다는 사실 발견!

세계 최초의 백신은 18세기 말 영국의 의사 에드워드 제너(Edward Jenner)가 개발한 천연두 백신이다. 그는 우두(牛痘)에 걸린 사람은 천연두에 걸리지 않는다는 이야기를 듣고, 우두 병원체를 인체에 주입하는 실험을 거듭해 종두법을 발명했다. 이후 프랑스의 생화학자 루이 파스퇴르가 이를 과학적으로 해명했다.

우유 짜는 여인이 백신 발명의 힌트

천연두에 걸리면 고열이 나며 온몸에 우둘투둘한 종기가 생긴다. 이는 감염력이 강해 죽음에 이를 수 있는 무서운 병이다. 우두는 소에 물집이 생기는 병으로, 사람에게도 옮기는데 증상이 가볍다. 우유를 짜다가 우두에 옮은 사람은 천연두에 걸리지 않는다는 사실에서 제너는 백신의 원리를 떠올렸다.

백신의 효과는 절대적

처음엔 대중의 이해를 얻지 못했지만 효과가 엄청났다. 이 천연두 백신이 면역학의 문을 열어 1979년 WHO는 천연두 퇴치를 선언했다.

에드워드 제너

Day 153 질병 | 백신

예방접종은 왜 해야 할까?

| 예방접종 이야기 |

감염병으로부터 개인의 생명과 사회를 지키기 위한 수단이다.

세 가지만 알면 나도 과학자!

예방접종은 사회 전체를 지키는 수단

백신을 투여해 면역을 형성하는 예방접종은 질병과 후유증, 생명의 위협으로부터 개인을 지키는 수단이다. 특히 감염병은 사람에게서 사람으로 옮아 가족과 학교, 지역 등에서 대유행해 사회적 혼란을 초래할 수 있다. 사회를 지키기 위해서도 예방접종이 필요하다.

정부가 장려하는 예방접종

정부는 집단 예방이 바람직한 감염병에 대해 '정기 접종'으로 예방접종을 권장한다. 어린이의 폐렴구균 감염병, B형 간염, 결핵, 수두 등이 해당한다. 접종 여부가 개인의 자유인 '임의 접종'으로는 계절성 독감(고령자 외) 등이 있다.

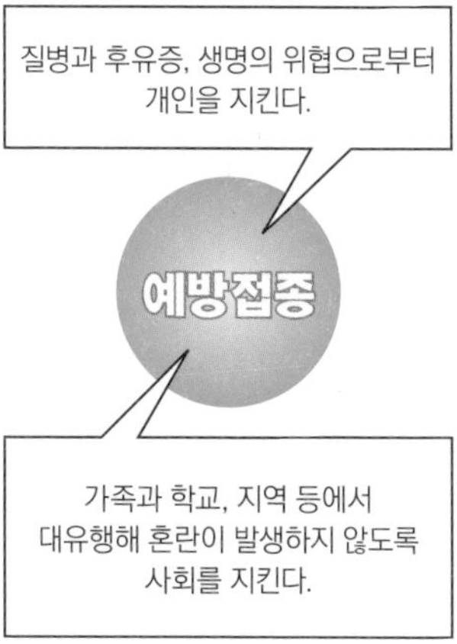

예방접종으로 집단 면역 효과

집단 면역은 지역과 국가 등 한정된 범위에서 병원체 면역을 가진 사람이 다수인 상태다. 예방 효과가 뛰어난 백신을 다수가 접종하면 감염 확산을 방지하는 효과도 있다.

mRNA 백신이 뭘까?

|mRNA백신 이야기|

'바이러스의 단백질을 만드는 설계도'를 활용하는
획기적인 백신이다.

세 가지만 알면 나도 과학자!

유전 정보를 활용하는 완전히 새로운 백신

생백신과 불활화 백신 등 기존 백신은 병원체의 단백질을 접종하는 방식이었다. 그런데 mRNA(메신저 RNA) 백신(158일 차)은 단백질의 유전 정보만 접종하는 새로운 유형의 백신이다.

유전 정보는 바이러스의 설계도

mRNA란 바이러스를 구성하는 설계도와 같다. 그래서 mRNA 백신을 접종하면 우리 몸이 바이러스의 단백질을 만들어 그 단백질에 대해 면역을 형성한다. 이 설계도는 질병을 일으키거나 우리 유전자에 섞여 들어가지 않는다.

【mRNA 백신을 접종해 면역이 형성되기까지】

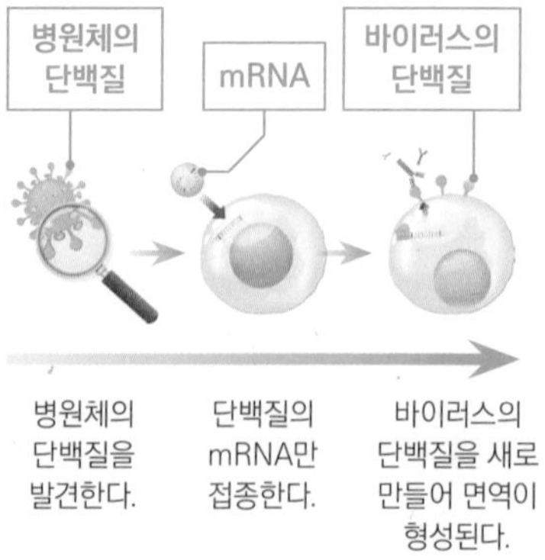

기존 백신보다 빠르게 제조

기존 백신은 세균과 바이러스를 연구소에서 증식하는 과정이 필요해 제조 시간이 길었다. 그런데 mRNA 백신은 화학 합성으로 이 과정을 생략할 수 있어 단시간에 만들 수 있다. 화이자에서 만든 코로나19 백신이 mRNA 백신에 해당한다.

세포란 무엇일까?

|세포와 조직 이야기|

사람의 몸은 약 40조 개의 세포가 모여 만들어지는데,
이 세포들이 조직과 장기가 된다.

세 가지만 알면 나도 과학자!

세포의 크기와 모양, 수명은 제각각

사람의 몸은 약 37조 개의 세포가 모여 만들어진다. 하나의 세포는 매우 작아 5~30마이크로미터 정도 된다. 1마이크로미터(㎛)는 1밀리미터(㎜)의 1,000분의 1이다. 크기와 모양, 수명은 세포에 따라 다른데, 대략적인 조직은 비슷하다. 세포는 분열하며, 하나의 세포가 계속해서 증식한다.

다양한 장소에서 일하는 세포

세포는 핵, 세포질, 세포질기질로 이루어져 있고, 표면을 세포막이 감싸고 있다. 세포는 250~300 종류가 각기 다른 장소에서 일한다. 세포의 겉모양도 제각각이며 둥글거나 길쭉한 모양 등 다양하다.

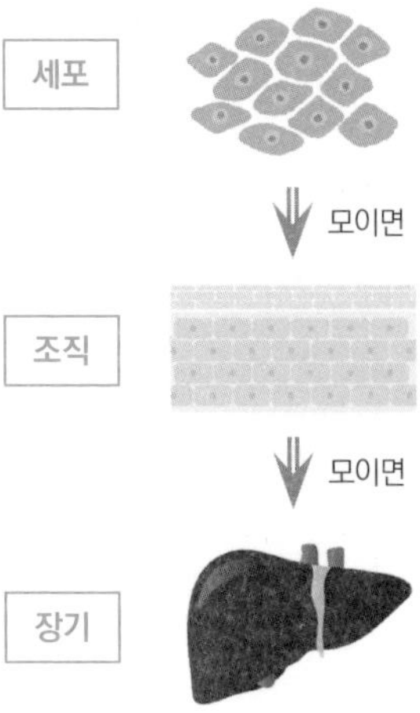

세포가 모여 조직이 되고, 조직이 모여 기관과 장기

같은 일을 하는 세포가 모인 것을 '조직'이라고 한다. 신경세포가 다량 모이면 신경조직이 된다. 그리고 여러 조직이 모여 '기관'과 '장기'가 된다. 이런 식으로 우리 몸은 수많은 세포가 모여 완성된다.

Day 156 대사 작용 | 세포

세포 속에는 무엇이 있을까?

|세포의 구조 이야기|

핵과 골지체, 리보솜과 미토콘드리아 등 세포질로 이루어져 있다.

세 가지만 알면 나도 과학자!

핵과 세포질이 나뉘어 있고, 그 사이에 핵막

세포 속은 크게 핵과 세포질로 나뉘어 있는데, 핵과 세포질 사이를 핵막이 칸막이처럼 나눈다. 세포질에는 소포체, 골지체, 리보솜, 미토콘드리아 등이 다양한 작용을 한다.

세포에는 갖가지 기관이 있다

핵에는 DNA(157일 차)로 이루어진 염색체(160일 차)와 RNA(158일 차)로 이루어져 리보솜을 만드는 핵소체가 있다. 그리고 세포질에는 소포체, 핵소체로 만들어진 리보솜, 골지체, 미토콘드리아 등이 있다.

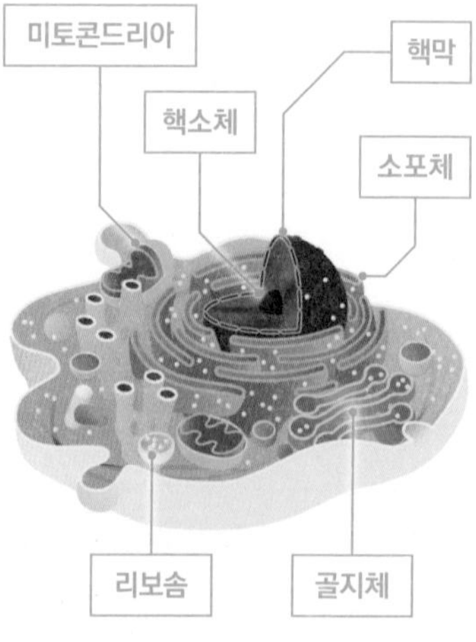

각기 다른 역할을 한다

소포체는 세포 내에서 배달부 역할을 하고, 리보솜은 단백질을 만든다. 골지체는 만들어진 단백질을 세포 밖으로 운반하고, 미토콘드리아는 당과 지방과 산소로 세포가 움직이는 데 필요한 ATP 에너지를 만든다.

DNA가 뭘까?

| DNA 이야기 |

DNA는 아버지와 어머니에게서 물려받은 유전 정보를 담고 있다.

세 가지만 알면 나도 과학자!

외모와 뇌, 수명 등에도 영향을 주는 유전 정보

자식은 어머니나 아버지를 닮게 마련이다. 그 이유는 외모와 뇌, 수명 등에 영향을 미치는 유전 정보를 부모에게서 물려받기 때문이다. DNA에는 이런 유전 정보가 저장되어 있다. DNA는 '데옥시리보 핵산(deoxyribo nucleic acid)'의 약칭이다.

유전 정보는 네 종류의 염기 서열이 결정

유전 정보는 아데닌(A), 티민(T), 시토신(C), 구아닌(G)이라는 네 종류의 '염기'가 연결되어 만들어진다. 네 종류가 다양한 방식으로 정렬되어 있어 사람마다 유전 정보가 각기 다르다.

DNA를 연결하면 엄청 길어진다

DNA는 나사 방향으로 빙글빙글 돌아가는 구조로 되어 있다. 한 개의 세포에 들어 있는 DNA를 똑바로 펴면 2미터나 된다. 몸속에 있는 DNA를 전부 연결하면 지구 300만 바퀴를 돌 수 있다. DNA가 얼마나 많은 유전 정보를 담고 있는지 짐작할 수 있다.

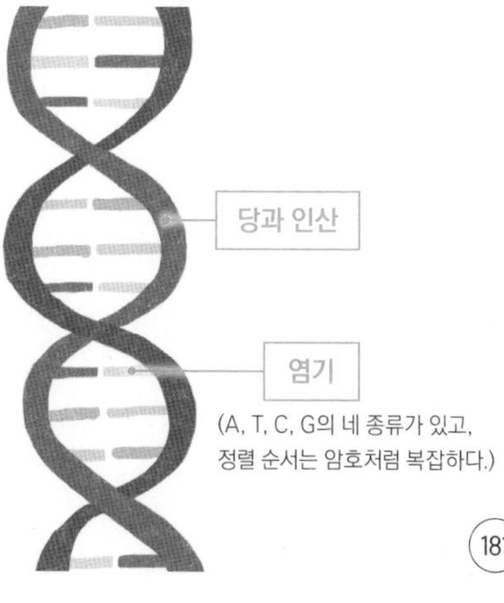

RNA가 뭘까?

|RNA 이야기|

유전 정보를 운반하거나 단백질에 지시를 내린다.

세 가지만 알면 나도 과학자!

유전 정보를 전달할 때 꼭 필요한 존재

DNA가 지닌 유전 정보를 전달하기 위해서는 RNA(ribonucleic acid, 리보핵산)라는 존재가 필요하다. 유전 정보는 일단 핵 속의 DNA에서 mRNA(messenger RNA)로 전사된 후 핵에서 리보솜으로 이동한다. 이 과정을 '센트럴 도그마(central dogma)'라고 한다. 센트럴 도그마는 영국의 생물학자 프랜시스 크릭(Francis Crick)이 발견했다.

RNA가 유전 정보 전달

DNA는 유전 정보를 가지고 있지만 DNA가 지닌 정보를 전달하려면 RNA의 협력이 필요하다. RNA는 유전 정보를 전사하고, 운반하고, 지시를 내리는 등의 일을 처리한다.

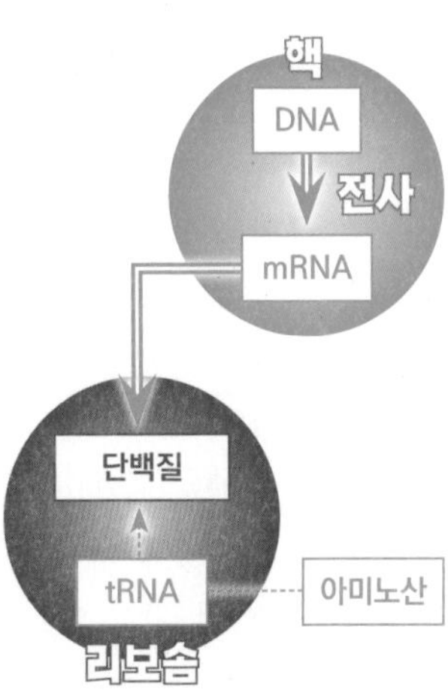

mRNA와 tRNA는 역할이 다르다

RNA의 종류에는, DNA의 정보를 전사하는 mRNA와 mRNA의 정보를 해독해 리보솜에서 단백질을 합성하는 데 필요한 아미노산을 운반하는 tRNA(transfer RNA)가 있다.

유전자가 뭘까?

|유전자 이야기|

사람을 만드는 설계도이며, DNA에 유전 정보가 기재되어 있다.

세 가지만 알면 나도 과학자!

유전자 조합에 따라 특징 결정

사람의 유전자는 2만~2만 3,000개로 알려져 있다. 유전자에 따라 결정되는 특징을 '형질'이라고 한다. 키가 크거나 쌍꺼풀이 없는 등의 특징이 형질에 해당한다. 형질은 몇몇 유전자의 특징에 따라 결정된다. 같은 부모에게서 태어난 형제자매가 닮지 않은 것은 유전자 조합이 다르기 때문이다.

DNA와 유전자의 차이

자녀가 부모의 성질과 특징을 물려받는 현상을 '유전'이라고 한다. DNA(157일 차)와 유전자는 헷갈리기 쉬운 개념이다. 부모의 유전 정보가 기록된 것이 DNA이고, DNA에 기록된 유전 정보 그 자체가 유전자다.

유전자는 DNA에 기재

유전자는 DNA에 기재된 유전 정보를 말한다. 그런데 DNA는 염색체 속에 있고, 염색체는 세포의 핵에 있다. 따라서 유전 정보는 세포 깊숙한 곳에 있다.

염색체가 뭘까?

| 염색체 이야기 |

염색체는 아버지와 어머니에게서 물려받은
유전 정보가 적혀 있는 DNA로 이루어져 있다.

세 가지만 알면 나도 과학자!

DNA가 작은 실 모양으로 늘어서 있는 염색체

염색체는 DNA와 단백질로 이루어져 있다. 염색체는 유전자 정보가 적혀 있는 DNA가 단백질에 휘감겨 차곡차곡 접힌 작은 실타래 모양을 하고 있다. 한 가닥의 염색체에 수백 개에서 수천 개의 유전자가 들어 있다.

23쌍 46가닥의 염색체가 세포 속에

사람의 대부분 세포에는 23쌍(46가닥)의 염색체가 있다. 큰 순서대로 1~23까지 번호가 매겨져 있다. 1~22번은 '상염색체'이고, 23번은 '성염색체'다. 성염색체의 모양이 성별을 결정한다. 남성의 성염색체는 XY, 여성의 성염색체는 XX다.

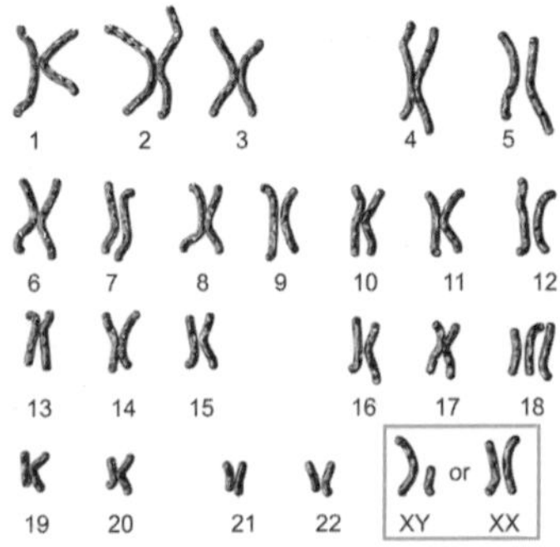

아버지와 어머니에게서 절반씩

46가닥의 염색체는 아버지에게서 23가닥, 어머니에게서 23가닥 물려받아, 자녀는 아버지를 닮은 부분과 어머니를 닮은 부분이 섞여서 태어난다.

Day 161 대사 작용 | 세포

ES세포, iPS세포가 뭘까?

|만능 세포 이야기|

둘 다 어떤 세포든 될 수 있는 만능 세포지만,
만들어지는 방식이 다르다.

세 가지만 알면 나도 과학자!

ES세포와 iPS세포의 공통점과 차이점

ES세포(embryonic stem cell, 배아줄기세포)와 iPS세포(induced pluripotent stem cell, 유도만능줄기세포)는 사람의 어떤 세포든 될 수 있는 만능 세포다. 장기 등이 손상된 사람에게 새로운 장기 등을 제공해줄 수도 있다. ES세포와 iPS세포는 세포를 만드는 방법이 다르다.

ES세포에는 윤리적 과제가 있다

ES세포는 수정란의 세포로 만든다. 그런데 수정란은 아기로 자랄 가능성이 있다. 의료 발전을 위해서라지만, 태어날 수도 있는 생명을 실험에 사용한다는 문제가 있다. 또 DNA가 달라 거부 반응이 나타날 수도 있다.

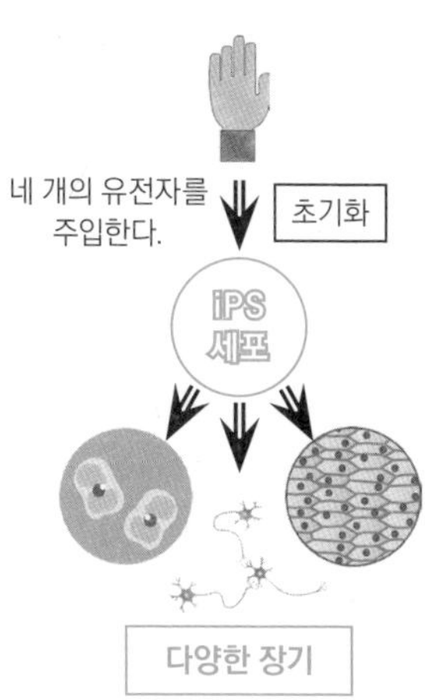

iPS세포는 거부 반응이 잘 나타나지 않는다

iPS세포는 자기 세포로 만들 수 있다. DNA가 같아 거부 반응이 나타날 확률이 낮고, 자기 세포를 사용해 윤리적 문제도 없다. iPS세포를 발견한 일본의 야마나카 신야(山中伸弥) 박사는 2012년에 노벨 생리의학상을 받았다.

신경이란 무엇일까?

|신경 이야기|

온몸에 뻗어 있으며 모든 신체 활동을 관장하는 장기다.

세 가지만 알면 나도 과학자!

모든 신체 활동 관장

신경은 온몸에 그물망처럼 뻗어 있으며, 세포 및 조직과 연락을 주고받는다. 생각하고, 숨 쉬고, 걷는 등 우리 몸에서 일어나는 모든 신체 활동을 관장한다. 특히 뇌에는 다량의 신경이 분포한다. 뇌의 신경을 모두 연결하면 100만 킬로미터에 달한다!

중추신경은 사령탑 역할

신경에는 중추신경과 말초신경이 있다. 중추신경은 뇌와 척수로 이루어져 있으며, 온몸에서 모이는 정보를 처리하고 명령을 내보낸다. 말초신경은 피부와 근육, 내장, 눈과 귀 등에서 감지한 정보를 중추신경에 보내고, 중추신경에서 온 명령을 온몸에 전달한다.

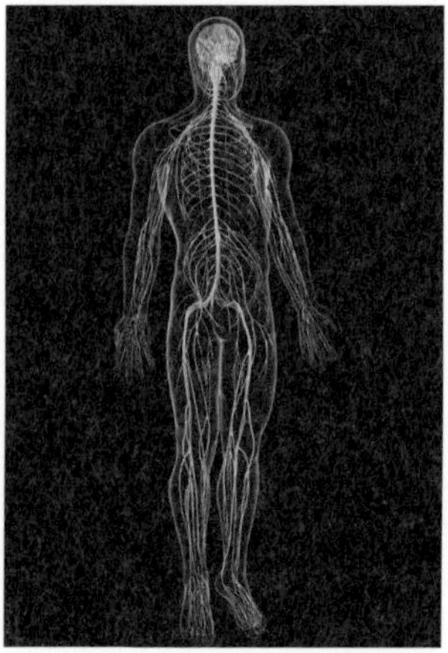

말초신경은 운동, 감각, 자율 세 종류

말초신경은 운동신경, 감각신경, 자율신경으로 이루어져 있다. 운동신경은 중추신경에서 온 명령을 전달해 근육을 움직이게 하고, 감각신경은 감각 정보를 중추신경에 전달하며, 자율신경은 체온과 혈압, 내장 기능을 조절한다.

Day 163 네트워크 | 신경

자율신경이란 무엇일까?

|자율신경 이야기|

24시간 무의식적으로 신체 기능을 조절해주는 신경이다.

세 가지만 알면 나도 과학자!

생존에 필요한 신체 기능 조절

자율신경은 심장과 혈관의 움직임, 호흡 등 인간이 살아가는 데 필요한 갖가지 신체 기능을 24시간 무의식적으로 조절한다. 더울 때 땀을 흘려 체온을 내리고 음식을 소화하는 일도 자율신경의 몫이다. 환절기에는 기온과 기압 변화에 대응하려고 과로해 자율신경이 흐트러지기 쉽다.

교감신경과 부교감신경

자율신경에는 우리 몸을 활동적으로 만들어주는 교감신경과 이완시키는 부교감신경이 있다. 이 두 신경이 언제나 시소처럼 오르락내리락 균형을 이루며 몸의 기능을 바로잡아준다.

자율신경 교란 주의

자율신경의 균형이 무너지면 나른함, 불면증, 안면 홍조, 가슴 두근거림 등의 증상이 나타날 수 있다. 짜증이 나거나 의욕이 생기지 않는 등 감정 면에도 영향을 미친다. 이러한 몸의 이상을 '자율신경 실조증'이라고 한다. 규칙적인 식생활과 운동, 숙면 등으로 자율신경의 균형을 유지하자.

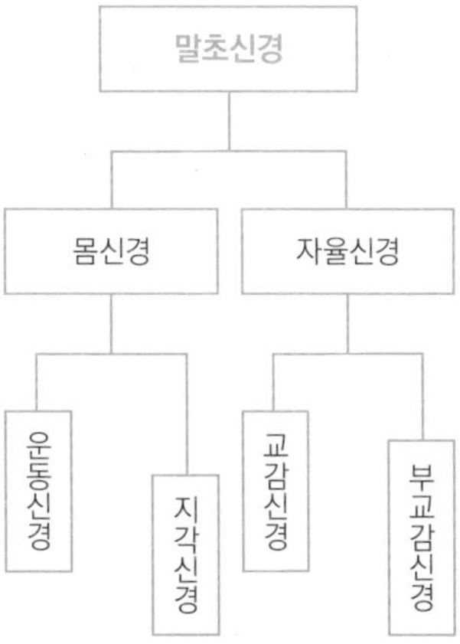

교감신경과 부교감신경의 차이는 무엇일까?

|교감신경과 부교감신경 이야기|

몸을 활동 모드로 만드는 스위치가 교감신경,
휴식 모드로 만드는 스위치가 부교감신경이다.

세 가지만 알면 나도 과학자!

교감신경과 부교감신경은 액셀과 브레이크의 관계

자율신경에는 몸을 활동 모드로 만드는 '교감신경'과 휴식 모드로 만드는 '부교감신경' 두 종류가 있다. 이 두 신경은 완전히 정반대로 작용하는 액셀과 브레이크 같은 관계로, 우리 몸을 조절해준다.

긴장하거나 운동 중에는 교감신경이 활발

아침에 잠에서 깨어나면 교감신경이 활발해진다. 특히 긴장하거나 격한 운동을 하면 교감신경이 액셀을 밟는다. 호흡은 얕고 빨라지며 심장도 빠르게 움직인다. 혈압이 높아지고 땀이 난다. 그러나 활발하게 활동하는 만큼 체력도 조금씩조금씩 소모된다.

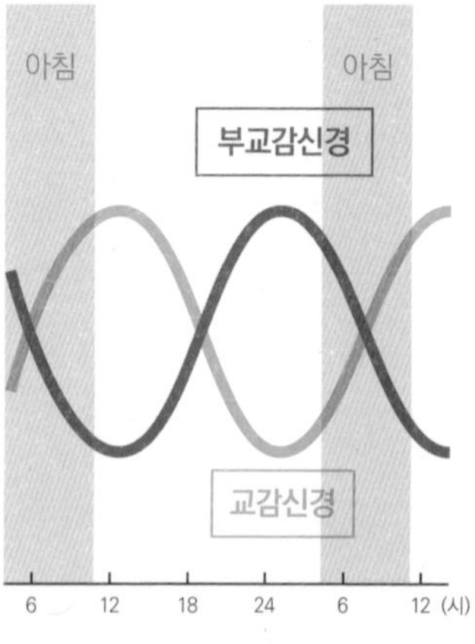

부교감신경은 수면 중에 활발

이완 상태일 때나 수면 중처럼 다음 활동에 대비해 몸을 쉬어야 할 때 부교감신경이 활발해진다. 따라서 호흡은 깊고 느려지며, 심장은 천천히 뛰고, 위의 소화가 진행되며, 몸이 회복한다. 잠자는 동안에는 부교감신경이 활발해져 면역력이 향상된다.

Day 165 네트워크 | 신경

반사와 조건반사란 무엇일까?

|반사와 조건반사 이야기|

선천적으로 일어나는 반응을 반사,
경험과 학습으로 일어나는 반응을 조건반사라고 한다.

세 가지만 알면 나도 과학자!

무릎 아래를 때리면 다리가 튀어 올라오는 반응이 반사

음식을 입에 넣으면 침이 나오고, 무릎 아래를 때리면 다리가 펄쩍 튀어 오른다. 이처럼 태어날 때부터 갖춰져 있는 반응을 '반사'라고 한다. 반대로, 경험과 학습이 바탕이 되어 일어나는 반응을 '조건반사'라고 한다.

척수가 몸을 지키려고 명령을 내보낸다!

반사 반응이 일어날 때 정보가 뇌까지 전달되지 않고 척수가 명령을 내리는 경우도 많다. 가령 뜨거운 냄비를 만지면 반사적으로 손을 떼는데, 이는 척수가 신속하게 몸을 지키려고 반응하기 때문이다.

레몬을 보면 침이 고이는 건 조건반사

조건반사는 좋아하는 음식을 보거나 맛있는 냄새를 맡으면 침이 나오는 반응이다. 지금까지 '맛있다'는 감각을 경험한 적이 있기 때문이다. 레몬을 보면 침이 고이는 것은 레몬이 '시다'는 사실을 이미 알고 있기 때문이다. 러시아의 생리학자 이반 파블로프는 개를 이용해 조건반사 실험을 진행했다.

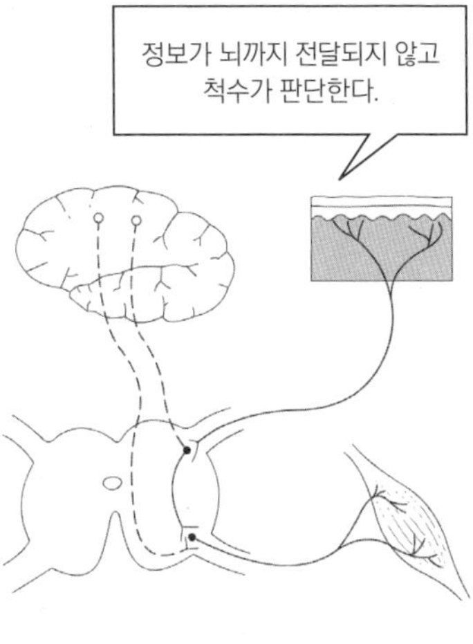

뉴런과 시냅스란 무엇일까?

|뉴런과 시냅스 이야기|

뉴런은 신경세포, 시냅스는 신경이 연결되는 지점을 말한다.

세 가지만 알면 나도 과학자!

뉴런 1개당 1만 개의 시냅스!

뉴런은 몸의 정보 네트워크인 신경을 구성해 신호를 전달하는 세포다. 하나의 세포와 그 돌기인 가지돌기와 신경돌기로 구성되어 있다. 시냅스는 뉴런의 신경돌기 말단이 다른 뉴런과 접합할 때 연결하는 고리와 같은 역할을 한다.

이어달리기처럼 정보 전달

뉴런은 긴 축이 뻗어 나가는 모양이다. 가지처럼 뻗어 나간 부분에서 다른 뉴런과 이어진다. 정보를 감지하면 뉴런은 전기 신호로 다음 뉴런에 이어달리기하듯 계속 전달한다. 전기 신호가 연결 시냅스까지 가면 신경 전달물질이 분비되어 다음 뉴런으로 건네준다.

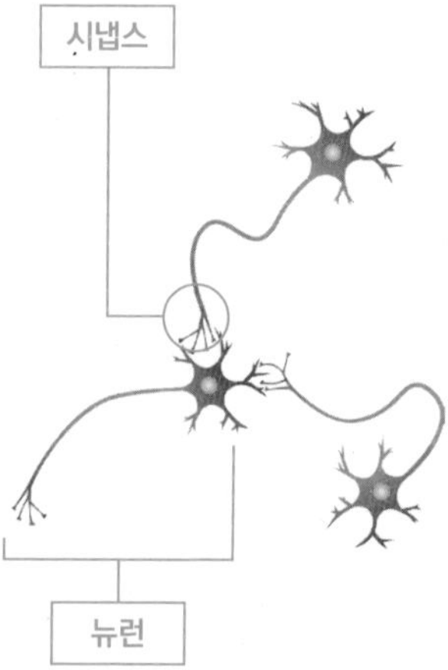

뇌에는 뉴런이 1,000억 개 이상

뉴런이 가장 많이 모인 곳은 뇌다. 무려 1,000억 개가 넘는다고 알려져 있다. 온몸에서 전달된 정보를 1초에 100미터 속도로 뇌 곳곳으로 전달해 처리한다. 뇌의 신경세포 네트워크는 실타래 모양이다.

신경통이란 어떤 질환일까?

|신경통 이야기|

말초신경을 따라 강한 통증이 발생하는 증상이다.

세 가지만 알면 나도 과학자!

바늘로 찌르는 듯한 통증이 짧게!

말초신경을 따라 일어나는 격렬한 통증을 '신경통'이라고 한다. 질병이 아니라 증상이다. 바늘로 찌르는 듯한 강한 통증이 몇 초에서 몇 분 정도로 짧게 일어나는 경우가 많다. 좌골신경통, 늑간신경통, 삼차신경통이 많이 알려져 있다.

엉덩이와 등, 얼굴 등에 자주 발생

좌골신경통은 엉덩이와 넓적다리, 장딴지에 걸쳐 통증이 나타나는데, 추간판 탈출증(270일 차)이 원인일 때가 많다. 늑간신경통은 등에서 가슴에 걸쳐 나타나는데, 큰 소리를 지르거나 심호흡을 하면 통증이 심해진다. 삼차신경통은 눈 주위나 이마 등 주로 얼굴에 통증이 생긴다.

온찜질로 통증 완화

신경통은 자는 동안에도 심한 통증을 느끼고 잘 낫지 않는다고 알려져 있다. 신경통은 일반적인 통증처럼 붓거나 빨갛게 달아오르지 않는다. 몸을 따뜻하게 하면 통증을 완화할 수 있다. 따뜻한 물에 몸을 담그거나 온찜질을 하면 효과가 있다. 좌골신경통의 경우에는 스트레칭 등으로 혈액 순환을 촉진하는 것이 좋다.

대상포진이란 무엇일까?

|대상포진 이야기|

수두 바이러스가 원인으로 발생하며, 띠처럼 붉은 발진이 나타난다.

세 가지만 알면 나도 과학자!

피로와 스트레스, 고령 등이 원인

대상포진은 수두 바이러스가 일으키는 질환이다. 어린 시절 수두에 걸렸던 사람은 누구나 대상포진에 걸릴 수 있다. 피로와 스트레스, 고령 등이 주로 원인이 되어 발생한다. 대상포진은 쉰 살부터 급격하게 증가하는데, 여름에 더위를 먹고 발병하는 환자가 많다.

가슴, 등, 배, 얼굴, 머리에 발진

대상포진은 가슴, 등, 배, 얼굴, 머리에 생기기 쉽다. 처음에는 땀띠처럼 발진이 나고 살살 간지럽다가, 증상이 심해지면 몸의 좌우 중 한 곳에 띠처럼 붉은 발진이 나타나며 물집이 잡힌다.

대상포진 후 신경통에 주의

대상포진은 발진이 생기고 나서 사흘 이내에 치료하는 게 중요하다. 치료가 늦어지면 치료하기 어려운 '대상포진 후 신경통'으로 발전할 수 있다. 옷이 닿기만 해도 불에 타는 듯한 찌릿찌릿한 통증을 느낀다. 따라서 대상포진 발진이 생기면 즉시 병원에 가야 한다.

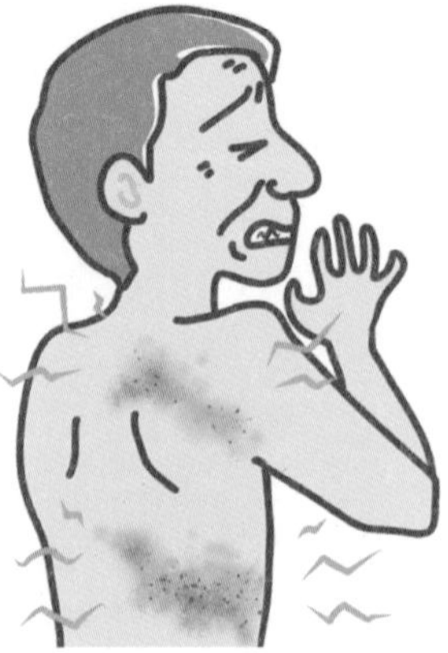

관절이란 무엇일까?

|관절 이야기|

뼈와 뼈를 연결하는 이음매 역할을 한다.

세 가지만 알면 나도 과학자!

관절이 있어 몸을 자유롭게 움직일 수 있다

인간의 몸에는 성인 기준 206개의 뼈가 있다. 그런데 관절이 이 뼈들을 연결해 주어 매끄럽게 움직일 수 있다. 무릎, 발목, 어깨, 팔꿈치, 턱 등에 관절이 있어 팔을 굽히고 걷거나 앉을 수 있다. 관절도 나이를 먹으면 굳는데, 근육 운동으로 예방할 수 있다.

관절은 어떤 구조로 이루어져 있을까?

뼈와 뼈 사이에는 틈(관절강)이 있는데, 그 안에 활액이라는 액체가 들어 있다. 이 액체를 관절 연골이라는 부드러운 뼈와 막(점액낭)이 감싸고 있다. 어깨처럼 상하좌우로 움직일 수 있는 부위, 무릎처럼 펴거나 굽히기만 할 수 있는 부위 등 관절에도 여러 종류가 있다.

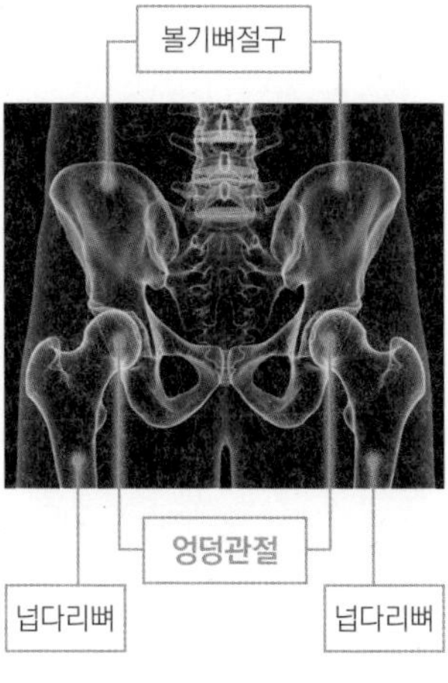

큰 무게가 가해지는 엉덩관절

우리 몸에서 특히 큰 엉덩관절(고관절)은 엉덩이 주위에 있는 골반과 다리에서 무릎까지 이어지는 굵은 뼈(넙다리뼈)의 연결 부분이다. 걷기만 해도 몸무게의 5배나 되는 힘이 엉덩관절에 가해진다.

힘줄이란 무엇일까?

|힘줄 이야기|

근육의 기초가 되는 희고 질긴 살의 줄이다.

세 가지만 알면 나도 과학자!

힘줄은 어떤 일을 할까?

관절은 뼈와 뼈가 부드럽게 움직이도록 이음매 역할을 한다. 힘줄은 관절에서 뼈와 근육을 튼튼한 끈으로 묶어서 연결한다. 그리고 인대는 관절 주위에서 관절의 뼈와 뼈를 결합한다.

힘줄이 끊어질 수도 있다

질긴 끈처럼 생긴 힘줄은 근육과 뼈를 연결한다. 나이를 먹거나 격한 운동을 하면 힘줄이 끊어질 수도 있다. 인간의 몸에서 가장 큰 힘줄은 발뒤꿈치 부분에 있는 아킬레스건(70일 차)이다.

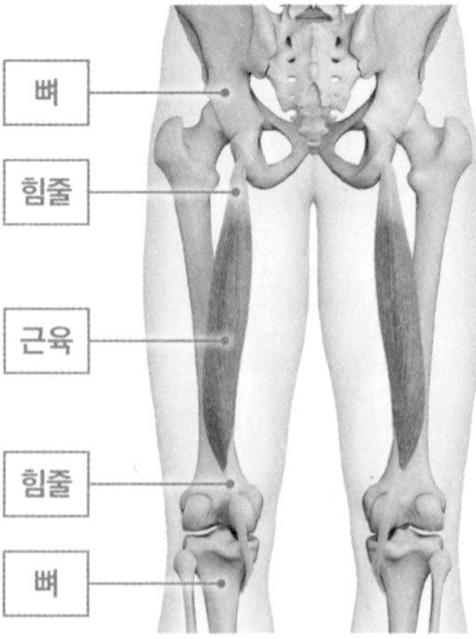

힘줄과 힘줄집(건초)

손발의 긴 힘줄 둘레에는 주머니 모양의 힘줄집(건초)이 감싸고 있다. 그런데 힘줄집끼리 쓸리면 힘줄을 싸고 있는 막에 염증이 생기는 힘줄 윤활막염(건초염, 173일 차)에 걸릴 수도 있다. 참고로, 흔히 '스지'라고 부르는 부위는 소의 사태살에 붙은 힘줄을 말한다.

염좌는 어떤 현상일까?

|염좌 이야기|

근육이 비정상적으로 뒤틀려 인대가 손상된 상태다.

세 가지만 알면 나도 과학자!

인대란 무엇일까?

뼈와 뼈를 연결하는 섬유(가느다란 실처럼 생겼다)를 '인대'라고 한다. 인대는 평소에 관절이 필요 이상으로 구부러지거나 반대로 꺾이지 않도록 잡아주는데, 몸을 무리하게 움직여 인대에 손상이 생긴 상태를 '염좌(捻挫)'라고 한다.

염좌와 골절의 차이는 뭘까?

골절은 외부의 힘에 의해 뼈가 완전히 부러진 상태이고, 염좌는 뼈는 부러지지 않았는데 인대가 손상되거나 제자리에 있지 않고 벌어진 상태다. 이때 인대를 억지로 늘리면 주위 혈관이 끊어지며 다친 부위가 부을 수 있다.

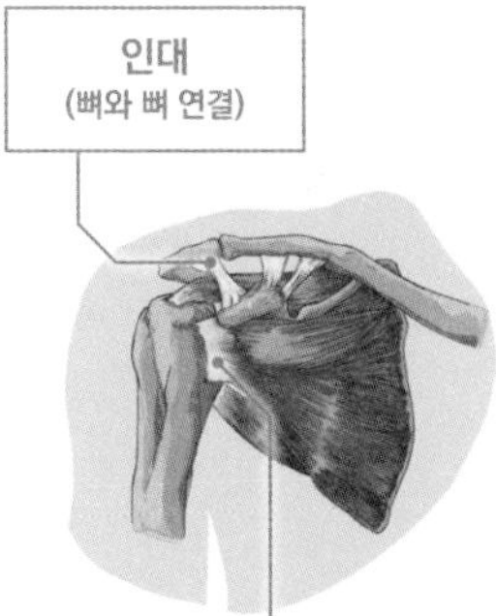

염좌는 어떻게 치료할까?

가벼운 염좌는 관절을 움직이지 못하게 고정하고 다친 부위에 냉찜질하면 낫는다. 인대가 완전히 끊어질 정도로 심한 염좌는 병원에 가서 치료해야 한다. 발목 염좌와 같이 관절 부위의 인대가 손상되었을 때는 해당 부위를 심장보다 높게 유지하면 부기 완화에 도움이 된다.

탈구란 무엇일까?

|탈구 이야기|

뼈와 뼈를 연결하는 관절이 제자리에서 벗어나 어긋난 상태다.

세 가지만 알면 나도 과학자!

완전 탈구와 불완전 탈구!

탈구는 크게 완전 탈구와 불완전 탈구(아탈구)로 나뉜다. 완절 탈구는 관절이 정상 위치에서 벗어나 맞닿아야 하는 관절면이 전혀 접촉하지 않는 상태로, 어긋난 관절이 주위 신경을 눌러 인대와 근육에 통증이 심하다. 불완전 탈구는 관절을 구성하는 뼈마디, 연골, 인대 따위의 조직이 불완전하게 어긋나거나 탈구된 상태로, 관절 주위의 손상이 적어 가벼운 통증만 느껴진다.

탈구의 원인은 무엇일까?

넘어지거나 부딪혀 관절에 충격을 받으면 탈구가 일어날 수 있다. 특히 어깨 관절은 가동 범위가 넓어 탈구되기 쉽다. 공을 던지거나 라켓을 휘두르거나 어깨를 크게 움직일 때는 주의해야 한다. 운동하기 전에 몸을 푸는 것이 중요하다.

탈구는 어떻게 치료할까?

어긋난 뼈를 원래 자리로 돌려놓으면 된다. 6시간 안에 치료하면 완치가 빠르다. 탈구는 몸 전체 관절에서 일어날 수 있는데, 특히 어깨, 무릎, 턱관절에서 자주 발생한다.

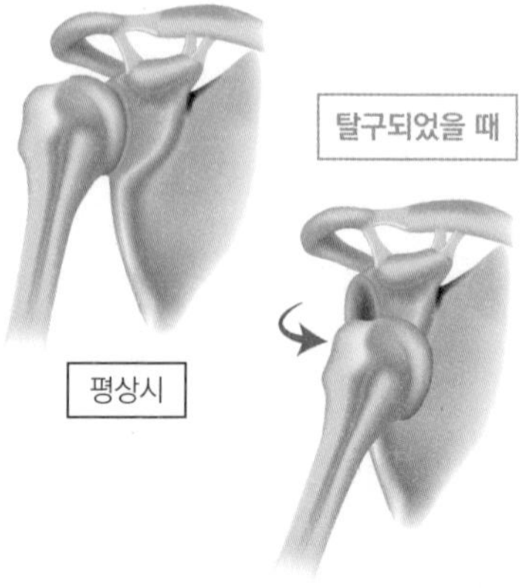

힘줄 윤활막염(건초염)은 어떤 질환일까?

|힘줄 윤활막염 이야기|

힘줄과 힘줄을 감싸는 힘줄집이 쓸리며 염증이 발생하는 질환이다.

세 가지만 알면 나도 과학자!

어떤 증상이 나타날까?

힘줄 윤활막염(건초염)에 걸리면 짐을 옮길 때 손목이 욱신거리며 시큰하거나, 손가락을 움직일 때 찌릿하게 저린 느낌이 든다. 물건을 들 수 없거나 갑작스러운 통증이 생길 수도 있다. 심하면 벌겋게 달아오르는 열감이 느껴지며 해당 부위가 붓는다.

힘줄 윤활막염에는 어떻게 걸릴까?

손은 수많은 뼈와 힘줄로 복잡하게 연결되어 있다. 힘줄은 힘줄집(건초)이라는 얇은 막으로 감싸여 있다. 컴퓨터 작업이나 필기 등을 많이 하면 손목과 손가락을 많이 사용해 힘줄과 힘줄집이 쓸리며 힘줄 윤활막염이 생길 수 있다. 특히 손목과 엄지손가락 뿌리에 잘 생기며, 발목과 발등 등 힘줄과 힘줄집이 있는 곳이면 어디든 생길 수 있다.

과도한 스마트폰 사용 금물!

힘줄 윤활막염은 손가락을 쓰는 단순 반복 작업을 많이 하면 발생하기 쉽다. 최근 과도한 스마트폰 사용으로 엄지손가락 주위 힘줄에 힘줄 윤활막염이 생기는 사람이 많다. 여성 호르몬과도 관련 있어 임신하면 발병 확률이 높아진다.

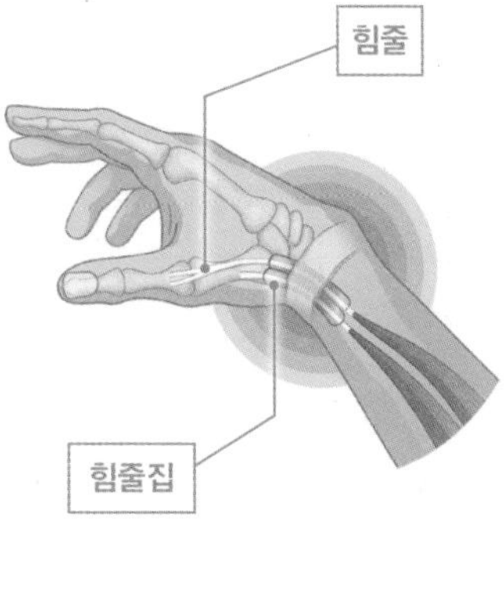

Day 174

통풍은 어떤 질병일까?

|통풍 이야기|

관절에 엄청 심한 통증이 생기는 질환이다.

세 가지만 알면 나도 과학자!

통풍은 주로 엄지발가락 뿌리 부근에 발생

통풍은 엄지발가락 뿌리 부근에서 가장 많이 발생한다. 벌겋게 부어오르고 엄청난 통증이 느껴진다. 바람이 스치기만 해도 아파서 '통풍(痛風)'이라는 이름이 붙었다. 제대로 걸을 수 없을 정도로 통증이 심한 경우도 많다.

통풍은 요산이 쌓여서 발병

통풍은 '요산'이 발병 원인이다. 혈액 속에 요산이 너무 많아지면 결정이 생겨 관절에 쌓인다. 어쩌다가 결정이 떨어져 나오면 이 결정을 적으로 오인한 백혈구가 즉시 공격해 염증이 발생한다. 백혈구가 일으키는 신체 반응이 엄청난 통증의 원인이다. 성인 남성 환자가 압도적으로 많다.

요산은 과도한 퓨린 섭취로 증가

요산은 퓨린이라는 물질의 분해로 생성된다. 퓨린은 세포가 다시 만들어질 때 몸속에서 생기거나 간과 새우, 술 등에도 다량 함유되어 있다. 이런 음식을 과도하게 섭취하면 통풍 발병률이 높아질 수 있다.

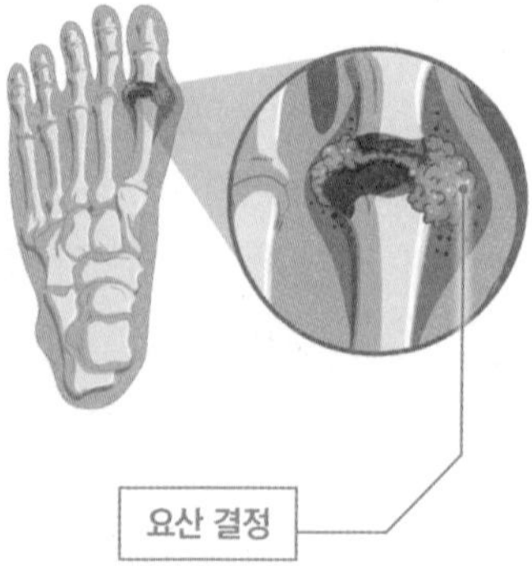

류머티스 질환이란 어떤 질병일까?

|류머티스 질환 이야기|

관절과 근육 등에 통증과 뻣뻣하게 굳는 증상이 동반된다.

세 가지만 알면 나도 과학자!

관절이 뻣뻣하거나 통증으로 불편감

류머티스 질환에 걸리면 관절이 뻣뻣하게 굳으며 통증이 생기고, 관절이 잘 움직여지지 않는 불편한 느낌이 들 수 있다. 관절의 움직임이 제한받는 느낌이라고 호소하는 환자도 있다.

류머티스 질환의 원인은 무엇일까?

류머티스 질환의 원인은 정확하게 밝혀지지 않았다. 몸을 외부 물질로부터 보호하는 면역 시스템이 오작동해 우리 몸을 적으로 여기고 공격하는 자가 면역 질환이 관절에 나타난 질병으로 알려져 있다.
대부분 장기간에 걸쳐 진행되며, 남성에 비해 여성에게서 훨씬 많이 발생한다.

류머티스 질환은 어떻게 치료할까?

염증과 통증을 줄여주는 약물로 병의 진행을 늦추고 관절이 파괴되지 않게 예방하는 약물도 사용한다. 필요에 따라 약물 치료와 수술 및 재활 등을 병행할 수도 있다.

우울증이란 어떤 질병일까?

|우울증 이야기|

기분이 침울해지는 '우울한 상태'가 계속되는 질병이다.

세 가지만 알면 나도 과학자!

정신적 에너지가 저하된 상태

기분이 가라앉는다, 여태까지 재미나 기쁨을 느끼던 일에서 재미나 기쁨을 느끼지 못한다, 매사에 의욕과 관심이 없다, 피로가 풀리지 않는다, 좀처럼 행동으로 옮길 수 없다……. 이러한 상태가 계속되면 우울증을 의심할 수 있다.

정신뿐 아니라 신체에도 영향

우울증에 걸리면 집중력과 주의력이 저하된다. 또 부정적인 감정이 들며 자신이 살 가치가 없다거나 세상에서 사라져버리고 싶다는 등의 생각을 자주 한다. 그 밖에 불면증, 입맛 없음, 피로, 어지럼증 등의 신체 증상이 나타나 입원이 필요한 경우도 있다.

약물과 인지행동요법으로 치료 가능

우울증의 원인은 분명하게 해명되지 않았지만, 스트레스가 원인인 사례가 많다. 따라서 빨리 몸과 마음을 쉬는 게 최선이다. 약물과 인지행동요법으로 치료할 수 있다. 가족과 주위 사람들이 힘내라며 자꾸 말로 격려하면 오히려 부담을 느낄 수 있으므로 관심을 기울이되 배려하고 조심하는 것이 좋다.

양극성 장애가 뭘까?

|양극성 장애 이야기|

'조증 상태'와 '울증 상태'가 반복되는 질환이다.

세 가지만 알면 나도 과학자!

조증 상태가 1~2개월가량 지속

기분이 가라앉는 상태를 '우울증'이라고 한다. 그런데 우울감을 느끼는 사람이 가끔 기분이 붕 뜬 것처럼 고양될 때가 있다. 이런 경우를 '양극성 장애'라고 진단한다. 상태 변화 간격은 사람마다 다른데, 조증 상태가 1~2개월가량 지속되는 사례가 많다.

지칠 줄 모르는 조증 상태

조증 상태인 사람은 기운이 넘친다. 피로를 모르고, 쉽게 화를 내며, 과도한 자신감을 보이거나 남을 무시하는 경향을 보이기도 한다. 큰 소리로 빠르게 말하거나 두서없는 이야기를 늘어놓는다. 판단력이 떨어져 문제를 일으킬 수도 있다.

양극성 장애의 치료법

스트레스가 주요 발병 원인이므로 피로를 느끼면 일단 쉰다. 신경안정제와 항정신병약 등 약물 요법이 주된 치료 방법이다. 양극성 장애는 약 80퍼센트가 회복된다. 재발 우려가 있지만 조기 치료, 꾸준한 약물 사용, 정신적 지원 등으로 예방할 수 있다.

공황 장애가 뭘까?

|공황 장애 이야기|

공황 발작이 반복해서 발생하는 질병이다.

세 가지만 알면 나도 과학자!

공황 발작이 반복적으로 발생

'공황 장애'란 공황 발작이 몇 차례 급작스럽게 일어나는 사람에게 진단한다. 공황 발작은 짧은 시간 내에 일어나는 강력하고 급작스러운 발작으로, 스스로 통제할 수 없다. 따라서 다시 발작이 일어날지 몰라 불안해하는 사람이 많다.

공황 장애 진단 방법

공황 장애는 크게 '광장 공포증을 동반하는 공황 장애'와 '동반하지 않는 공황 장애'로 나뉜다. 광장 공포증은 특정 장소나 상황에서 불안을 느끼는 증상을 말한다. 비행기나 열차, 터널처럼 좁은 공간에 갇혔다는 공포가 공황 발작을 일으킬 수도 있다.

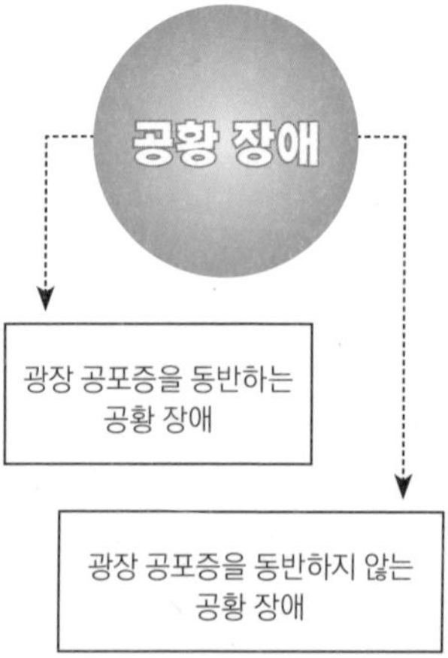

아직은 원인불명

공황 장애의 원인은 아직 밝혀지지 않았다. 다만, '교감신경(164일 차)이 비정상적으로 흥분하기 때문'이라는 메커니즘은 규명되었다. 자율신경은 한번 흐트러지면 회복하는 데 시간이 걸린다. 공황 장애에 잘 걸리는 성격은 없다. 누구나 공황 장애에 걸릴 수 있다.

HSP가 뭘까?

| HSP 이야기 |

체질적으로 예민한 것일 뿐 질병이나 장애는 아니다.

세 가지만 알면 나도 과학자!

병이나 장애가 아닌 선천적 기질

HSP는 1995년 미국의 심리학자 일레인 아론(Elaine N. Aron)이 도입한 개념이다. 선천적으로 남들보다 훨씬 예민한 사람(highly sensitive person)을 가리킨다. HSP는 치료해야 하는 병이 아니라서 기본적으로 바꿀 수 없다. 자신의 기질을 알고 그에 맞는 삶의 방식을 선택해야 한다.

'휴식'과 '환경에 선 긋기'로 마음 치유

HSP인 사람은 주위 온갖 일에 신경이 쓰여 쉽게 지치고 항상 피곤하다. 가끔은 모든 것을 내려놓는 휴식이 필요하다.
또 남의 일과 내 일의 경계선을 긋고 의식적으로 주위 환경에 신경을 끄는 방법도 효과적이다.

HSP의 세 가지 유형

HSP에는 세 가지 유형이 있다. HSP(평온한 상태 선호), HSP/HSS(민감하지만 호기심이 왕성), HSS(쉽게 질리고 스릴 추구)다. HSP라고 해서 예민한 사람만 있는 것은 아니다.

조현병이 뭘까?

|조현병 이야기|

환각과 망상을 동반하기 쉬운 질환이다.

세 가지만 알면 나도 과학자!

망상과 환청, 사고장애 등 정신적 증상

조현병을 예전에는 '정신분열증'이라고 불렀다. 조현병은 누군가에게 감시당하고 있다는 등의 망상과 아무도 없는데 목소리가 들리는 등의 환청이 나타나는 '양성 증상'이 특징이다. 그 밖에도 의욕이나 집중력이 없어지는 '음성 증상', 생각이나 공부를 할 수 없는 '인지기능 장애'가 나타날 수 있다.

20세 전후에서 가장 많이 발병

조현병은 남성 환자가 많고, 젊을수록 발병하기 쉽다. 전체 환자 중 90퍼센트는 대체로 증상이 개선된다.

조현병의 원인과 치료법

조현병의 원인은 아직 확실히 밝혀지지 않았다. 유전된다는 주장도 있고, 환경이 원인이라는 주장도 있다. 일반적으로 뇌에 이상이 생겨서 발생하는 질환으로 알려져 있다. 얌전한 사람과 사교적인 사람을 가리지 않고 발병한다. 주로 항정신성 약물을 복용하거나 입원해서 요양하는 방법으로 치료한다.

섭식 장애(식사 장애)가 뭘까?

| 섭식 장애 이야기 |

마음에 병이 생겨 폭식하거나 음식을 전혀 먹지 않는 질환이다.

세 가지만 알면 나도 과학자!

마음의 병이 몸에 나타나는 질환

섭식 장애에는 거식증(음식을 먹지 않음)과 폭식증(음식을 과식한 후에 구토) 등이 있다. 섭식 장애는 마음의 병이나 인생에 대한 부담감이 음식에 집착하는 행동으로 나타나는 것이다.

섭식 장애가 발생하는 이유

섭식 장애의 원인은 사회 구조, 인지 능력 등 다양한 요인이 복잡하게 얽혀 있다. 다른 사람에게 몸매에 관한 지적을 받은 경우, 가족이 병에 걸린 경우, 학원이나 숙제가 부담스러운 경우 등 다양한 원인으로 섭식 장애가 발생할 수 있다.

신체에 나타나는 변화

섭식 장애가 계속되면 근육과 지방 등의 균형이 달라져 몸에 이상이 생긴다. 특히 성장기에 영양을 제대로 섭취하지 않으면 성장을 촉진하는 호르몬이 줄어들 수 있으니 주의해야 한다. 섭식 장애 치료에서는 내면의 부담감 극복이 중요하다.

과호흡은 왜 일어날까?

|과호흡 이야기|

호흡량이 과도하게 증가하는 과호흡은 스트레스가 원인이다.

세 가지만 알면 나도 과학자!

스트레스가 과호흡 유발

가끔 호흡이 엄청나게 빨라지며 그대로 쓰러지는 사람이 있다. 호흡량이 과도하게 증가하는 증상을 '과호흡'이라고 한다. 스트레스로 과호흡을 일으키는 사람이 많다. 인간은 호흡이 필수인데, 호흡이 과도해도 문제가 된다. 과호흡을 하면 체내 이산화탄소가 급격히 감소하기 때문이다.

과호흡 때 심호흡은 역효과

우리는 호흡을 통해 몸에 산소를 받아들이고 이산화탄소를 배출한다. 그런데 과호흡 상태에서는 몸속의 이산화탄소가 급격히 감소해 신경이 더 이상 호흡하지 못하도록 제동을 건다. 그로 인해 숨이 가쁘고 정상적인 호흡이 힘든 악순환에 빠진다. 하지만 과호흡으로 사망하지는 않는다.

느린 호흡으로 대처

과호흡이 발생하면 천천히 숨쉬고 내뱉는 과정에 집중한다. 이 과정을 반복한다. 숨을 3초 정도 들이쉬고 6초에 걸쳐 내뱉는다. 1회 호흡하는 데 10초 정도로 천천히 호흡한다.

Day 183

소장은 무슨 일을 할까?

|소장의 역할 이야기|

위와 대장을 연결하는 관으로, 소화와 영양분 흡수 역할을 한다.

세 가지만 알면 나도 과학자!

십이지장, 빈창자, 작은창자를 합쳐 소장

위와 대장 사이에 있는 소장은 크게 세 부분으로 나뉜다. 위에 가까운 순서대로 십이지장, 빈창자, 작은창자가 자리하고 있다. 소장은 쭉 펴면 길이가 7~8미터 정도 되는, 인체에서 가장 긴 소화관이다. 호스처럼 구불구불하게 감긴 상태로 있다.

소장은 소화 흡수의 최전선!

우리가 섭취한 음식물은 위에서 죽처럼 걸쭉한 상태로 만들어져 소장으로 운반된다. 십이지장에서 본격적으로 소화가 시작되는데, 빈창자와 작은창자에서 우리 몸에 필요한 영양분의 90퍼센트를 흡수해 체내로 받아들인다.

4~8시간에 걸쳐 소화 흡수

소장 벽에는 근육층이 있다. 이 근육의 연동 운동으로 음식물을 4~8시간에 걸쳐 천천히 대장으로 내려보낸다. 소장의 길이는 동물에 따라 다르다. 인간은 7~8미터, 소는 36미터 정도 된다.

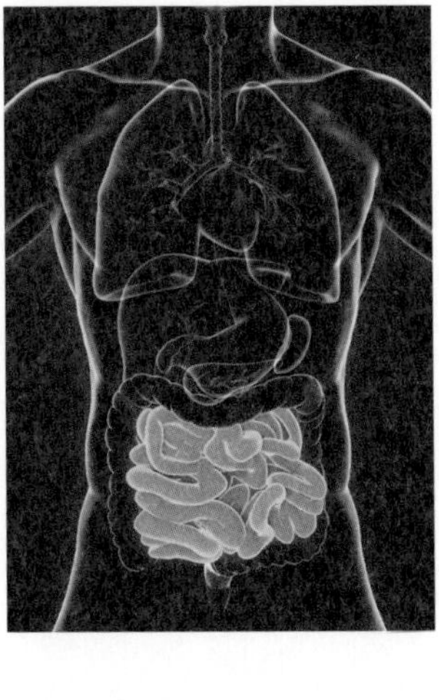

십이지장은 무슨 일을 할까?

| 십이지장 이야기 |

위에서 들어온 산성 음식물을 중화하고 본격적으로 소화한다.

세 가지만 알면 나도 과학자!

십이지장은 장의 시작

십이지장은 위에서 이어지는 알파벳 'C'자 모양으로 생긴 장이다. '십이지장'이라는 개성 있는 이름은 길이가 손가락 열두 마디를 옆으로 늘어놓은 것과 같다는 의미에서 비롯되었다. 손가락 한 마디가 약 2센티미터이니 전체 길이는 25센티미터 정도 된다.

위에서 내려온 산성 음식물 중화

위에서 내려온 음식물이 십이지장으로 들어가면 간에서 담즙이 분비된다. 위에서 내려온 음식물은 위산으로 인해 산성인데, 알칼리성인 담즙과 이자액이 이를 중화한다.

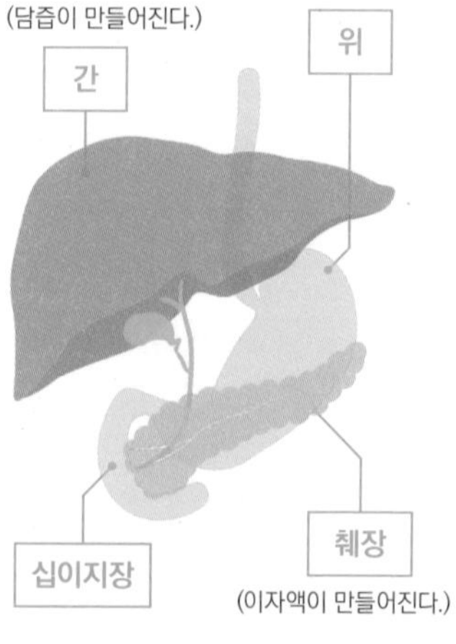

본격적인 소화 시작

췌장에서 분비되는 이자액에는 3대 영양소인 탄수화물, 단백질, 지방을 모두 소화할 수 있는 효소가 듬뿍 들어 있다. 그 덕분에 십이지장에서 본격적인 소화가 시작된다.

Day **185** 장기 | 소장

빈창자와 작은창자는 무슨 일을 할까?

|빈창자와 작은창자 이야기|

빈창자는 융모가 많아 영양 흡수 면적이 작은창자의 약 8배다.

세 가지만 알면 나도 과학자!

앞부분 40퍼센트가 빈창자, 나머지는 작은창자

십이지장에서 이어지는 앞부분이 빈창자이고, 대장으로 이어지는 뒷부분이 작은창자다. 빈창자와 작은창자를 합친 전체 길이가 6~7미터 정도 된다. 뚜렷한 경계는 없지만 앞부분 40퍼센트를 빈창자, 뒷부분 60퍼센트를 작은창자로 본다.

빈창자는 영양을 흡수하는 면적이 작은창자의 8배

빈창자는 벽의 근육층이 두툼해 연동 운동이 활발하다. 그로 인해 음식물이 빠르게 통과해버려 안이 비어 있을 때가 많아 빈창자(空腸)이라는 이름이 붙었다. 빈창자는 점막에 주름과 혈관이 많고 영양을 흡수하는 융모가 촘촘하게 나 있다.

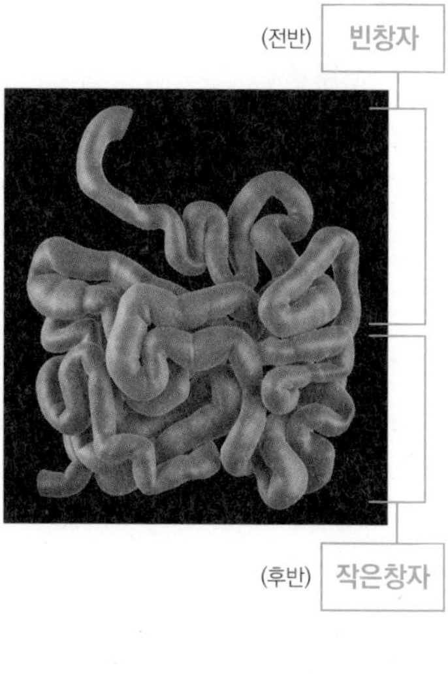

작은창자는 면역에 중요한 역할

작은창자에 있는 파이어판(187일 차)은 바이러스 등의 적으로부터 몸을 지키는 면역과 관련 있다고 알려져 있다. 빈창자와 작은창자에서 영양 흡수라는 소화의 최종 단계가 이루어진다.

융모 안은 어떻게 생겼을까?

|융모 이야기|

특별한 세포로 흡수한 영양을 혈관과 림프관을 통해 운반한다.

세 가지만 알면 나도 과학자!

소장의 표면적은 테니스 코트 크기

소장 안쪽에는 높이 약 8밀리미터의 고리 모양으로 생긴 주름이 죽 이어져 있다. 이 주름 표면에 '융모'라는 가느다란 털이 촘촘하게 돋아 있다. 융모를 전부 펼치면 테니스 코트 크기만 하다.

영양분을 효율적으로 흡수할 수 있는 구조

왜 이런 구조가 만들어졌을까? 음식물과 소장 점막에 닿는 면적을 늘려 많은 영양소를 효율적으로 흡수하기 위해서다. 융모에는 매우 촘촘한 '흡수 상피세포'라는 털이 돋아 있는데, 그 털에서 영양을 흡수한다. 흡수 상피세포의 수명은 약 1일이어서 항상 새로운 세포가 만들어지고 있다.

혈관과 림프관을 통해 영양분을 온몸으로 공급

소장의 융모 안쪽을 지나는 모세혈관과 림프관은 흡수된 영양분을 온몸으로 운반한다. 수용성 영양소는 모세혈관으로 흡수되고, 지용성 영양소는 림프관으로 흡수되어 혈액을 통해 온몸으로 공급한다.

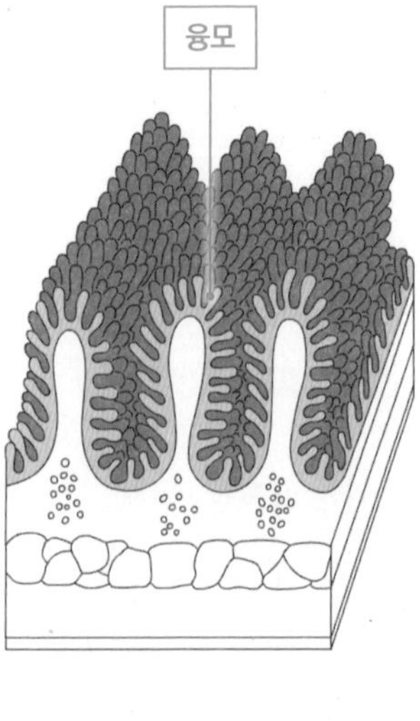

Day 187 장기 | 소장

파이어판이 뭘까?

|파이어판 이야기|

장에 들어온 침입자를 포위해서 해치우는 역할을 한다.

세 가지만 알면 나도 과학자!

장에 들어온 바이러스와 세균을 포위

입과 코로 들어온 바이러스와 병원체는 대부분 위산에 의해 죽는다. 그리고 죽지 않고 소장까지 도달한 병원체는 작은창자 부분에 있는 파이어판이 처리한다. 1677년 스위스의 의사 요제프 파이어(Joseph Peyer)가 소장 내부에서 침입자를 공격하는 파이어판을 처음으로 발견했다.

장을 수호하는 전투 부대

세균과 바이러스 등의 침입자를 격퇴하는 임무를 '면역'이라고 한다. 장에는 임무를 맡은 면역세포의 60~70퍼센트가 모여 있다. 파이어판 속에는 수지상세포(dendritic cell), T세포(260일 차), B세포(264일 차) 등이 모여 있는데, 침입자가 들어오면 면역 물질을 분비해서 퇴치한다.

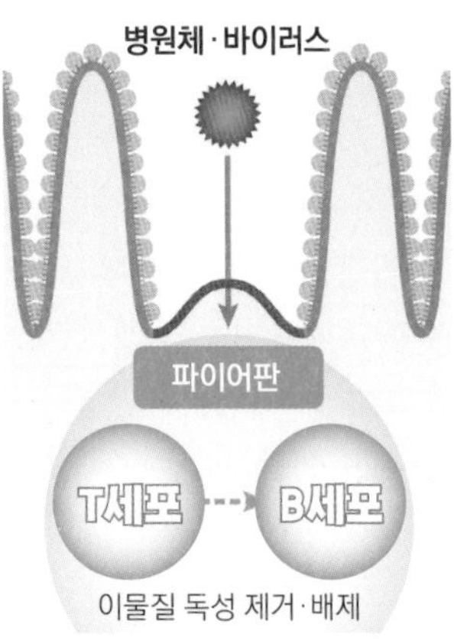

파이어판은 작은창자에 모여 있다

파이어판은 작은창자의 융모와 융모 사이에 있는데, 20~30개 정도 된다. 참고로, 식품 알레르기는 원래 해롭지 않은 음식을 침입자로 여겨 공격해서 생긴다.

장에는 어떤 세균이 있을까?

|장내 세균 이야기|

500~1,000종류의 세균이 장을 보금자리 삼아 살고 있다.

세 가지만 알면 나도 과학자!

다양한 종류의 장내 세균이 존재

장에는 500~1,000종류, 모두 100조 마리의 세균이 서식하고 있다. 사람에게 이로운 유익균, 질병과 식중독의 원인이 되는 유해균, 어느 쪽에도 속하지 않는 기회주의자 같은 중간균 등 다양한 종류의 세균이 있다.

유익균은 꽃가루 알레르기 억제 효과도

요구르트 등에 들어 있는 대표적 유익균인 비피두스균과 유산균은 장 상태를 바로잡아 유해균의 증식을 억제한다. 병원체의 침입을 방지하고 꽃가루 알레르기 등 각종 알레르기 질환에도 장내 세균이 영향력을 발휘한다고 알려져 있다.

중간균은 천사도 악마도 될 수 있다

사실 장 속에 사는 세균 중 상당수는 중간균이다. 유익균도 유해균도 아닌 중간균은 건강할 때는 해가 없다. 그러나 몸이 약해져 유해균이 기승을 부리면 눈치를 보며 살금살금 끼어들어 말썽을 부리기 시작한다. 세균에 지지 않는 몸을 만들기 위해서는 유해균도 필요하다.

장내 세균총이 뭘까?

|장내 세균총 이야기|

장내 세균이 종류별로 무리 지은 모습을 장내 세균총이라고 한다.

세 가지만 알면 나도 과학자!

장내 세균총이 꽃밭처럼 보인다?

장내 세균총은 사람의 몸속에 살고 있는 세균이나 바이러스 등 모든 미생물을 통틀어서 지칭하는 용어다. 장내에 서식하는 세균은 100조 마리에 이르는데, 같은 종류끼리 무리 지어 있다. 그 모습을 현미경으로 관찰하면 마치 꽃밭처럼 보인다고 해서 장내 세균총을 '플로라(flora)'라는 별명으로 부르기도 하고, '장내 미생물군'이라 부르기도 한다.

장내 세균의 종류는 세 살 무렵 정해진다

어머니 배 속에 있을 때 아기의 장은 거의 무균 상태다. 태어난 후 식생활 등으로 균이 장에 자리를 잡고, 세 살 무렵이면 장내에 서식하는 균의 종류가 어느 정도 정해진다고 알려져 있다. 장내 세균총 구성은 사람마다 제각기 다르다. 쌍둥이도 똑같지 않다.

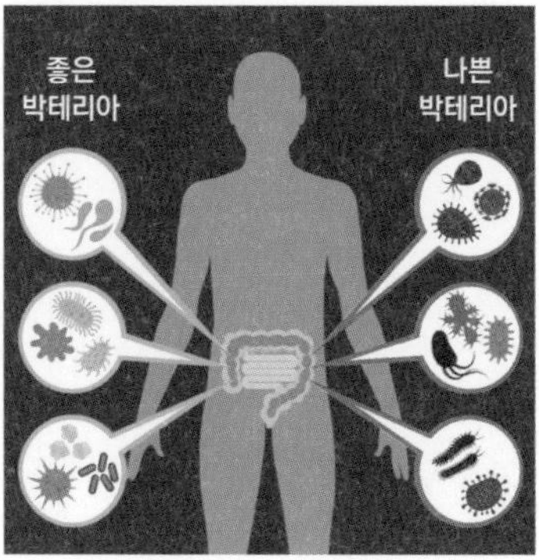

장내 세균총 구성은 인종에 따라 다르다

장내 세균총 구성은 인종에 따라 달라 나라마다 전통 발효식품 등을 활용해 맞춤형 유산균 개발 연구를 하고 있다.

호르몬이란 무엇일까?

|호르몬 이야기|

몸이 항상 일정하게 활동하도록 돕는 화학 물질이다.

세 가지만 알면 나도 과학자!

호르몬은 다양한 장소에서 생성

호르몬은 뇌하수체, 갑상샘, 부갑상샘, 신장, 췌장, 생식선 등에서 만들어진다. 만들어진 장소에 따라 호르몬의 역할이 다르다. 호르몬은 혈액을 타고 온몸을 순환한다.

시상하부 호르몬이 뇌하수체로

호르몬을 분비하는 사령탑은 시상하부와 뇌하수체다. 시상하부는 뇌의 명령에 따라 호르몬을 분비하고, 뇌하수체는 그 호르몬을 받아들인다. 또 뇌하수체에서는 더 앞에 있는 내분비샘이 호르몬을 분비하도록 조절하는 호르몬이 분비된다.

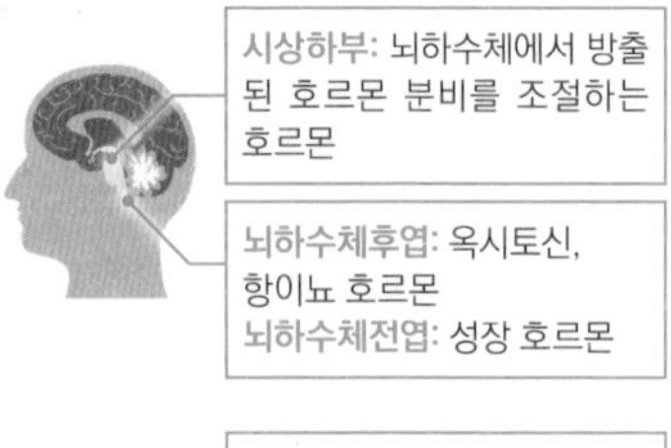

호르몬의 이어달리기

뇌하수체에서 호르몬을 분비하라는 메시지를 받으면 갑상샘과 부신 등에서 호르몬이 분비된다. 이런 식으로 필요할 때마다 적재적소에서 호르몬이 분비되어 균형을 유지한다. 참고로, 우리 몸속 장기의 운동은 신경계와 내분비계가 제어한다.

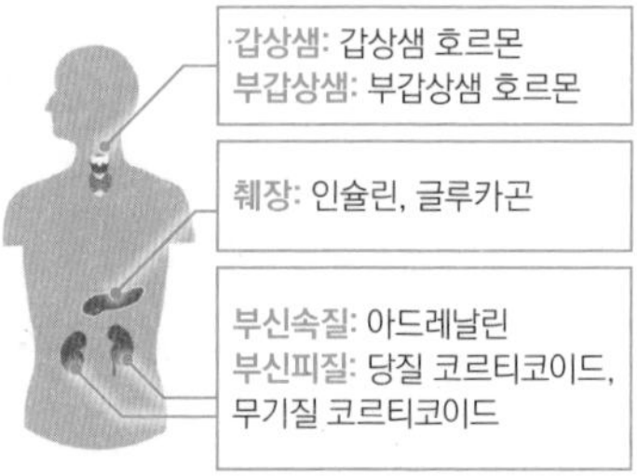

음성 피드백이 뭘까?

|음성 피드백 이야기|

몸 상태를 일정하게 유지하기 위해 호르몬 분비 억제 작용을 한다.

세 가지만 알면 나도 과학자!

호르몬은 적당량 분비되는 게 중요

호르몬은 우리 몸이 항상성을 유지하도록 분비된다. 그래서 적당량 분비되는 것이 중요하다. 호르몬의 양이 너무 많아지면 분비를 억제할 필요가 있다.

호르몬 분비를 억제하라는 신체 반응

시상하부와 뇌하수체에서 호르몬이 분비되면 그 앞에 있는 갑상샘과 부신 등에서 내분비샘 호르몬이 분비된다. 호르몬의 효과가 나타나면 갑상샘과 부신 등이 시상하부와 뇌하수체에 '호르몬 분비를 억제하라'는 메시지를 보낸다. 이런 신체 반응을 '음성 피드백(negative feedback)'이라고 한다. 반대로, 호르몬 분비를 촉진하는 작용을 '양성 피드백(positive feedback)'이라고 한다.

시간대에 따라 분비량이 달라지는 호르몬

항상 같은 양의 호르몬이 분비되는 것은 아니다. 아침과 밤에 분비량이 달라지거나, 자는 동안에만 분비되는 호르몬도 있다.

【음성 피드백】

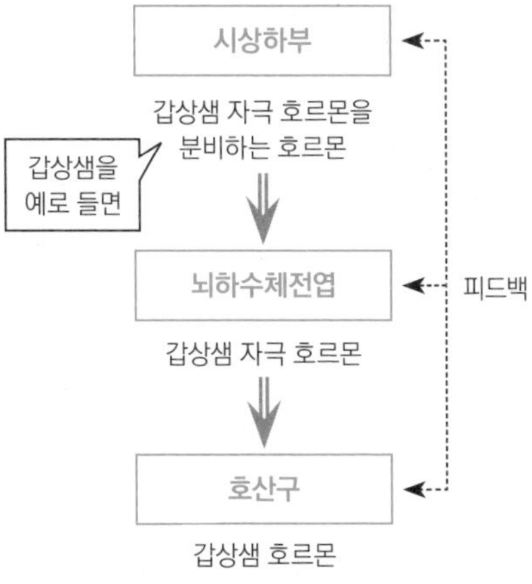

장기
오감
대사 작용
몸의 움직임
질병
네트워크

뇌하수체의 역할은 뭘까?

|뇌하수체 이야기|

갑상샘 등의 호르몬 분비를 조절하기 위해 호르몬을 분비한다.

세 가지만 알면 나도 과학자!

다른 내분비샘 호르몬을 조절한다

뇌하수체는 머리뼈의 거의 중심에 있는 작은 기관이다. 시상하부에서 뇌하수체를 자극하는 호르몬이 분비되면 뇌하수체도 호르몬을 분비한다. 이 호르몬은 다른 내분비샘이 호르몬을 분비하도록 조절하는 역할을 한다.

전엽에서 호르몬 분비

뇌하수체는 전엽과 후엽으로 나눌 수 있다. 전엽에서는 시상하부에서 내려온 명령에 따라 성장 촉진 호르몬과 갑상샘 자극 호르몬, 부신피질 자극 호르몬, 생식선 자극 호르몬 등이 분비된다.

시상하부가 분비한 호르몬을 분비한다

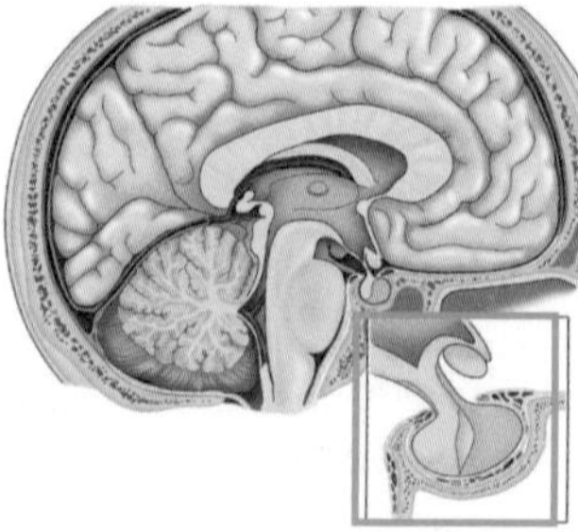

후엽에서는 호르몬이 만들어지지 않으므로 몸 상태를 봐가며 시상하부에서 보내는 '항이뇨 호르몬'과 '옥시토신' 등을 분비한다. 항이뇨 호르몬은 소변량 조절과 호르몬 분비 촉진, 옥시토신은 유선과 자궁 수축에 작용한다.

갑상샘은 어떤 역할을 할까?

|갑상샘 이야기|

대사를 촉진하거나 혈액의 칼슘양을 조정하는 호르몬을 분비한다.

세 가지만 알면 나도 과학자!

갑상샘과 부갑상샘

갑상샘은 목 쪽에 있는 나비 모양으로 생긴 기관이다. 갑상샘 안에 있는 작은 주머니 모양의 조직인 소포에서 호르몬을 분비한다. 또 갑상샘 뒤편에 있는 부갑상샘은 다른 호르몬을 분비한다.

갑상샘 호르몬의 역할

소포에서 갑상샘 호르몬을 분비한다. 갑상샘 호르몬은 우리 몸의 대사를 촉진한다. 대사가 원활하면 에너지 소비가 늘어나 체온이 상승하고 심박수와 호흡 횟수도 증가한다. 뼈와 골격근을 성장시키는 성장 호르몬에 힘을 북돋워주는 역할도 한다. 갑상샘 호르몬의 재료인 아이오딘(iodine)은 미역과 생선에 풍부하다.

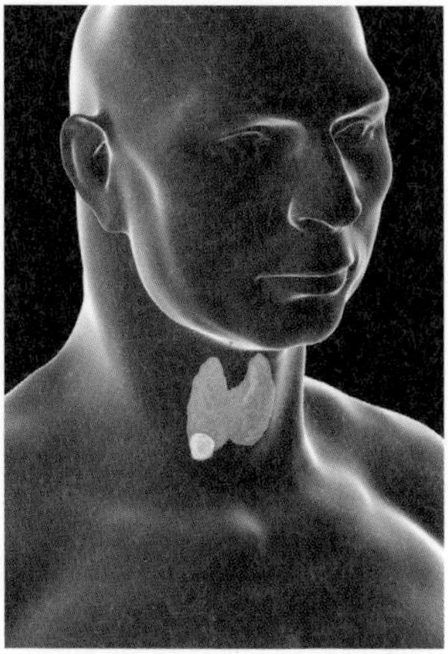

부갑상샘 호르몬의 작용

부갑상샘에서 분비되는 부갑상샘 호르몬은 혈액 속의 칼슘 농도 조절, 뇌세포 활동 촉진, 전신 근육 수축 등의 작용을 한다.

부신의 역할은 뭘까?

|부신 이야기|

혈액의 수분과 당분, 미네랄 균형과 스트레스 반응을 조절한다.

세 가지만 알면 나도 과학자!

부신은 부신피질과 부신속질로 나뉜다

부신은 신장 약간 위에 좌우로 하나씩 붙어 있다. 부신은 '피질'과 '속질'로 나뉘는데, 각각 역할이 다르다. 부신피질은 스테로이드 호르몬을, 부신속질은 카테콜아민을 분비한다.

부신피질은 세 종류의 호르몬 분비

스테로이드 호르몬은 체액의 양을 조절하는 '무기질 코르티코이드', 혈당치를 상승시키거나 스트레스와 염증에 대항하는 '당질 코르티코이드', 성 기능 발달에 관여하는 '안드로젠'이라는 세 종류가 있다. 당질 코르티코이드는 염증 질환 치료제로 활용된다.

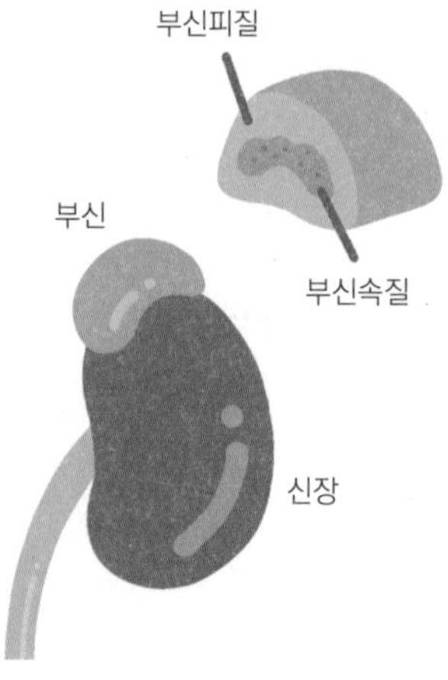

혈당치와 대사, 혈압에 작용하는 카테콜아민

부신속질에서 분비하는 아드레날린과 노르아드레날린이라는 호르몬을 카테콜아민이라고 한다. 카테콜아민은 혈당을 올리거나, 대사를 촉진하거나, 혈압을 상승시키는 작용을 한다.

갱년기 장애란 무엇일까?

|갱년기 장애 이야기|

여성 호르몬 분비가 감소해 몸과 마음이 불편한 증상들을 말한다.

세 가지만 알면 나도 과학자!

나이를 먹으면 호르몬이 잘 분비되지 않는다

흔히 갱년기라 부르는 나이가 되면 난소에서 분비되는 여성 호르몬이 줄어든다. 여성 호르몬은 여성의 이런저런 신체 부위에 작용하기 때문에 호르몬 분비가 감소하면서 부정적인 영향이 나타날 수 있다.

생리와 폐경이 뭘까?

여성의 몸은 임신을 준비하고 자궁에 아기가 머무를 침대와 같은 공간을 마련한다. 그리고 임신이 이루어지지 않으면 아기 침대가 몸 밖으로 배출된다. 이를 '생리' 또는 '월경'이라고 한다(342일 차).

생리는 대략 50세 전후에 끝나는데, 이를 '폐경' 또는 '완경'이라고 한다.

【갱년기 장애 증상】

불안과 짜증이 늘어난다

폐경 직후 5~10년을 갱년기라고 한다. 갱년기에 접어들면 여성 호르몬 분비가 감소해 몸의 균형이 무너진다. 컨디션이 나빠지거나 불안과 짜증, 우울감 등이 늘어날 수 있다. 갱년기 증상은 사람에 따라 다르며, 스트레스 등과도 연관 있다.

Day 196 대사 작용 | 호르몬

그레이브스병이란 무엇일까?

|그레이브스병 이야기|

목덜미가 붓거나 손발 저림 등의 증상이 나타나는 질병이다.

세 가지만 알면 나도 과학자!

면역에 이상이 생겨 호르몬이 필요 이상 분비

그레이브스병은 면역 이상으로 발생하는 갑상샘 항진증의 대표적인 질환이다. 대사를 조절하는 갑상샘 호르몬과 교감신경을 조절하는 카테콜아민이 필요 이상으로 분비되는 것이 발병 원인이다.

그레이브스병의 다양한 증상

신체적 증상으로는 갑상샘 호르몬이 많이 만들어지기 때문에 갑상샘이 점차 커져 목덜미가 붓거나, 눈이 심하게 튀어나오는 안구 돌출, 눈꺼풀부종, 결막충혈 등이 나타날 수 있다. 또 비정상적인 심장 두근거림, 호흡 곤란, 체중 감소, 손발 저림 등도 나타날 수 있다. 심리적 증상으로는 짜증이 늘거나 과잉 행동을 보일 수 있다.

갑상샘 전문의와 상담

남성보다 여성이 잘 걸린다. 20~30세 여성 환자가 많다. 치료 방법으로는 약물 복용과 수술 등이 있다. 갑상샘 전문의와 상담하자.

Day 197

우리 몸에는 어떤 근육이 있을까?

|우리 몸의 근육 이야기|

우리 몸의 근육은 골격근, 민무늬근, 심장 근육으로 이루어져 있다.

세 가지만 알면 나도 과학자!

우리 몸의 근육은 600개 이상!

인간의 몸에는 성인 기준으로 600개 이상의 근육이 있다. 근육은 크게 골격근(198일 차), 민무늬근(199일 차), 심장 근육(200일 차)으로 이루어져 있다. 우리가 평소에 먹는 돼지고기와 닭고기도 돼지와 닭의 근육이다.

몸을 움직이는 일만 하는 게 아니다!

근육은 '근섬유'라는 길고 가는 세포가 모여서 만들어진다. 근육은 몸을 움직이는 일만 하는 것이 아니라 탄력 있는 근섬유로 뼈와 내장 등을 충격에서 보호하는 중요한 역할을 한다. 근육은 몸무게의 40퍼센트가량을 차지해 우리 몸의 그 어떤 장기보다 무겁다.

열을 내거나 수분을 유지하는 일도 한다

근육은 체온을 일정하게 유지하는 활동에서도 중요하다. 추운 곳에서도 몸이 따뜻한 것은 근육이 열을 발생시키기 때문이다. 우리 몸에서 가장 많은 수분을 담고 있는 곳도 근육이다. 근육이 줄어들면 탈수증이 발생할 우려가 있다.

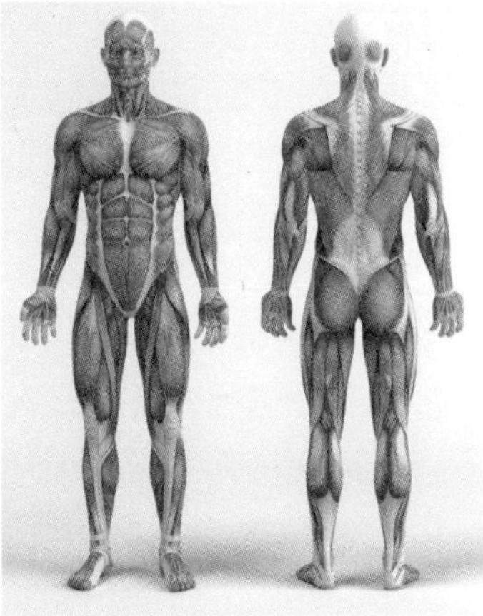

장기
오감
대사작용
몸의 움직임
질병
네트워크

골격근이란 무엇일까?

|골격근 이야기|

뼈와 몸을 움직이는 근육이다.

세 가지만 알면 나도 과학자!

흔히 '근육'이라고 하는 것은 골격근!

뼈와 몸을 움직이는 근육을 골격근이라고 한다. 온몸에 골격근이 400개가량 있다. 사람은 골격근이 늘어나거나 줄어들면서 팔과 다리 등을 자유롭게 움직일 수 있다.

스스로 움직일 수 있는 수의근

근육은 스스로 움직일 수 있는 '수의근'과 자유롭게 움직일 수 없는 '불수의근'으로 나눌 수 있는데, 골격근은 수의근이다. 근육이 수축하면 해당 부위를 굽히고, 이완되면 뻗는다.

골격근을 구성하는 속근과 지근

골격근을 구성하는 근섬유는 속근과 지근으로 이루어져 있다. 속근은 하얗게 보이고 빠르게 수축해 순간적으로 큰 힘을 낸다. 지근은 불그스름하고 수축하는 속도가 느리지만 지구력이 좋다. 이 두 근육이 조화를 이루어 골격근을 형성한다.

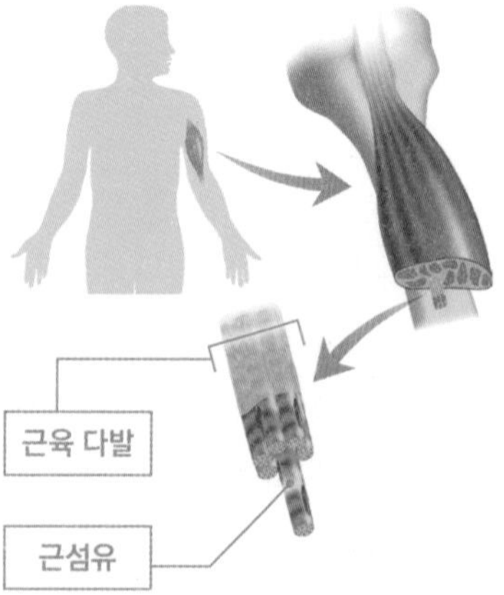

민무늬근이란 무엇일까?

|민무늬근 이야기|

혈관과 내장을 움직이는 근육이다.

세 가지만 알면 나도 과학자!

잠자는 동안에도 쉬지 않고 일하는 근육

골격근은 스스로 자유롭게 움직일 수 있지만, 식도나 방광 등을 움직이는 근육은 자기 의지로 자유롭게 움직일 수 없다. 이런 부위는 민무늬근으로 이루어져 있기 때문이다. 그래서 우리가 자는 동안에도 쉬지 않고 일할 수 있다.

민무늬근의 역할

위와 장 등에 음식물을 보내거나, 반대로 몸에 해로운 물질을 위 속에서 밀어 올려 토하게 하거나, 자궁 내부를 수축시켜 아기를 산도로 내보내는 일 모두 민무늬근이 하는 중요한 역할이다. 또한 눈동자의 동공을 여닫는 것도 민무늬근의 일이다.

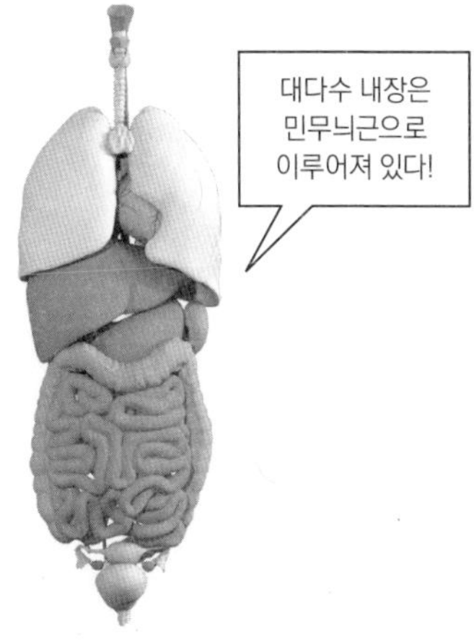

위와 소장의 벽을 만드는 민무늬근

자율신경(163일 차)은 민무늬근에 명령을 내려 움직이게 만든다. 그래서 자율신경이 제대로 작동하지 않으면 민무늬근도 제 역할을 하지 못해 몸 상태가 나빠질 수 있다.

심장 근육은 무엇이 다를까?

| 심장 근육 이야기 |

심장 근육(심근)은 자기 의지로 움직일 수 없다.

세 가지만 알면 나도 과학자!

골격근과 민무늬근의 특징을 모두 보유

심장은 심근이라는 두꺼운 근육이 벽을 이루고 있다. 온몸에 혈액을 순환시키는 펌프 역할을 하는 심근은 골격근과 민무늬근의 중간에 해당하는 특징을 가지고 있다. 심근이 이완되면 피가 흘러들어오고, 심근이 수축하면 피가 내보내진다.

조직은 골격근인데 역할은 민무늬근

심근은 조직 자체는 골격근에 가까운데, 자신의 의지로 움직일 수 없어 역할은 민무늬근에 가깝다. 심장의 움직임도 자율신경이 관장한다.

지구력은 뛰어난데 망가지면 회복 불가

심장은 쉬지 않고 계속 움직인다. 하지만 계속되는 활동에도 지치지 않는다. 골격근은 손상되어도 회복할 수 있지만, 심근은 한번 망가지면 재생되지 않는다. 심근이 망가지면 인공 심장 박동기로 자극을 주어 심장을 움직이게 할 수는 있다.

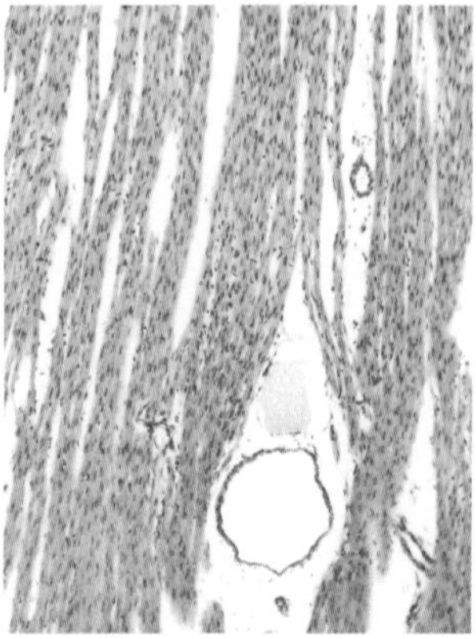

심근을 현미경으로 관찰한 모습

Day 201

어떻게 해야 근육이 커질까?

|근력 운동 이야기|

근섬유에 일시적으로 손상을 주면 회복할 때 커진다.

세 가지만 알면 나도 과학자!

운동선수들은 어떻게 근육질 몸매를 만들까?

운동선수나 보디빌더들은 울룩불룩한 근육이 돋보이는 근육질 몸매를 자랑한다. 하지만 근육질 몸매가 되려면 일시적으로 근육에 손상을 주어 망가뜨려야 한다. 망가진 근섬유가 회복되면서 이전보다 커지는 것이다.

근섬유는 쉽게 손상된다

근육을 만드는 근섬유는 한 가닥 한 가닥이 매우 얇아 조금만 움직여도 터지거나 찢어질 수 있다. 이렇게 손상된 근섬유를 단백질을 사용해 회복시킨다. 이 과정을 꾸준히 반복하면 우람한 근육을 만들 수 있다. 반대로 근육은 쓰지 않으면 점점 약해진다.

운동과 휴식 모두 중요

이런 메커니즘으로 매일 단련해도 근육은 쉽사리 커지지 않는다. 근섬유가 수복되기 전에 다시 손상되기 때문이다. 따라서 근력 운동 후에는 근육을 쉬게 하는 휴식도 중요하다.

근육통과 근육 파열이 뭘까?

|근육의 염증 이야기|

근육통은 근육에 생긴 염증이고,
근육 파열은 근섬유와 근막 일부가 찢어진 상태다.

장기
오감
대사작용
몸의 움직임
질병
네트워크

세 가지만 알면 나도 과학자!

근육통은 근육이 낫고 있다는 증거?

격렬한 운동을 하고 난 후에는 온몸이 욱신거리며 뻐근한 근육통에 시달린다. 운동으로 근육과 관절에 손상을 입어 그 부분을 치료하기 위해 염증 반응이 일어나는 거라고 추정된다. 특히 평소에 운동 습관이 없는 사람이 격렬한 운동을 하면 심한 근육통으로 고생할 수 있으니 조심하자.

근육 파열이란?

운동 중에 무리하면 장딴지와 넓적다리 등에 근육 파열이 일어날 수 있다. 근육이 크게 찢어져 격렬한 통증이 발생한다. 근육통은 몇 시간에서 며칠이면 낫지만 근육 파열은 회복 기간이 길다.

왜 장딴지에 쥐가 날까?

장딴지에 일어나는 갑작스러운 근육 경련을 흔히 '쥐가 난다'고 표현한다. 근육이 강하게 수축해서 심한 통증이 발생하는 것이다. 근육 속의 칼슘과 마그네슘의 균형이 무너지는 등의 원인이 알려져 있다.

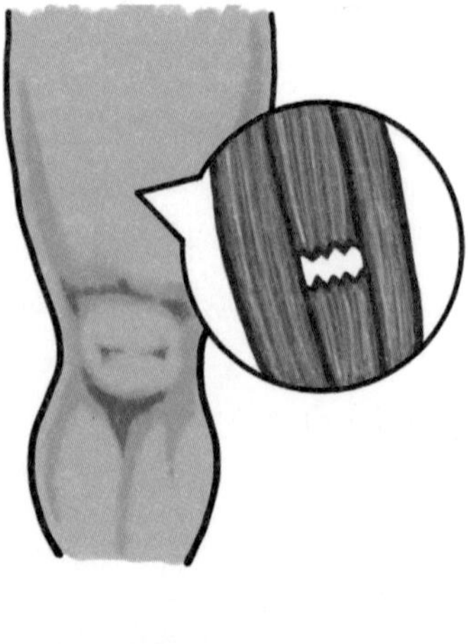

ALS는 어떤 질병일까?

| ALS 이야기 |

근위축성 측삭 경화증(ALS)은
근육을 움직일 수 없는 심각한 질환이다.

세 가지만 알면 나도 과학자!

아주 기본적인 활동도 할 수 없다

말하거나, 글씨를 쓰거나, 젓가락을 잡는 등의 동작에는 모두 근육이 관여한다. 근위축 측삭 경화증(amyotrophic lateral sclerosis, ALS)이 발병하면 근육을 쓸 수 없다. 증상이 심해지면 호흡도 할 수 없어 인공호흡기를 부착해야 한다. 현재는 원인이 명확하게 밝혀지지 않았고 완치법도 없다.

ALS는 치료할 수 없다

ALS는 이 병에 걸렸던 야구선수 루 게릭(Lou Gehrig)의 이름을 따서 '루게릭병'으로 널리 알려져 있다. 현재까지 치료 방법이 없고 증상 완화를 도와줄 뿐이다. 근육 통증과 저림에는 진통제 처방과 재활 치료를 병행하기도 한다. 호흡이 곤란할 때는 산소를 투입한다. 기관 절개로 영양을 공급하기도 한다.

ALS의 진행을 늦추는 약물도 있다

리루졸, 에다라본 등의 약물이 ALS 진행을 늦출 수 있다고 알려져 있다. 다만, 약물 효과는 개인차가 있다.

루 게릭

눈동자는 어떤 구조로 이루어져 있을까?

|눈동자 이야기|

렌즈에 해당하는 '수정체'와 필름에 해당하는 '각막'으로 이루어진 카메라와 같은 구조다.

세 가지만 알면 나도 과학자!

핵심은 '홍채', '수정체', '망막'

홍채는 눈으로 들어오는 빛의 양을 조절한다. 밝은 곳에서는 빛이 적게, 어두운 곳에서는 많이 들어오게 한다. 눈으로 들어온 빛은 수정체라는 렌즈를 통해 눈 안쪽의 망막에 상이 맺히고, 이 상이 뇌에 전달되어 사물을 볼 수 있게 해준다.

초점을 맞추는 비밀

초점을 맞추는 곳은 '수정체'를 둘러싼 '섬모체근(모양체근)'이라는 근육이다. 가까운 곳을 볼 때는 섬모체근이 수축해 수정체가 두꺼워지고 동그래져 빛을 굴절시켜 상이 또렷하게 맺힌다. 먼 곳을 볼 때는 섬모체근이 이완되어 수정체가 얇아지고 평평해져 광선을 평행하게 만들어 상을 포착한다. 수정체를 둥그렇게 감싼 것은 '유리체'라는 젤리 같은 조직이다.

망막은 평형감각 센서

망막에 있는 시세포(visual cell)는 사물의 입체감과 거리를 감지해 평형감각을 유지하는 중요한 역할을 한다.

Day **205** 오감 | 눈

색상의 차이를 어떻게 알 수 있을까?

|원뿔세포 이야기|

망막에 있는 원뿔세포가 들어온 빛의 파장을
뇌에 전달해 뇌가 색을 식별한다.

세 가지만 알면 나도 과학자!

빨간색, 파란색, 초록색을 감지하는 세 종류의 '원뿔'이 색을 식별

사실 빛은 파장 형태다. 사람의 망막에는 이 파장을 색으로 식별하는 '원뿔세포(cone cell)'가 있어 빨간색, 파란색, 초록색을 감지해 세 가지 색으로 나눈다. 원뿔이 감지한 정보를 뇌가 분석해 다양한 색을 식별할 수 있다.

사람이 선별할 수 있는 색은 약 160가지!

빨간색, 파란색, 초록색을 조합해 사람은 무려 160가지 색을 구분할 수 있다고 알려져 있다. 훈련하면 300가지 정도는 구별할 수 있다. 게다가 망막은 700만 가지 색을 구별하는 잠재력을 지니고 있다.

인간만 다양한 색을 식별한다

100가지 이상의 색을 구분할 수 있는 생물은 오직 인간뿐이다. 개 등의 동물은 두 가지 파장밖에 감지하지 못하고 구분할 수 있는 색의 수도 적다. 하지만 개는 빛의 모든 파장을 감지하는 능력이 뛰어나 어두운 곳에서도 선명하게 볼 수 있다. 개의 눈에는 사람의 모습이 어떻게 보일까?

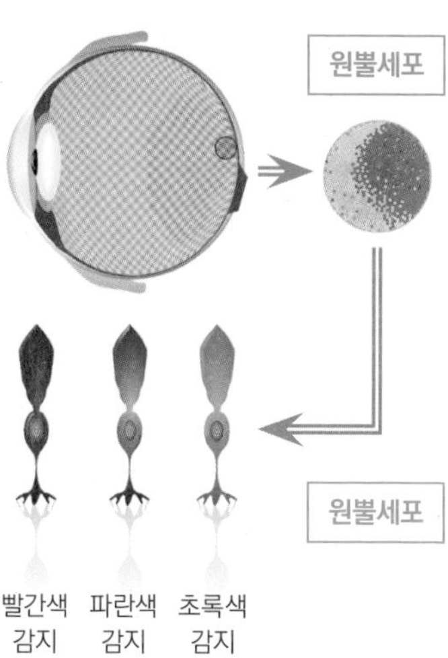

근시와 원시의 차이는 뭘까?

|근시와 원시 이야기|

먼 곳이 잘 보이지 않으면 '근시'이고,
가까운 곳이 잘 보이지 않으면 '원시'이다.

세 가지만 알면 나도 과학자!

빛의 각도를 수정체가 조절할 수 없어서 발생

눈이 침침해지는 원인은 크게 두 가지다. 한 가지는 안구의 형태가 바뀌며 망막과의 거리가 왜곡되는 경우이고, 또 한 가지는 초점을 맞추는 '수정체'라는 기관이 제 기능을 하지 못하는 경우다.

빛의 굴절률이 너무 강하면 '근시'

안구가 앞뒤로 길쭉하거나 수정체에서 빛의 굴절률이 너무 강하면 망막 바로 앞에서 초점이 잡힌다. 그러면 가까운 곳은 잘 보여도 먼 곳은 부옇게 흐려져 잘 보이지 않는다. 이런 상태를 '근시'라고 한다. 매일 같은 자세로 가까운 곳만 들여다보면 '근시'가 될 수 있다.

빛의 굴절률이 너무 약하면 '원시'

근시와 반대로 안구가 앞뒤로 짧아지거나 수정체에서 빛의 굴절률이 너무 약하면 망막보다 뒤에 초점이 잡힌다. 먼 곳도 가까운 곳도 흐릿하게 잘 보이지 않는 것이 '원시'의 특징이다. 특히, 나이가 들어 눈의 기능이 떨어져서 생기는 원시를 '노인성 원시'라고 한다.

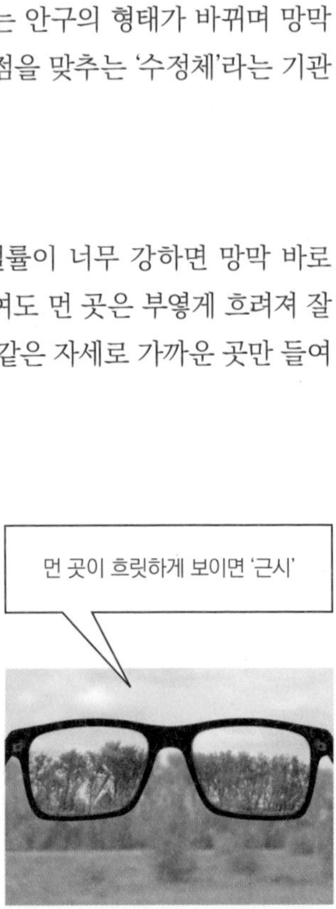

Day 207 오감 | 눈

난시가 뭘까?

|난시 이야기|

안구 표면에 굴곡이 생겨 눈의 초점이 이중으로 잡혀
사물이 흔들리는 것처럼 번져 보이는 상태다.

세 가지만 알면 나도 과학자!

눈으로 들어오는 빛이 여러 방향으로 휜다

수정체 등의 표면이 울퉁불퉁해져 빛이 한 장소에 모이지 않아 초점이 흐려지는 상태가 '난시'다. 난시가 생기면 망막에서 상이 또렷하게 맺히지 않아 사물이 흐릿하거나 겹쳐 보인다. 정도의 차이는 있지만, 사실 대다수 사람이 난시다.

선천성 정난시와 후천성 부정난시

난시가 생기는 원인은 크게 두 가지다. 태어나면서부터 수정체 등의 형태에 굴곡이 있는 '규칙 난시(정난시)'와 질병으로 인해 수정체에 굴곡이 생긴 '불규칙 난시(부정난시)'다. 규칙 난시는 각막과 수정체가 럭비공처럼 생겨 한 점에 초점을 잡지 못해 한 방향만 또렷하게 보이고 나머지 방향은 흐릿하게 보인다. 불규칙 난시는 각막 표면이 울퉁불퉁해져 초점이 잘 잡히지 않아 사물이 몇 겹으로 겹쳐 보인다.

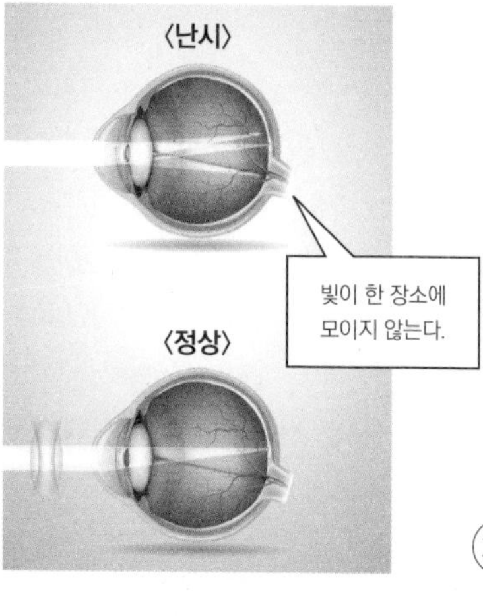

두통과 어깨결림이 생기기도

눈이 잘 보이지 않으면 어깨결림과 두통이 생기는 사람이 많다. 교정하지 않으면 난시가 계속 진행될 수도 있다.

사시가 뭘까?

| 사시 이야기 |

눈 근육에 이상이 생겨 한쪽 눈이
보고 싶은 대상에 올바르게 향하지 않는 상태다.

세 가지만 알면 나도 과학자!

두 눈이 같은 방향을 향하지 않는다!

한쪽 눈이 바깥쪽을 향하거나 안쪽을 향한 상태를 '사시'라고 한다. 어린이의 약 2퍼센트에서 관찰된다. 눈을 움직이는 근육과 신경에 이상이 있거나, 심한 근시나 원시, 머리 부상 등의 원인으로도 발생할 수 있다. 대표적인 소아 안 질환이지만, 어른이 된 후에 사시가 생기는 사람도 있다.

네 가지 사시 유형

사시에는 네 가지 유형이 있다. 안쪽을 향하는 '내사시', 바깥쪽을 향하는 '외사시', 위를 향하는 '상사시', 아래를 향하는 '하사시'가 있다.

사시는 사물을 입체적으로 보기 어렵다

정상적인 사람은 좌우 두 눈으로 본 대상을 뇌에서 하나로 합친다. 그러나 사시가 있으면 이 기능이 제대로 작동하지 않아 사물이 이중으로 겹쳐 보이거나 입체적으로 볼 수 없다. 사시를 교정하지 않으면 약시가 될 수 있다. 조기에 발견해 안경으로 교정하거나 수술로 치료할 수 있다.

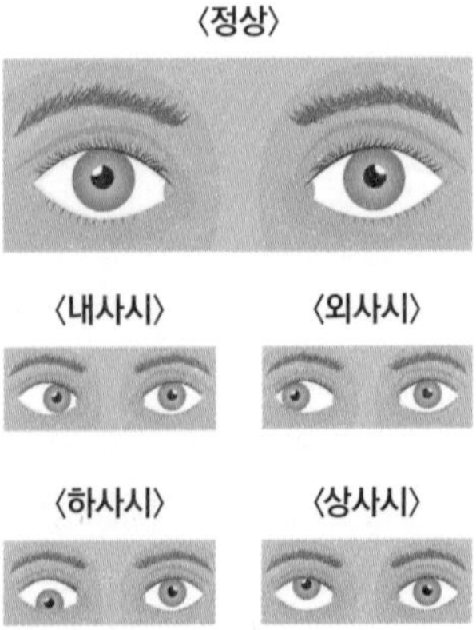

노안이 뭘까?

|노안 이야기|

나이를 먹어 수정체가 딱딱하게 굳으며
가까운 대상에 초점이 잘 잡히지 않는 상태다.

세 가지만 알면 나도 과학자!

수정체의 탄력이 사라진다?

나이를 먹으면 수정체의 탄력이 사라지며 초점을 조절할 수 있는 범위가 줄어든다. 가까운 물체가 잘 보이지 않는 사람이 많고, 반대로 먼 곳이 잘 보이지 않는 사람도 간혹 있다. 마흔 살이 넘은 시점부터 노안이 생기는 사람이 많다.

신문 등 작은 글씨가 잘 보이지 않는다

할아버지나 할머니가 글자를 읽을 때 멀찌감치 들고 보는 모습을 본 적이 있을 것이다. 특히 어두운 곳에서는 작은 글씨가 잘 보이지 않는다. 눈이 쉽게 피로해지고, 어깨결림과 두통 등의 증상이 부수적으로 나타날 수 있다.

누구에게나 나타날 수 있다

노안은 노화에 따른 자연스러운 현상이므로 누구에게나 나타날 수 있다. '근시인 사람은 노안이 오지 않는다'는 속설은 거짓이다! 노안은 누구도 피할 수 없다. 특히 평소에 작은 글씨나 물체를 계속 들여다보는 직업을 가진 사람이나 컴퓨터를 많이 사용하는 사람은 조금 더 빨리 나타날 수 있다.

Day 210 오감 | 눈

눈물은 어디서 나올까?

|눈물 이야기|

눈꺼풀 안쪽 위에 있는 눈물샘에서 만들어져, 눈자위가 열려 있는 눈물점으로 나온다.

세 가지만 알면 나도 과학자!

눈물은 눈을 지키는 것이 중요한 임무

눈물샘에서 만들어진 눈물(하루에 약 1밀리리터)이 항상 눈 표면을 흐르고 있다. 건조함을 방지하고 먼지나 이물질을 씻어낸다. 라이소자임(lysozyme)이라는 성분으로 되어 있어 눈에 들어오는 세균을 죽이고 각막에 산소와 영양분을 공급하는 역할을 한다. 슬플 때는 자율신경이 작용해 기분을 안정시키기 위해 눈물이 나온다.

눈물을 유분으로 감싸 건조 방지

속눈썹 뿌리 부근에 있는 마이봄샘(meibomian gland)에서 유분이 분비되어 눈물 위를 덮고 있다. 이 유분이 눈물 증발을 막아 눈 표면이 건조해지지 않는다.

【눈물이 나와서 콧물이 되기까지】

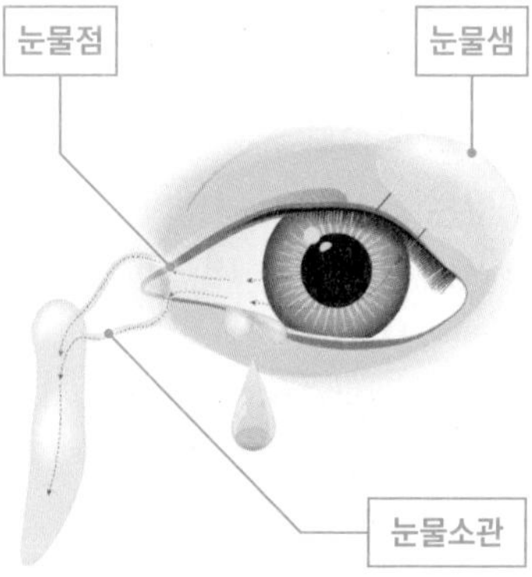

오래된 눈물은 코로 흘러간다

안구를 촉촉하게 적신 눈물은 오래되면 눈자위가 열려 있는 눈물점에서 눈물소관으로 들어가 코 쪽으로 흘러간다. 코로 가기 전에 대부분 증발하는데, 울었을 때처럼 눈물이 많이 분비되면 그대로 콧물이 된다.

우뇌와 좌뇌는 무엇이 다를까?

|우뇌와 좌뇌 이야기|

좌뇌는 언어와 계산을, 우뇌는 공간과 방향을 파악하거나 영감을 떠올리는 일을 담당한다.

세 가지만 알면 나도 과학자!

몸의 오른쪽 절반은 좌뇌, 왼쪽 절반은 우뇌가 지배

대뇌는 좌우로 나뉘어 있다. 몸 오른편 신경은 좌뇌로, 왼편 신경은 우뇌로 연결되어 있다. 예를 들어, 오른손을 움직여 공을 잡을 때는 좌뇌가 오른손에 움직이라고 명령을 내리고, 공이 둥그런지 미끌미끌해서 잘 잡히지 않는지 등을 판단한다.

좌우 대뇌에서 잘하는 일이 다르다

운동 등은 양쪽 대뇌에서 같이 작동하지만, 언어와 방향 감각은 뇌 위치의 영향을 받는다. 좌뇌는 언어와 계산 등 논리적으로 사고하는 일이 특기다. 반대로 우뇌는 눈으로 보고 공간과 방향을 인식 혹은 상상하거나, 영감을 떠올리거나, 영상으로 사고한다. 좌우 대뇌는 '뇌들보'라는 신경 다발로 이어져 있고 양쪽 뇌가 서로 협력한다.

'언어 뇌'가 우뇌에 있는 사람도 있다

좌뇌는 '언어 뇌'라는 별명으로도 불린다. 하지만 언어를 관장하는 언어 중추가 우뇌에 있는 사람도 있다. 그러나 오른손잡이의 90퍼센트 이상, 왼손잡이의 약 60퍼센트가 좌뇌에 언어 중추가 있다.

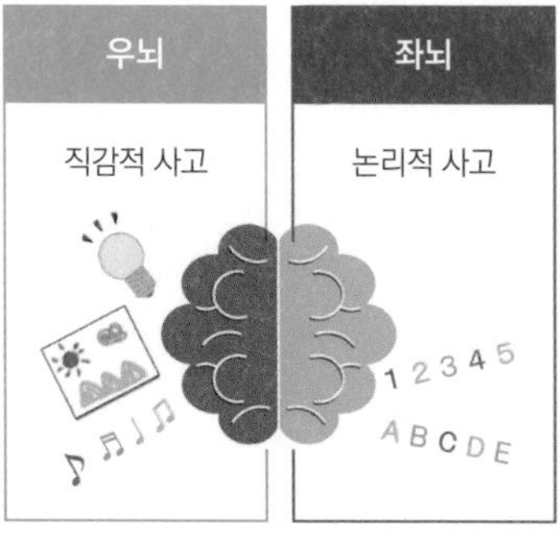

뇌척수액이 뭘까?

|뇌척수액 이야기|

뇌에 영양을 공급하고 불필요한 물질을 깨끗하게 치운다.

세 가지만 알면 나도 과학자!

뇌는 엄청난 먹보

다른 신체 부분과 비교해 뇌는 영양이 많이 필요하다. 1분에 무려 700밀리리터나 되는 혈액량이 뇌에 공급된다. 혈액에서 뇌에 필요한 포도당과 산소를 흡수해 뇌척수액이 뇌 구석구석으로 운반한다.

뇌척수액은 무색투명하고 냄새가 없다

뇌척수액은 무색투명한 액체로, 아무 냄새도 나지 않는다. 척수액은 뇌실계와 거미막밑공간 안을 일방통행으로 흐르며 역류하지 않는다. 만약 뇌 속에서 몸에 나쁜 물질이 생기면 바로 뇌척수액이 뇌 밖으로 내보낸다. 하루에 만들어지는 뇌척수액은 어른이나 아이나 대략 500밀리리터로 비슷하며, 하루에 3~4회 교체된다.

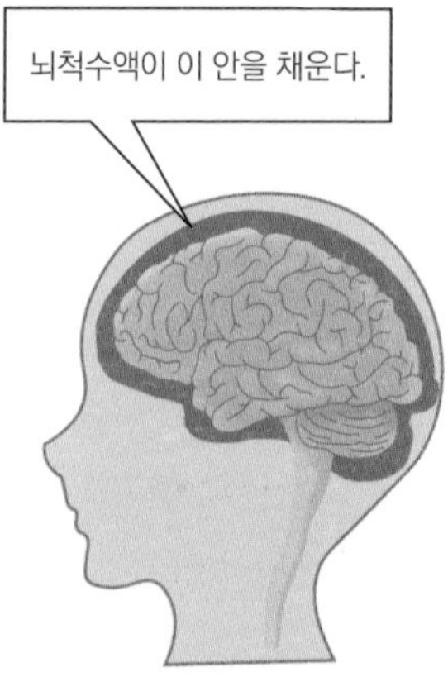

알코올도 운반하는 게 약점

뇌에는 유해 물질을 막아주는 특별한 문(혈액뇌장벽)이 있어, 바이러스와 세균 등 뇌에 해로운 침입자를 들여보내지 않는다. 그런데 알코올은 통과시킨다. 그래서 술을 많이 마시면 알코올로 뇌가 마비되어 취하는 것이다.

Day 213

전두엽은 무슨 일을 할까?

|전두엽 이야기|

운동과 감정, 사고를 관장하는 뇌의 사령탑 역할을 한다.

세 가지만 알면 나도 과학자!

대뇌피질 앞에 있어 전두엽

이마에 손 댔을 때 느껴지는 머리뼈 바로 너머에 전두엽이 있다. 뇌는 대뇌피질이라는 신경세포가 모인 조직(회백질)으로 감싸여 있다. 대뇌피질의 3분의 1을 차지하는 전두엽은 운동과 언어, 감정을 관장한다.

뇌가 몸을 움직인다

대뇌피질은 부위마다 역할이 각각 다르다. 가령 전두엽의 운동영역은 근육을 신장하거나 수축하라는 명령을 내린다. 운동성 언어영역(브로카 영역)은 말하거나 글씨 쓰는 능력을 관장한다. 그래서 브로카 영역이 손상되면 언어 장애가 생긴다.

전두엽 연합영역은 뇌의 최고사령관!

전두엽 연합영역은 운동영역 등 뇌의 각 부분(영역)에서 보내온 정보를 바탕으로, 생각하거나 계획을 세우거나 새로운 아이디어를 떠올린다. 전두엽 연합영역이 발달한 덕분에 인간관계를 유지하는 등 인간다운 행동을 할 수 있다.

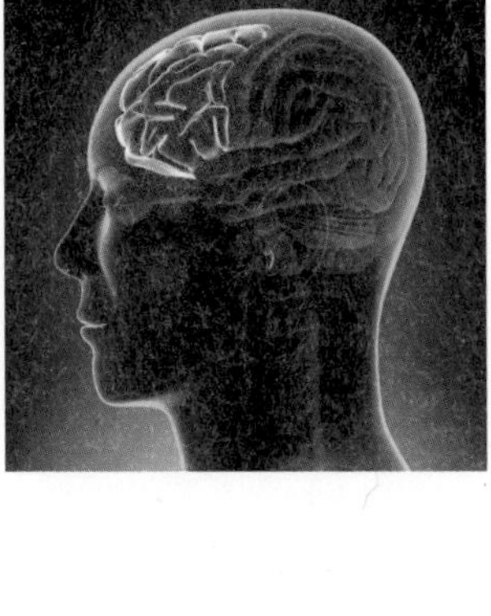

Day 214 네트워크 | 뇌

두정엽은 무슨 일을 할까?

|두정엽 이야기|

통증과 온도, 소리를 인식하는 부위다.

세 가지만 알면 나도 과학자!

손으로 만진 감각을 뇌로 인식

어떤 물체를 만지면 부드러운지, 까슬까슬한지, 차가운지 감촉을 다양하게 느낄 수 있다. 피질과 근육, 관절 등 온몸에서 보낸 감각을 뇌의 두정엽이 받아들여 어떤 상태인지 인식한다.

오감은 모두 뇌로 인식

손과 귀로 느낀 감각은 신경을 거쳐 대뇌의 각 감각 중추에 전달된다. 소리는 청각영역, 손으로 만진 촉감은 체성감각 수용영역이 정보를 받아들여 신체 감각을 인식한다. 그리고 근육과 관절이 중력을 느껴 두정엽에서 우리가 똑바로 서 있는지 판단한다.

온몸에서 느낀 정보로 공간 파악

눈과 귀, 피부 등이 느낀 정보는 두정엽 연합영역으로 보내진다. 두정엽 연합영역은 모아진 정보를 바탕으로 대상과의 거리가 어느 정도인지, 어느 방향에 있는지, 지금 어떤 자세인지 등 공간 정보를 파악한다. 따라서 두정엽 연합영역이 손상되면 입체감과 방향감각을 인지할 수 없다.

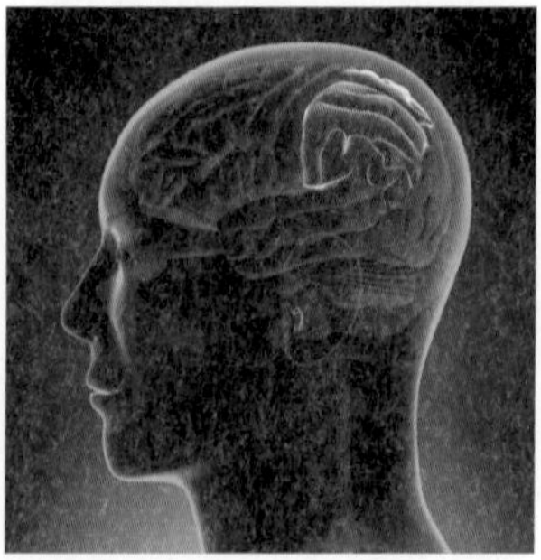

측두엽은 무슨 일을 할까?

|측두엽 이야기|

귀로 들은 소리와 눈으로 본 대상을 인식한다.

세 가지만 알면 나도 과학자!

귀로 들은 정보를 분석

귀로 들어온 소리는 전기 신호가 되어 청신경을 거쳐 청각영역에 전해진다. 청각영역에서는 과거의 기억 및 지식 등을 바탕으로 무슨 소리인지 판단한다. 또 좌우 귀로 들어온 소리의 차이를 분석해 어디서 소리가 들렸는지 파악한다.

눈과 귀의 정보를 통합하는 측두엽 연합영역

눈으로 본 대상과 귀로 들은 정보는 측두엽의 측두엽 연합영역에 모인다. 측두엽 연합영역은 소리와 색, 형태를 판단한다. 그리고 그 정보를 취합해서 어떤 얼굴의 사람인지, 어떤 물건인지 머릿속에서 이미지를 만든다. 왼쪽 측두엽에는 글자와 말을 이해하는 능력과 관계된 언어 중추(베르니케 영역)도 있다.

측두엽 연합영역 때문에 꿈을 꾼다

밤에 잠을 자는 동안 꿈을 꿀 때가 있다. 측두엽 연합영역이 눈으로 본 대상을 기억하고 있기에 꿈을 꿀 수 있다. 측두엽 연합영역에 약한 전기 자극이 흐르면 과거의 사건이 영상처럼 생생하게 되살아난다는 사실이 실험으로 입증되었다.

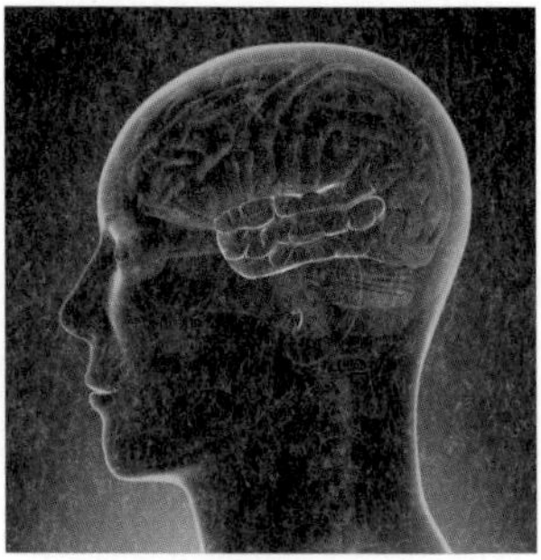

후두엽은 무슨 일을 할까?

|후두엽 이야기|

후두엽에는 눈으로 본 대상을 인식하는 시각영역이 있다.

세 가지만 알면 나도 과학자!

눈으로 본 정보가 모이는 시각영역

눈으로 들어온 정보는 후두엽의 1차 시각영역에서 대상의 움직임, 깊이, 색, 형태 등의 요소로 분류된다. 이들 정보와 시각 이외 감각과 과거 기억으로 무엇을 보았는지 분석해 '○○를 보았다'고 인식한다.

왼쪽의 빛은 우뇌로, 오른쪽의 빛은 좌뇌로

양 눈 모두 왼쪽으로 들어온 빛은 우측 망막에, 오른쪽으로 들어온 빛은 좌측 망막에 맺힌다. 그리고 각각 오른쪽 시각영역, 왼쪽 시각영역으로 정보를 보낸다. 실제로 보이는 대상과 반대쪽 시각영역에 전달되므로 '시교차'라고 한다.

보이지 않는데 보인다!?

안구에 문제가 없어도 후두엽의 시각영역이 손상되면 앞이 보이지 않는다. 그런데 날아오는 물체를 피하는 등의 반응을 보일 수 있다. 이는 눈의 정보가 대뇌피질에도 전달되기 때문이라고 한다. 시각영역이 손상되어 보이지 않는데 무의식적으로 자극에 대처하는 현상을 '맹시(盲視)'라고 한다.

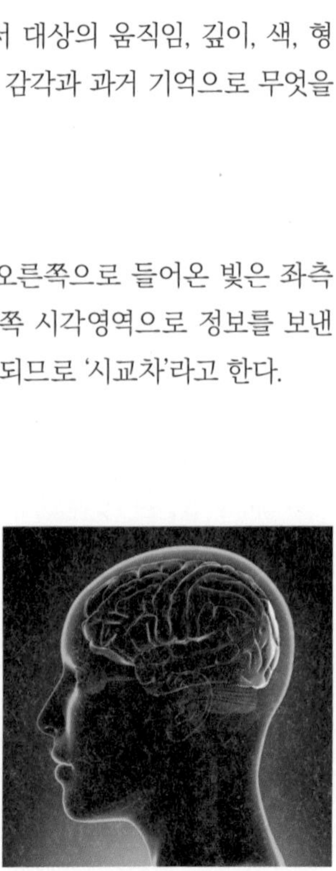

Day 217 네트워크 | 뇌

시상하부가 뭘까?

| 시상하부 이야기 |

자율신경과 성장 호르몬 등을 관장하는 부위다.

세 가지만 알면 나도 과학자!

몸 상태를 언제나 일정하게 유지해주는 사령탑

우리가 잠자는 동안에도 줄곧 심장이 움직이고, 호흡하고, 음식물을 소화한다. 시상하부는 이러한 생명 활동에 중요한 호흡과 혈압, 맥박, 체온 등을 조절하는 자율신경에 지시를 내린다.

체온이 항상 36~37도를 유지하도록 조절

피부에 있는 센서가 '덥다'고 느끼면 시상하부가 명령을 내려 땀이 나고 몸에서 열을 방출한다. 반대로 '춥다'고 느끼면 피부의 모공을 닫거나 근육을 부들부들 떨어 체온을 올린다. 그래서 건강할 때는 항상 체온이 36~37도로 일정하게 유지될 수 있다.

뇌하수체에 성장 호르몬을 방출하라고 명령!

성장 호르몬은 뼈를 자라게 하거나 근육 발달에 관여하는 물질이다. 시상하부는 성장 호르몬을 분비하는 뇌하수체에 명령해서 호르몬의 양을 늘리거나 줄인다. 참고로, 뇌하수체는 부신피질 자극 호르몬, 항이뇨 호르몬 등 다양한 호르몬을 분비한다.

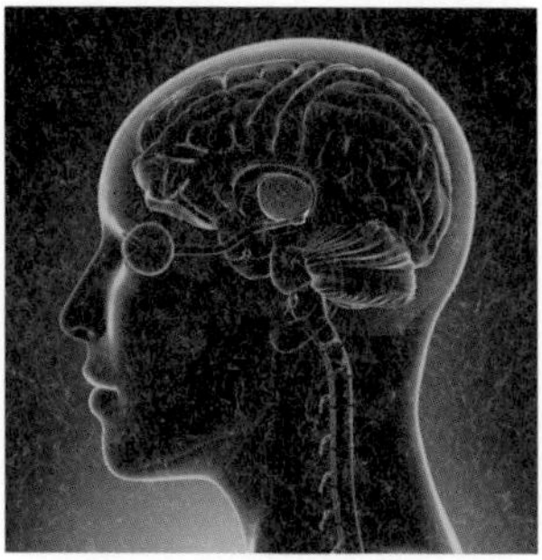

대장은 무슨 일을 할까?

|대장 이야기|

소장에서 보낸 음식물 찌꺼기에서 수분을 흡수해 대변을 만든다.

세 가지만 알면 나도 과학자!

대장은 맹장, 결장, 직장이 이어져 있다

입으로 들어온 음식물이 마지막에 통과하는 지점이 대장이다. 소장에 가까운 쪽부터 맹장, 결장, 직장으로 나눌 수 있다. 전체 길이는 1.5미터가량의 관으로, 소장을 빙 둘러 감싸고 있다. 맹장이 약 5센티미터, 직장이 약 15센티미터이고, 대부분이 결장이다.

이상적인 대변은 수분 70~80퍼센트

대장의 주요 역할은 소장에서 영양분을 흡수하고 남은 음식물 찌꺼기에서 수분을 흡수해 대변을 만드는 것이다. 소장으로 들어온 음식물은 거의 액체인데, 대장을 통과할 때 대장에서 수분을 흡수해 수분 70~80퍼센트 수준의 이상적인 대변이 만들어진다.

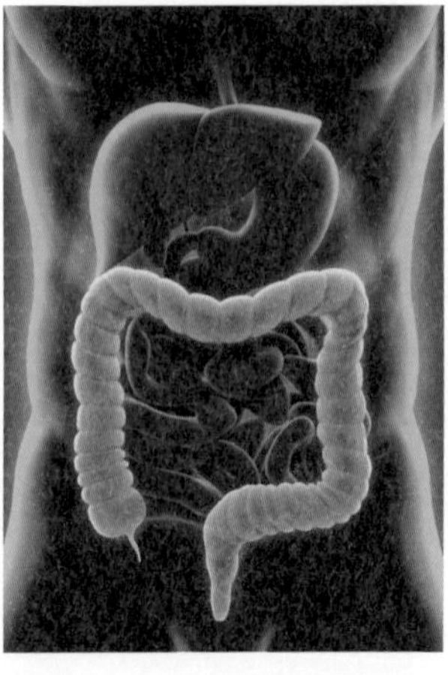

장을 통과하는 속도로 대변 상태가 달라진다

어떤 이유로 대장을 통과하는 속도가 너무 빠르면 설사가 되고, 너무 느리면 변비가 된다. 대변으로 나오는 것은 우리가 먹은 양의 겨우 10퍼센트밖에 안 된다.

결장은 무슨 일을 할까?

|결장 이야기|

대장의 대부분을 차지하는 결장은 수분을 흡수해 대변을 만든다.

세 가지만 알면 나도 과학자!

배를 빙 돌며 에워싸고 있는 결장

대장 대부분이 결장이다. 결장은 '디귿자(ㄷ)'를 아래로 세운 모양이다. 오른쪽 아랫배에서 위쪽을 향해 달리는 오름잘록창자, 배꼽 높이를 오른쪽에서 왼쪽으로 가로지르는 가로잘록창자, 왼쪽 아랫배를 지나는 내림잘록창자, 구불잘록창자, 이렇게 네 부분으로 나눌 수 있다.

수축과 이완을 반복하며 수분을 짜낸다

대장 벽에는 일정한 간격으로 불룩 나온 부분과 쑥 들어간 부분이 있어 근육이 수축과 이완(분절 운동)을 반복하며 수분을 짜내 흡수한다. 이렇게 해서 구불잘록창자에 도착할 무렵이 되면 덩어리진 대변이 만들어진다. 음식물이 대장에 들어가고 나서 대변이 되기까지 대략 하루가 걸린다.

점액으로 대변을 부드럽게 움직인다

결장의 점막은 미끈미끈하다. 표면에는 수많은 구멍이 나 있는데, 그 구멍에서 끈적끈적한 점액을 분비해 대변이 미끄러지듯 지나가게 만든다.

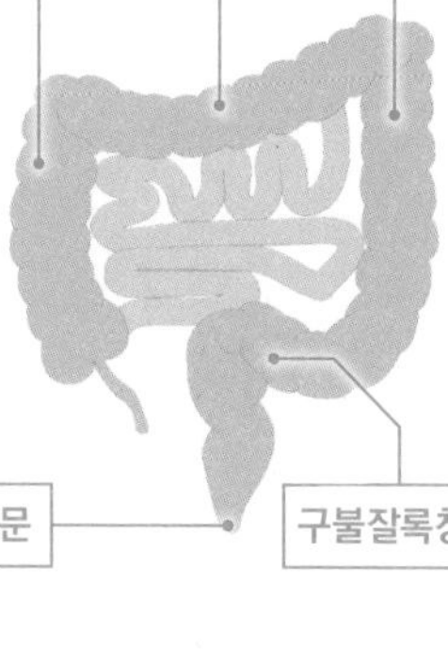

직장은 무슨 일을 할까?

|직장 이야기|

결장에서 만들어진 대변을 직장에서 일시적으로 저장한다.

세 가지만 알면 나도 과학자!

이름은 직장(直腸)이지만 똑바르지 않다

직장은 S자 결장에서 항문까지 이어진 15센티미터가량의 장으로, 소화기계 장기 마지막 부분이다. 정면에서 보면 이름처럼 쭉 곧은 모양인데, 옆에서 보면 엉치뼈를 따라 등 쪽으로 부풀듯 커브를 그리고 있다.

대변을 잠시 저장하는 공간

직장에 들어가기 전에 대변이 완성되어 직장에서는 소화·흡수 작용이 일어나지 않는다. 대변이 대장 안에 들어오면 직장 아래쪽에 있는 약간 널찍한 '직장 팽대부(rectal ampulla)'에서 일시적으로 저장한다.

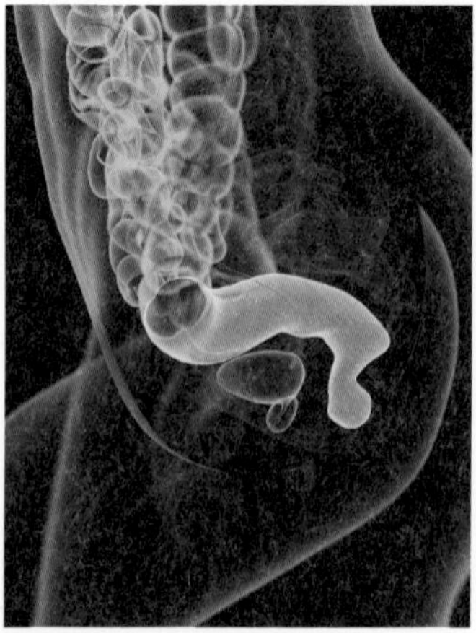

대변이 쌓이면 화장실에 가고 싶어진다

대변이 어느 정도 쌓이면 직장 벽이 잡아당겨지며 늘어난다. 그러면 뇌에 신호가 전달되어 '화장실에 가고 싶다'는 기분이 든다. 화장실에 가지 않고 오랫동안 참으면 수분 흡수가 진행되어 변이 딱딱해지면서 변비가 생길 수 있다.

맹장이 뭘까?

|맹장 이야기|

대장 입구에 있으며, 소화·흡수에는 그다지 관여하지 않는다.

세 가지만 알면 나도 과학자!

맹장은 소화·흡수와 거의 관계없다

맹장은 대장 입구, 소장과 이어진 부분에 있다. 소장과 맹장 사이에 있는 '회맹판'이 뚜껑 역할을 해 음식물이 역류하지 않는다. 사람의 맹장은 음식물의 소화·흡수에 거의 관여하지 않는다.

초식동물은 맹장이 발달해 있다

초식동물은 맹장 속에 작은 미생물이 많이 서식하며 풀의 소화를 돕는다. 그래서 초식동물은 맹장이 발달해 있다. 사람의 맹장보다 훨씬 길다. 예를 들어, 소화가 잘되지 않는 유칼립투스 잎을 주식으로 먹는 코알라는 맹장이 2미터나 된다.

흔히 맹장이 아프다고 하면 '충수염'

맹장 앞에는 '충수'라는 툭 튀어나온 돌기가 있다. 이 부분이 부으면 충수염이 생긴다. 일반적으로 충수염을 '맹장염'이라고 부르다 보니 헷갈리는 사람이 많다. 충수처럼 특별한 역할이 없는데 남아 있는 기관을 '흔적 기관'이라고 한다.

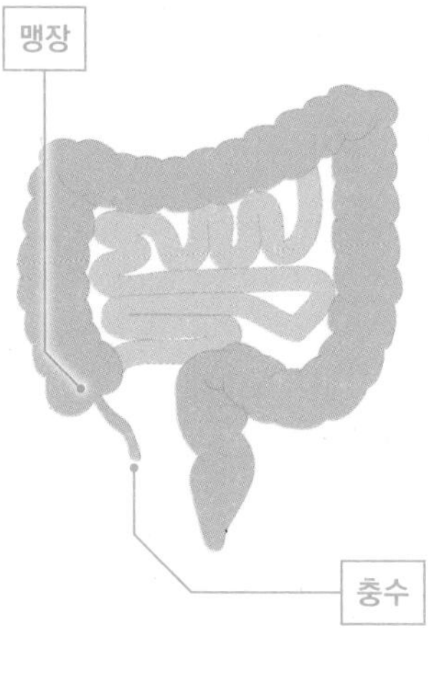

장기
오감
대사 작용
몸의 움직임
질병
네트워크

충수염은 어떤 질병일까?

|충수염 이야기|

맹장에 있는 충수가 붓거나 감염되어 통증이 발생하는 질병이다.

세 가지만 알면 나도 과학자!

벌레가 늘어진 모양처럼 보인다고 해서 붙은 이름

맹장 벽에는 5~6센티미터가량의 툭 튀어나온 부분이 있다. 벌레가 축 늘어져 있는 모습 같다고 해서 '충수(蟲垂)'라는 이름이 붙었다. 충수의 역할은 잘 알려져 있지 않은데, 면역과 관계된 세포와 장내 세균이 저장되어 있을 것으로 추정된다.

충수염은 충수가 부으며 통증이 생기는 병

주변에서 누군가 '맹장염에 걸려서 수술했다'는 이야기를 들어본 적이 있을 것이다. 충수에 세균 등이 들어가 면역 작용이 과도해지면 붓거나 감염되어 복통과 발열 증상이 발생한다. 이러한 증상을 정식으로 '충수염'이라고 한다.

치료법은 크게 두 가지

증상이 가벼운 충수염은 약으로 다스릴 수 있다. 하지만 증상이 진행되었을 때는 충수를 떼어내는 수술을 해야 한다. 충수염을 방치하면 장기에 구멍이 뚫리며(천공) 복강 내에 고름이 퍼져 위험해진다.

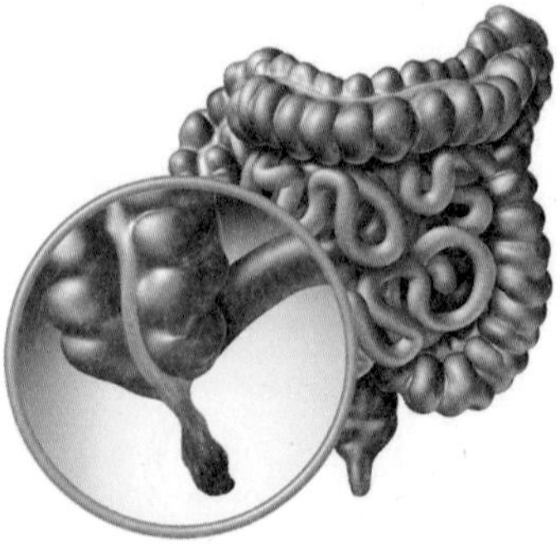

용종이 뭘까?

|용종 이야기|

몸 표면 일부가 혹처럼 불룩 튀어나온 돌기를 가리킨다.

세 가지만 알면 나도 과학자!

점막에 혹처럼 튀어나온 부분이 '용종'

대장 점막에 혹처럼 튀어나온 돌기를 '대장 용종(polyp)'이라고 한다. 암으로 진행되지 않는 '비종양성 용종'과 암으로 진행할 가능성이 있는 '종양성 용종'으로 크게 나눌 수 있다. 생활 습관과 유전적 요인이 주원인으로 추정된다.

자각 증상이 없는 경우가 많다

작은 용종은 대개 자각 증상이 없다. 크기가 커지면 출혈이 이어져 대변에 피가 섞여 나오는 혈변을 볼 수 있다. 드물게 용종이 대장을 막아 장폐색을 일으키거나 용종이 항문으로 튀어나오는 사례도 있다.

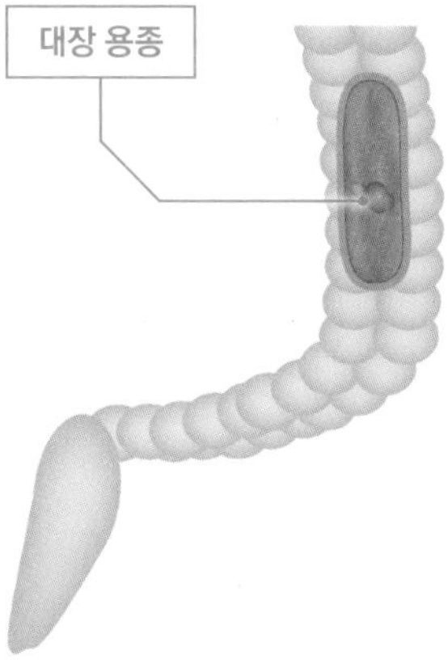

장의 용종은 암으로 진행하기 쉽다

장에 생기는 용종은 위의 용종과 달리 암으로 진행하는 사례가 많다. 조기에 발견하기 위해서는 정기 검진이 중요하다. 참고로, 소장과 위의 소화기 외에 목의 성대에도 용종이 생길 수 있다.

대장 질환에는 어떤 종류가 있을까?

| 대장 질환 이야기 |

대장암, 염증성 장 질환, 과민성 대장 증후군 등 다양한 종류가 있다.

세 가지만 알면 나도 과학자!

서구형 식생활이 질병의 원인

식생활이 서구화됨에 따라 1990년대 무렵부터 대장 관련 질환이 증가하는 추세다. 대장암 외에도 장폐색, 대장 용종, 궤양성 대장염, 크론병, 과민성 대장 증후군 등이 있다.

한국인의 대장암 발병률은 세계 1위

WHO 산하 국제 암연구소(IARC)가 세계 184개국을 대상으로 조사한 '세계 대장암 발병 현황'에 따르면 한국인은 10만 명당 45명으로 대상 국가 중 가장 높다. 대장암은 대장의 어느 부위에서나 발병할 수 있는데, S자 결장과 직장에서 발병하는 경우가 많다. 또 종양과 염증은 없는데 설사와 복통이 몇 개월간 지속되는 과민성 대장 증후군을 앓는 젊은 세대가 증가하고 있다.

원인불명 난치병도 계속 증가

장에 염증을 일으키는 염증성 장 질환, 그중에서도 궤양성 대장염과 크론병은 원인불명으로 장기간 치료가 필요하다. 질병관리청에서도 만성 재발성 질환으로 분류해 관리하고 있다.

치아는 무엇으로 이루어져 있을까?

|치아의 구조 이야기|

약간 부드러운 '상아질'을 단단한 '에나멜질'이 감싸고 있다.

세 가지만 알면 나도 과학자!

잇몸 위아래 강도가 다르다

'치아'라는 말을 들으면 잇몸 위에 있는 왕관처럼 생긴 하얀 부분(치관crown)이 떠오른다. 그런데 우리 눈에 보이지 않는 잇몸 아래에도 치아 뿌리(치근tooth root)가 숨겨져 있다. 치관과 치근은 표면을 덮고 있는 물질의 재질이 달라 강도가 서로 다르다.

치관 표면은 우리 몸에서 가장 단단하다

치관 표면은 '에나멜질'이 덮고 있어 우리 몸에서 가장 단단하다. 딱딱한 과자도 깨물어 먹을 수 있다. 잇몸 아래 있는 치근 표면은 '시멘트질'로 덮여 있다. 시멘트질은 뼈와 같은 재질이다. 치아가 하얗게 보여도 에나멜질은 무색이며 반투명하다.

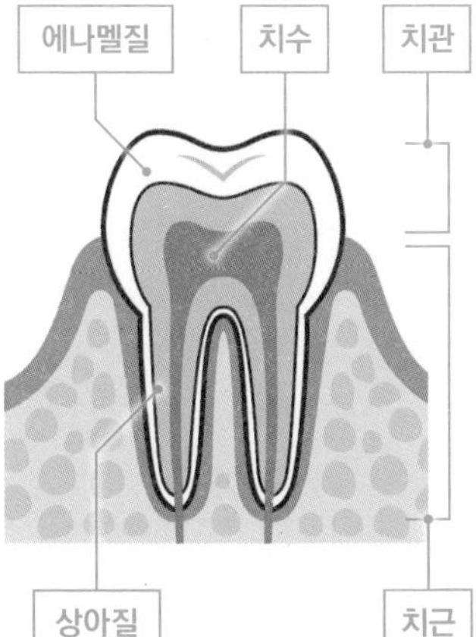

치아는 '치수'에서 영양을 공급받는다

에나멜질과 시멘트질 안쪽에는 '상아질'이라는 살짝 부드러운 부분이 있다. 그 안에는 '신경'과 '혈관'이 지나는 '치수(齒髓, dental pulp)'가 있는데, 치아는 이 치수를 통해 혈관에서 영양분을 공급받는다.

치열이 고른 사람과 나쁜 사람의 차이는 뭘까?

|치열 이야기|

부모에게서 물려받은 유전과 태어난 후의 행동으로 치열이 변한다.

세 가지만 알면 나도 과학자!

치열도 유전

빙긋 웃었을 때 가지런하고 아름다운 이가 드러나는 사람이 있는가 하면, 상대적으로 치열이 고르지 않은 사람이 있다. 얼굴과 키가 아버지와 어머니를 닮듯, 치열도 부모에게서 '유전'되는 부분이 크다고 알려져 있다.

평소 식사와 습관도 치열에 영향

유전 이외 요소로 식사와 평소 습관도 치열과 관계있다. 부드러운 음식만 먹어 턱이 발달하지 않으면 치아가 제대로 자리 잡을 공간이 부족해 치열이 삐뚤빼뚤해질 수 있다. 손가락을 빨거나 앞니 뒤를 혀로 누르는 습관도 치열을 나쁘게 만든다.

치열이 좋아지는 방법

치열이 나쁘면 칫솔질을 해도 잘 닦이지 않는 부분이 있어 충치가 생길 수 있다. 또 치열이 고르지 않으면 발음이 부정확할 수 있다. 치과에 가서 치열을 교정하면 좋아질 수 있다. 치열이 바르면 씹는 힘(저작력, 교합력)이 강해져 운동할 때도 효율적으로 힘을 끌어낼 수 있다.

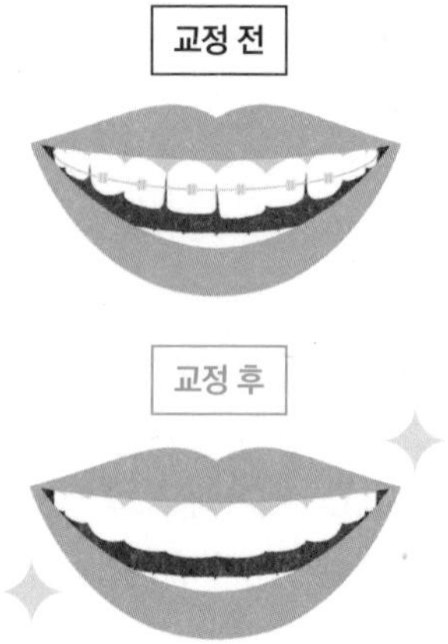

사랑니가 뭘까?

| 사랑니 이야기 |

어금니가 다 난 뒤 성년기에 맨 안쪽 끝에 새로 나는 작은 어금니다.

세 가지만 알면 나도 과학자!

맨 안쪽에 뒤늦게 나는 사랑니

입안 가장 안쪽에 나는, 위아래 합쳐 네 개의 치아가 '사랑니'다. 세 번째로 큰 어금니(대구치)라고 해서 전문 용어로 '제3대구치'라고 한다. 성인의 치아(영구치)는 열다섯 살 무렵에 나는데, 사랑니는 대체로 10대 후반에서 20대에 난다. 간혹 30~40대에 뒤늦게 나는 사람도 있다.

잘못 나면 뽑아야 한다

모든 사람이 사랑니가 나지는 않는다. 하나도 나지 않는 사람도 있고, 똑바로 나지 않고 옆으로 누워서 나는 사람, 잇몸 속에 묻혀 있는 사람도 있다. 사랑니가 잘못 나면 충치나 통증이 생길 수 있어 힘들게 잇몸을 비집고 올라온 사랑니를 뽑아야 하는 경우도 있다.

세 번째 어금니로 보탬이 되기도

날 때도 아프고 나고 나서도 골칫거리라서 사랑니가 없으면 좋겠다고 생각하는 사람이 많다. 하지만 사랑니도 제대로 나면 씹을 수 있고, 다른 어금니가 없을 때 역할을 대신할 수도 있다.

충치가 생기면 왜 아플까?

|충치 이야기|

치아 표면이 녹아 '상아질'에 덮인 신경이 드러나며 통증이 생긴다.

세 가지만 알면 나도 과학자!

에나멜질이 녹으면 상아질이 겉으로 드러난다

치아는 단단한 에나멜질로 덮여 있어 딱딱한 음식을 씹어 먹어도 멀쩡하다. 그런데 충치가 생기면 에나멜질이 녹아 안쪽의 상아질이 겉으로 드러난다. 상아질이 노출되면 작은 자극에도 불편함이나 통증을 느낄 수 있다.

충치균은 단 음식을 사랑한다

우리 입안에 사는 충치균은 음식물 찌꺼기에 들어 있는 '당분'을 먹이로 삼아 '산'이라는 물질을 만든다. 이 산에 치아 표면의 에나멜질이 녹는다. 단 음식에는 충치균이 사랑하는 당분이 잔뜩 들어 있다.

달콤한 간식을 먹은 후 이를 닦지 않으면 충치가 생길 수 있다. 다행히 입속의 침이 산을 씻어내 충치 예방을 돕는다.

충치를 방치하면 구멍이 커진다

충치를 치료하지 않고 방치하면 상아질이 녹아 '치수'까지 구멍이 뻥 뚫린다. 그러면 입안에 들어온 음식과 음료가 신경에 직접 닿아 통증이 생긴다.

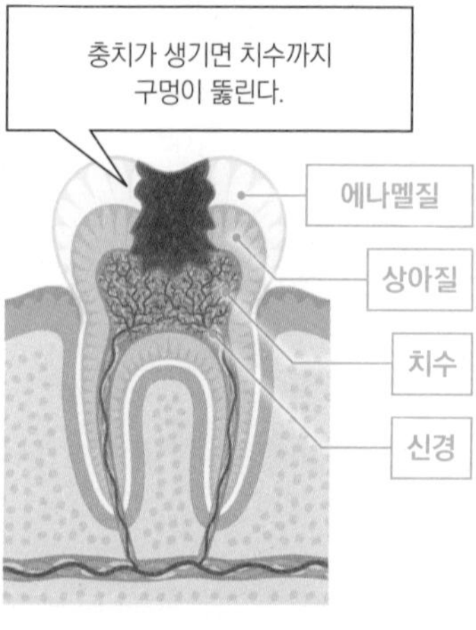

치주 질환이 뭘까?

|치주 질환 이야기|

치아 주위의 잇몸이 붓거나 치아를 지탱하는 뼈가 녹는 질환이다.

세 가지만 알면 나도 과학자!

치아를 떠받치는 버팀대 부분이 망가지는 질환

충치는 치아 자체가 표면부터 부식되는 질환이다. 흔히 풍치라고 하는 치주 질환은 치아가 아니라, 치아를 떠받치는 주위 잇몸(치은)과 뼈(치조골, 이틀뼈)가 점점 망가지는 질환이다.

치주 병균이 증가하며 조짐을 보인다

치주 질환의 원인이 되는 치주 병균이 치아와 잇몸 사이에 들어가 점점 늘어나면 잇몸이 붓는다. 이것을 '치은염'이라고 한다. 치은염이 진행되면 잇몸이 내려앉고, 더 심하면 치아를 떠받치는 뼈까지 녹는다. 치주 병균은 100종류가 넘는다.

치아 결손 원인 1위!

치아를 지탱하는 뼈가 없어지면 치아가 헐거워지며 흔들린다. 그러다가 더는 버틸 수 없으면 빠져버린다. 성인은 치아가 빠지면 새로 나지 않기 때문에 큰일이다. 치주 질환은 어른이 치아를 상실하는 원인 1위를 차지할 정도로 무시무시한 질환이다.

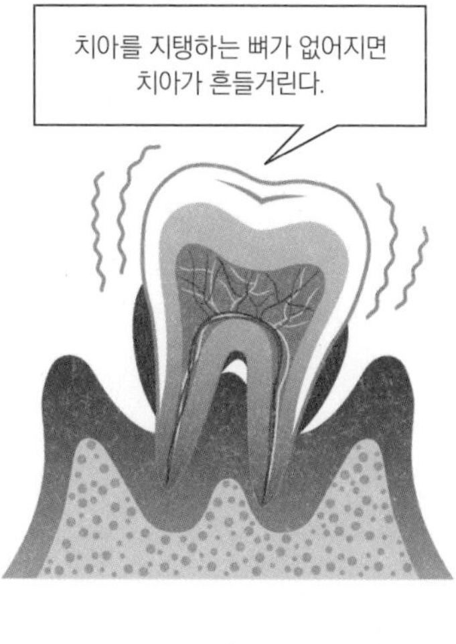

이갈이는 왜 치아 건강에 좋지 않을까?

|이갈이 이야기|

치아에 무리한 힘이 가해져 치아가 닳거나 빠질 수 있다.

세 가지만 알면 나도 과학자!

100킬로그램 이상의 힘이 치아에 가해진다

자는 동안 윗니와 아랫니를 꽉 물거나 옆으로 가는 행위를 '이갈이'라고 한다. 가족 중 누군가 바득바득 이를 가는 바람에 잠을 설쳤다고 불평을 쏟아놓는 사람을 간혹 볼 수 있다. 어른의 이갈이는 100킬로그램 이상의 힘이 치아에 가해지는 것과 마찬가지라고 한다.

치아가 닳거나 빠지기도 한다

이갈이를 고치지 않으면 치아 표면이 닳거나 빠지기도 하고 턱 통증이 발생할 수도 있다. 이를 심하게 갈 경우에는 병원에서 치아를 보호하는 마우스피스를 처방받는 방법도 고려해보자.

어린이의 이갈이는 자연스럽게 좋아지기도 한다

어린이는 젖니(유치)가 빠지고 영구치(간니)가 날 때 이갈이를 할 수 있다. 이갈이로 새로운 치아가 나올 공간을 조절하고 치열을 바로잡는다는 이야기도 있다. 그래서 치아가 다 자라면 자연스럽게 이갈이가 사라지는 사례가 많다.

Day 231 오감 | 치아

어른의 치아와 어린이의 치아는 무엇이 다를까?

| 어른과 어린이의 치아 이야기 |

어른의 치아는 큼직하고 튼튼하며 개수도 많다.

세 가지만 알면 나도 과학자!

세 살 무렵이면 이가 거의 다 난다

아기는 치아가 없는 상태로 태어난다. 어머니의 젖을 빨 때 치아가 있으면 걸리적거리기 때문이다. 생후 7개월 무렵부터 이가 나기 시작하는데, 세 살쯤 되면 거의 다 난다. 처음 나는 이를 '젖니'라고 한다. 참고로, 개나 고양이에게도 젖니와 영구치가 있다. 파충류는 몇 차례씩 이가 새로 자란다.

영구치는 에나멜질과 상아질이 두껍다

젖니는 몸이 성장하는 과정에서 하나씩 빠지고, 그 아래에 있던 새로운 이가 난다. 이 치아는 평생 영구적으로 사용해야 하기 때문에 '영구치(永久齒)'라고 한다. 영구치는 젖니보다 크고, 표면을 덮는 에나멜질과 상아질이 두툼하며 튼튼하다.

턱 크기에 맞춰 치아도 늘어난다

젖니와 영구치는 개수도 다르다. 젖니는 전부 20개인데, 영구치는 사랑니까지 합쳐 총 32개나 된다. 아이가 자라면서 턱 크기도 커져 치아도 커지고 개수도 많아진다.

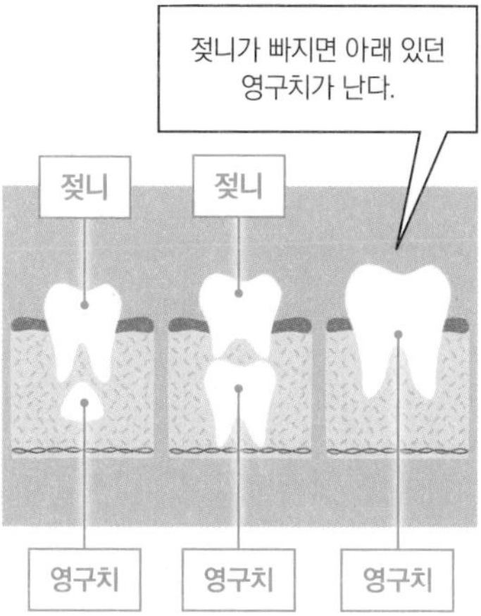

방광은 무슨 일을 할까?

|방광의 역할 이야기|

소변을 저장하는 몸속 저수 탱크다.

세 가지만 알면 나도 과학자!

근육을 수축시켜 소변을 내보낸다

소변은 신장에서 만들어지고, 만들어진 소변을 방광에 저장한다. 방광은 평소에는 근육을 이완해 출구를 닫아두고 소변을 내보낼 때는 근육을 수축시켜 출구를 열어준다. 소변을 내보낼 때는 '행복 호르몬'이라는 별명으로 알려진 세로토닌이 분비된다.

방광에는 소변이 어느 정도 있을까?

방광에 소변을 담아둘 수 있는 양은 성인 기준으로 300~400밀리리터 정도다. 소변이 150~200밀리리터 쌓이면 방광에서 뇌에 '내보낼 때가 거의 됐어'라고 연락을 보낸다. 여유를 두고 연락을 보내기 때문에 실수로 소변을 지릴 걱정은 안 해도 된다.

방광은 조절할 수 없다

방광은 자율신경에서 관장해 자기 의지대로 할 수 없다. 그렇다면 우리는 어떻게 소변을 참을까? 소변을 참는 원리는 요도의 근육을 스스로 조절할 수 있기 때문이다.

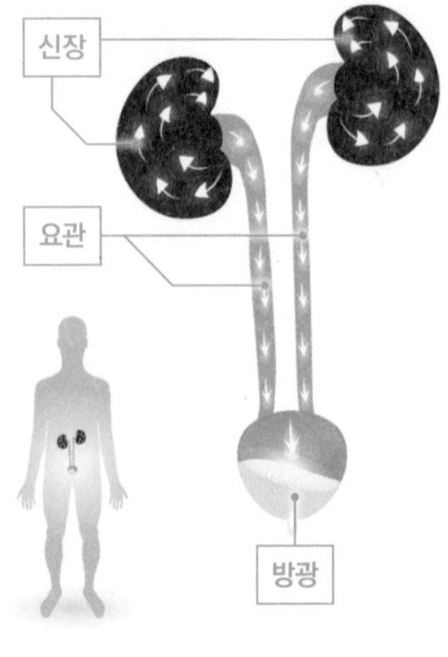

Day 233

소변은 어디서 만들어질까?

|소변이 만들어지는 장소 이야기|

신장으로 흐르는 혈액에서 우리 몸에 불필요한 물질을 모은다.

세 가지만 알면 나도 과학자!

소변의 정체

우리가 먹은 음식물은 장에서 영양을 흡수하고 혈액과 함께 온몸을 순환한다. 이렇게 에너지가 우리 몸을 움직일 때 불필요한 물질을 몸 밖으로 내보낸다. 소변의 정체는 더는 필요하지 않아 몸 밖으로 내보내는 물질이다.

소변이 만들어지기까지 여정

영양분을 머금은 혈액이 신장으로 가면 신소체의 '사구체(絲球體)'라는 여과 장치로 들어간다. 여기서 우리 몸에 필요한 영양과 불필요한 물질을 분류한다. 그 여과 장치에서 영양분이 포함된 '원뇨(原尿)'가 만들어진다. 하루에 신장을 지나는 혈액의 양은 총 1.5톤으로 알려져 있다.

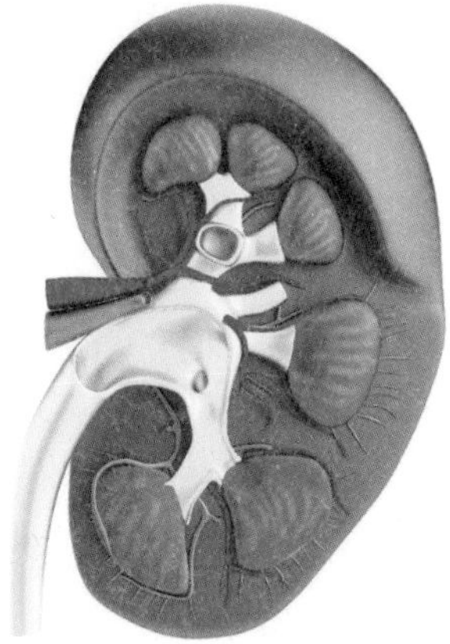

엄중한 보안 검문 절차

이 단계에서 소변이 완성되는 것은 아니다. 다시 '세뇨관'이라는 모세혈관을 거쳐 정말 몸에 필요한 영양분은 흡수하고 불필요한 찌꺼기는 소변이 된다. 소변이 만들어지기까지 엄중한 보안 검문 절차를 거치는 셈이다.

소변은 하루에 얼마나 나올까?

|소변의 양 이야기|

사람에 따라 차이가 있지만, 성인의 경우 대략 1.5리터 나온다.

세 가지만 알면 나도 과학자!

계절에 따라 소변 횟수가 달라진다

소변의 양은 성별과 나이 혹은 계절과 온도에 따라 완전히 다르기 때문에 정확하게 말할 수 없다. 하지만 대략 1.5리터로 본다. 커다란 페트병 한 개 정도 분량이다.

소변은 통제되고 있다

소변이 나오지 않아도 곤란하고, 너무 자주 나와도 곤란하다. 그래서 뇌에서 보내는 항이뇨 호르몬이 소변을 만드는 신장에 명령을 내려 소변의 양과 소변 만드는 횟수를 통제한다. 소변을 눈 뒤 몸을 부르르 떠는 신체 반응은 따뜻한 소변을 몸 밖으로 내보내 체온이 내려갔기 때문이다.

이뇨 작용을 촉진하는 음료

카페인이 들어 있는 커피, 홍차, 녹차 등이나 칼륨이 들어 있는 오렌지주스, 자몽주스 등의 감귤류 음료를 마시면 소변이 자주 마렵다.

Day 235

노르스름한 소변과 투명한 소변의 차이는 뭘까?

|소변 색깔 이야기|

소변은 노르스름하지만, 수분 함유량이 늘어나면 투명해진다.

세 가지만 알면 나도 과학자!

노란색의 정체는 '유로빌린'

소변이 노란색을 띠는 이유는 적혈구에 들어 있는 '유로빌린(urobilin)'이라는 화학 물질이 노란색을 띠기 때문이다. 유로빌린은 항상 일정한 농도로 소변에 들어 있어 몸속 수분량에 따라 노란색이 짙어지거나 옅어진다.

소변의 색은 건강을 가늠하는 잣대

소변의 재료는 온몸을 흐르는 혈액으로, 신장에서 여과되어 불필요한 물질이다. 그래서 소변 색을 보면 건강한지, 건강하지 않은지, 어떤 병을 앓고 있지 않은지 가늠할 수 있다. 소변 검사에서는 색깔과 탁도 외에 '거품'을 관찰하기도 한다.

빨간색이나 분홍색 소변이 나온다면

몸에 이상이 생길 경우 소변 색깔에 변화가 나타나기도 한다. 빨간색이나 분홍색 소변은 적혈구가 섞여 출혈이 있다는 증거다. 소변 관련 장기에서 출혈이 의심되는 상황이다. 또 하얗고 탁한, 백혈구가 섞인 '농뇨'가 나오면 요로감염을 의심할 수 있다.

야뇨증이 뭘까?

|야뇨증 이야기|

뇌에서 '소변' 관련 명령 전달이 오작동해,
자다가 무의식중에 오줌을 자주 싸는 증상이다.

세 가지만 알면 나도 과학자!

소변이 꽉 찼는데 모를 수 있다고!?

방광에 소변이 가득 차면 뇌에서 '화장실에 가라'는 명령을 내려 소변을 배출한다. 그런데 뇌가 아직 성장 단계인 어릴 때는 잠자는 동안 방광에 소변이 차 있다는 사실을 뇌가 인지하지 못할 수 있다. 그로 인해 이불에 누운 채 소변을 보는 불상사가 발생하기도 한다.

어린이의 소변 저장 탱크는 작다

어린이가 밤에 이불에 지도를 그리는(야뇨증) 이유는 한 가지가 더 있다. 소변을 저장하는 방광이 어른보다 작기 때문이다. 그래서 방광이 금방 가득 차 실수하기 쉽다. 어른이 되면 방광이 커지고, 신장과 방광도 효율적으로 조절할 수 있어 밤에 이불에 지도를 그려 망신당할 염려가 없어진다.

어른도 소변을 실수할 때가 있다

스트레스나 질병으로 인해 어른도 소변 실수를 할 때가 있다. 연로해지면 몸의 기능이 점점 떨어져 소변 실수, 즉 실금할 확률이 높아진다.

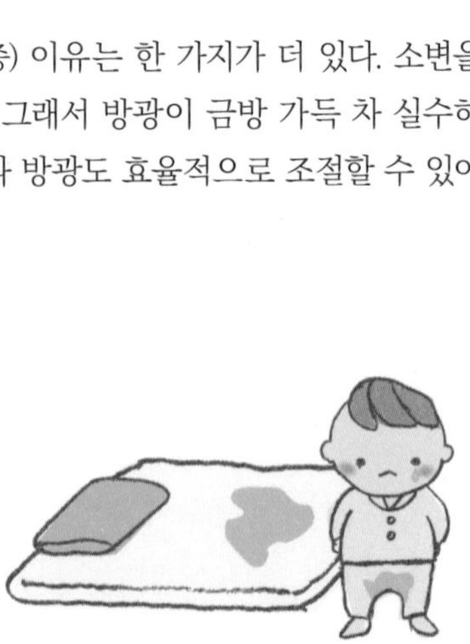

Day 237 대사 작용 | 소변

소변 검사로 무엇을 알 수 있을까?

|소변 검사 이야기|

소변 검사로 어떤 병에 걸렸는지,
어떤 병에 걸리기 쉬운지 알 수 있다.

세 가지만 알면 나도 과학자!

소변 검사는 소변 성분 확인

우리 몸에 불필요한 성분과 수분이 섞인 액체가 소변이다. 그런데 소변에 일반적으로 들어 있지 말아야 할 성분이 섞여 있을 때는 소변 검사로 확인할 수 있다. 소변 검사를 할 때는 초반에 나오는 소변에 세균이 섞여 있을 수 있으므로 중간에 나오는 소변을 사용한다.

어떤 질병을 알아낼 수 있을까?

소변 검사를 하면 소변과 관계된 방광과 요관, 요도, 신장 질환을 알아낼 수 있다. 그 밖에 당뇨병과 간 질환, 소변으로 암을 조기 발견하는 연구도 진행되고 있다. 조만간 소변 검사로 더 많은 질병을 진단할 수 있을 것이다.

도핑 검사에서 필수 절차인 소변 검사

올림픽 등 규모가 크고 중요한 스포츠 대회에서는 공평성을 도모하기 위해 반드시 도핑 검사를 한다. 소변 검사를 통해 근육 강화제 등의 약물과 마약 등 불법 약물 사용 여부를 확인할 수 있다.

요소가 뭘까?

|요소 이야기|

체내에서 만들어진 단백질이 분해될 때
불필요해진 노폐물이다.

세 가지만 알면 나도 과학자!

독성을 분해해주는 간

장에 서식하는 세균들이 먹은 먹이로 단백질을 만드는데, 그 과정에서 어쩔 수 없이 우리 몸에 해로운 암모니아가 만들어진다. 그래서 간이 암모니아를 독성이 없는 요소로 바꿔, 신장의 여과 장치로 보내 소변에 섞어 밖으로 내보낸다.

암모니아가 체내에 남아 있으면……

간이 제 기능을 하지 못하면 혈액 내 암모니아의 양이 증가한다. 체내에 암모니아가 증가하면 뇌에 장애가 발생할 우려가 있어 매우 위험하다.

혈액요소질소는 많아도 문제 적어도 문제

혈액요소질소(BUN)란 요소에 포함된 질소의 양을 가리킨다. 신장의 여과 장치가 제대로 작동하지 않으면 질소 수가 늘어나 몸이 나른해지며 식욕이 없어지고 요독증이라는 질환이 나타날 수 있다. 반대로 질소 수가 너무 적으면 간 기능이 떨어진 증거일 수도 있다. 참고로, 요소는 인공적으로 제조되어 식물 비료와 화장품 원료로 사용되기도 한다.

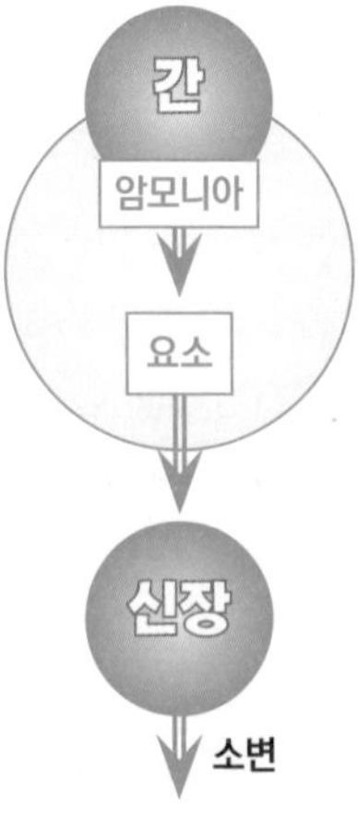

얼음을 먹으면 왜 머리가 찌릿찌릿 아플까?

| 차가운 음식과 두통 이야기 |

뇌에 정보를 전달하는 신경이 교란되어
뇌의 혈관이 급격하게 확장되며 두통이 발생한다.

세 가지만 알면 나도 과학자!

'차가움'을 '통증'으로 혼동해 잘못된 정보를 전달한다!

차가운 음식을 먹으면 '차갑다'는 정보가 신경을 통해 뇌에 전달된다. 그런데 한꺼번에 많이 먹으면 신경이 혼란을 느껴 '차갑다'는 정보를 '아프다'고 바꿔 '머리가 아프다'는 잘못된 정보가 뇌에 전달된다.

차가워진 입을 데우기 위해 머리로 피가 몰린다

또 한 가지 이유는 뇌에 피가 몰리기 때문이다. 얼음을 먹으면 입안이 얼얼할 정도로 차갑다. 그때 입 주위를 데우려고 머리 쪽으로 피가 몰리면 뇌에도 피가 많이 유입된다. 피가 한꺼번에 많이 흐르면 혈관이 갑자기 넓어지며 주위 신경을 압박해 두통이 발생할 수 있다.

두통 여부는 사람에 따라 다르다

빙수나 슬러시처럼 차가운 음식을 먹어서 생기는 두통을 '아이스크림 두통'이라고 한다. 하지만 차가운 음식을 먹고 머리가 아픈 증상은 사람에 따라 다르다. 이 통증은 시간이 조금 지나면 사라진다. 차가운 음식을 먹을 때는 조금씩 천천히 먹는 것이 바람직하다.

긴장성 두통이 뭘까?

|긴장성 두통 이야기|

정신적·신체적 스트레스 등으로
어깨결림 등의 증상과 함께 나타나는 두통이다.

세 가지만 알면 나도 과학자!

만성 두통 중에서 가장 자주 발생하는 유형

목덜미가 서서히 뻣뻣해지며 어깨가 결리는 등의 증상과 함께 뒤통수 쪽에 무지근한 통증이 느껴지는 것을 '긴장성 두통'이라고 한다. 통증이라기보다 무거운 느낌, 압박감, 죄는 느낌, 꽉 죄는 머리띠나 모자 등 무언가를 머리에 덮어 씌운 느낌이라고 표현하는 사람이 많다.

스트레스 등 심리적 원인

원인은 스트레스 등 심리적 문제로 추정된다. 만성적 두통을 호소하는 사람 중 많은 사람이 수면 부족이 이어지거나 걱정거리를 달고 산다. 결혼이나 취업 등 생활환경의 변화가 발생하면 증상이 심해지는 경우도 많다.

두통 악화의 원인은 일상생활에 있다?

그 밖에 두통을 악화시키는 원인으로는 안구 피로, 의자와 책상의 높이 등 불편한 자세, 목뼈(경추) 변형, 이를 악무는 습관 등을 들 수 있다.

편두통이 뭘까?

|편두통 이야기|

특별한 질병과 부상이 없는데
만성적으로 발생하는 원인 불명의 두통이다.

세 가지만 알면 나도 과학자!

한쪽 이마나 관자놀이에 주로 발생

편두통(偏頭痛)은 머리 한쪽에 치우쳐서 나타나는 두통이다. 주로 한쪽 이마나 관자놀이에 발생한다. 하지만 항상 같은 쪽이 아픈 것은 아니고, 통증이 다른 부위로 번지기도 한다. 대체로 맥박이 뛸 때마다 지끈지끈 쑤시는 느낌으로 시작해 구역질이 나다가 속이 울렁거려 토할 때도 있다.

전조 증상이 있다

편두통에는 전조 증상이 있는 경우가 많다. 눈앞이 가물가물하거나 번쩍거리는 빛이 나타나거나, 머리 좌우 한쪽이 저리거나, 힘이 들어가지 않는 등의 증상이 있다. 발생 빈도도 1년에 한두 번, 거의 매일 등으로 다양하다. 두통 지속 시간도 제각기 다르다.

원인은 아직 규명되지 않았다

편두통의 원인은 아직 밝혀지지 않았다. 식사를 거르거나, 수면 시간이 너무 길거나 짧거나, 스트레스, 날씨 변화, 흡연, 화학약품 냄새 등이 편두통을 유발하는 것으로 알려져 있다. 편두통은 여성, 특히 월경 전후에 증상이 나타나는 사람이 많다.

【두통이 발생하는 부위로 구분】

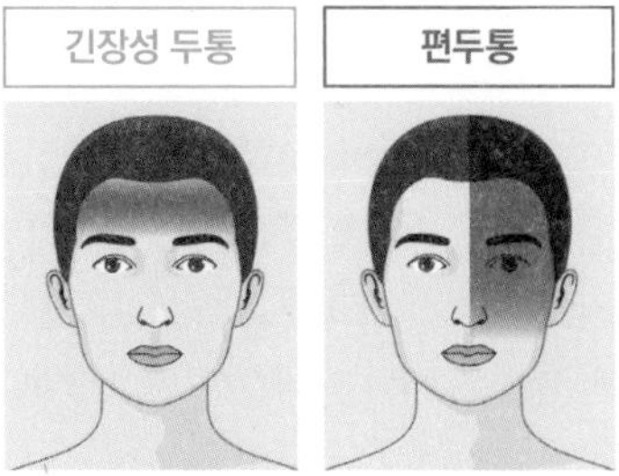

머리 전체 또는 뒤통수 / 한쪽 이마나 관자놀이

장기
오감
대사작용
몸의 움직임
질병
네트워크

수막염이 뭘까?

|수막염 이야기|

뇌와 척수를 감싸는 뇌척수막에 염증이 생기는 질병으로,
초반에는 두통이 발생한다.

세 가지만 알면 나도 과학자!

원인 병원체에 따라 나뉜다

수막염은 크게 인플루엔자균, 수막염균, 포도상구균 등 세균이 원인인 수막염과 무균성 수막염으로 나뉜다. 원인에 따라 증상이 다르지만, 공통적으로 두통부터 시작된다. 그 밖에 고열, 구토, 경련 등의 증상이 나타날 수 있다.

백신 접종으로 예방!

원인이 세균일 때는 종류에 따라 항균제를 사용한다. 그 외에 수분 섭취 등으로 체력을 회복하며 증상이 경감되기를 기다린다. 세균과 바이러스의 종류에 따라 백신 접종을 하면 예방 효과가 있다.

유행성 수막염을 일으키는 수막염균

수막염균은 수막염 유행을 일으키는 유일한 세균으로, 사람에서 사람으로 감염된다. 기침과 재채기 등으로 퍼지며, 혈액을 타고 수막에 도달해 염증을 일으킨다. 또한 축농증(부비강염)과 중이염 등으로 인해 염증이 직접 수막에 퍼지기도 한다. 어떤 경우든, 치료가 늦어지면 생명이 위험할 수 있다.

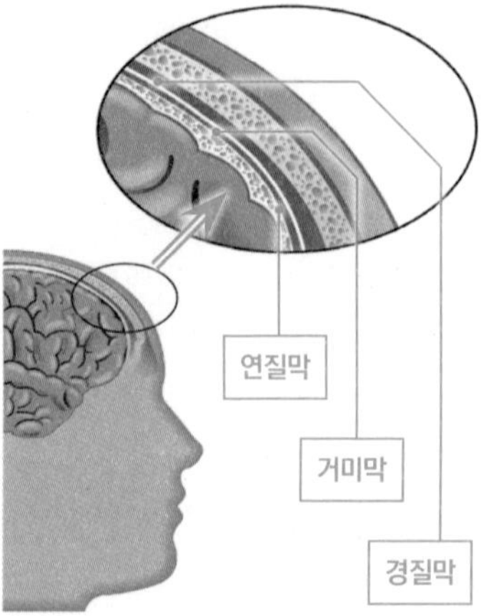

【뇌척수막】

Day **243** 질병 | 두통

두통약을 먹으면 왜 두통이 사라질까?

| 두통약 이야기 |

두통을 일으키는 원인 물질 생성에 관여하는 효소를 억제하기 때문이다.

세 가지만 알면 나도 과학자!

통증 원인 물질 생성을 차단!

두통의 원인 물질인 프로스타글란딘은 시클로옥시게나아제라는 효소 작용으로 만들어진다. 두통약의 성분은 이 효소를 차단해 통증의 원인 물질이 생성되는 것을 억제해 통증을 완화하는 원리다.

통증이 꼬리에 꼬리를 물고 발생한다?

프로스타글란딘이 염증을 일으켜 통증과 열 등의 증상이 나타난다. 그런데 이 염증으로 프로스타글란딘이 또 증가한다. 통증이 꼬리에 꼬리를 물고 발생하는 격이다. 일찌감치 두통약을 먹어 프로스타글란딘 생성을 억제하면 두통을 효과적으로 다스릴 수 있다.

통증은 참을 필요가 없다!

진통제는 몸에 좋지 않다는 인식 때문에 아파도 꾹 참고 약을 먹지 않는 사람이 있다. 통증이 시작되었는데 약을 먹지 않으면 프로스타글란딘이 계속해서 생성된다. 통증은 참을 필요가 없다. 참고로, 고대 그리스와 중국에서는 버드나무를 통증을 다스리는 약재로 사용했다고 한다.

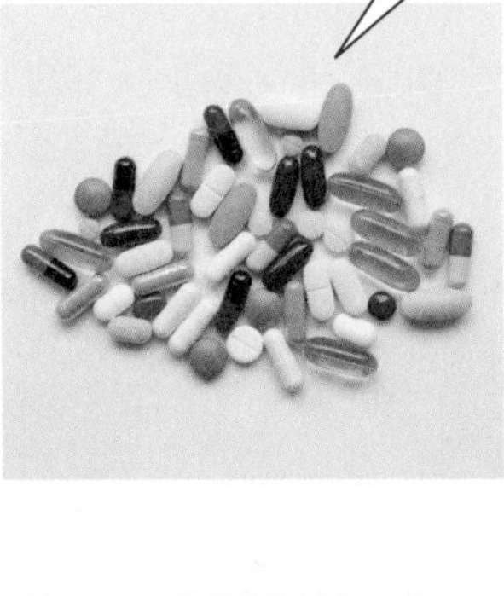

뇌출혈은 어떤 질병일까?

| 뇌출혈 이야기 |

뇌혈관이 찢어져 출혈이 발생한 상태로, 중증화하면 치명적이다.

세 가지만 알면 나도 과학자!

출혈 부위에 따라 증상이 다양

뇌출혈이란 뇌혈관이 알 수 없는 원인으로 찢어져 뇌 속에서 출혈이 발생한 상태다. 출혈이 일어난 부위와 크기에 따라 증상이 다르다. 출혈이 발생하고 몇 분 안에 두통, 구토, 의식 장애를 동반하는 마비 등이 나타날 수 있다.

가장 큰 원인은 고혈압

예전에는 뇌졸중에서 뇌출혈이 차지하는 비중이 가장 높았다. 염분이 많은 식사로 인해 고혈압인 사람이 많았기 때문이다. 치료해서 목숨을 건져도 운동 장애나 기억, 감정 장애 등의 후유증을 앓는 사람이 많다. 뇌경색과 뇌출혈을 통틀어 일컫는 뇌졸중은 한국인의 사망 원인 4위를 차지하는 무서운 질병이다.

【뇌출혈】

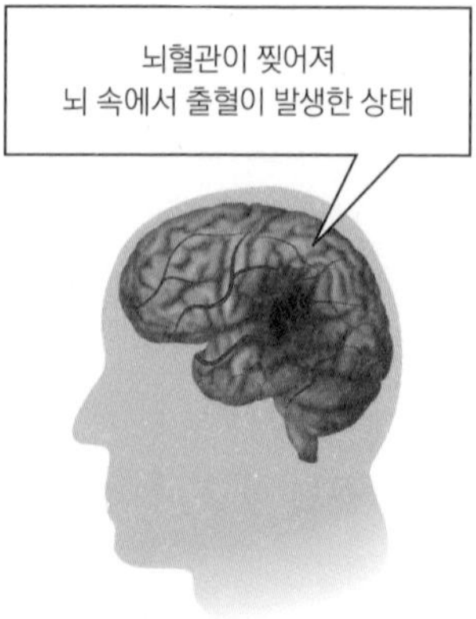

아침과·저녁이 위험한 시간대

뇌출혈은 혈압 변동이 심한 낮 시간대에 대부분 발생한다. 특히 한겨울, 아침 7시 무렵과 저녁 5시경이 위험하다고 알려져 있다. 외출할 때, 입욕 중, 배뇨 시, 흥분했을 때는 주의해야 한다.

거미막밑출혈이 뭘까?

|거미막밑출혈 이야기|

뇌동맥류가 찢어져 거미막 아래에 많은 출혈이 발생한 상태다.

세 가지만 알면 나도 과학자!

망치로 머리를 얻어맞은 듯한 극심한 통증

거미막밑출혈(또는 지주막하출혈)은 마치 망치로 머리를 얻어맞은 듯한 극심한 통증이 급격하게 발생한다. 뇌동맥에 생긴 동맥류가 찢어지며 주로 발생한다. 선천적으로 동맥 벽 일부가 약한 사람이 취약한 것으로 추정된다. 흡연, 고혈압, 과음도 거미막밑출혈과 연관이 있다고 알려져 있다.

'3분의 1 규칙'이 지배

거미막밑출혈은 '3분의 1 규칙'이 지배한다는 말이 있다. 처음 발작을 일으킨 환자의 3분의 1이 사망하고, 3분의 1은 목숨을 건져도 후유증이 남고, 3분의 1만 회복해서 일상생활로 복귀할 수 있다. 한마디로, 매우 위험한 질병이다.

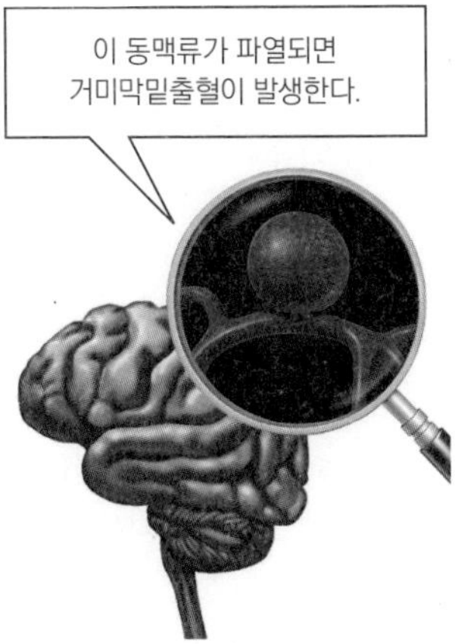

주의 깊게 살펴야 할 전조 증상

인구의 약 5퍼센트에 뇌동맥류가 있는데, 0.2~0.3퍼센트만 파열된다. 동맥류 파열 전조 증상으로는 두통, 물체가 겹쳐 보이는 복시, 한쪽 눈이 감겨 떠지지 않는 증상, 시야 일부가 사라지는 증상 등이 있다.

Day 246 장기 | 간

간은 무슨 일을 할까?

|간 이야기|

영양소 분해와 합성, 해독, 소화 지원 등을 하는 만능 일꾼이다.

세 가지만 알면 나도 과학자!

간은 몸속에서 가장 큰 장기!

간의 무게는 성인 기준 대략 1~1.5킬로그램으로, 뇌와 비슷하다. 위와 십이지장 위에 자리 잡고 있으며, 많은 혈액이 모이는 검붉은 덩어리다. 우리 몸속 작은 화학 공장 역할을 하는 간은 간문맥(肝門脈)이라는 특별한 혈관을 통해 소장에서 갈무리한 영양소를 운반한다.

대사와 저장이 중요한 임무

대사란 음식물 등 몸에 들어온 영양 등을 화학적으로 변화시키는 과정이다. 영양을 분해해 몸속에서 사용할 수 있도록 하거나 알코올 등 해로운 성분을 분해해 해독하는 것이 중요 임무다. 또 간은 분해한 영양소를 저장하는 역할도 한다.

쓸개즙 생성과 혈류량 조절

간은 오래된 혈액을 재활용해 장내 소화와 흡수를 돕는 '쓸개즙(담즙)'을 만든다. 또한 간은 커다란 혈액 용기와 같아 온몸을 순환하는 혈액을 조절한다. 참고로, 간은 수술로 절반 이상 잘라내도 나머지 부분이 커져서 원래 크기로 돌아간다.

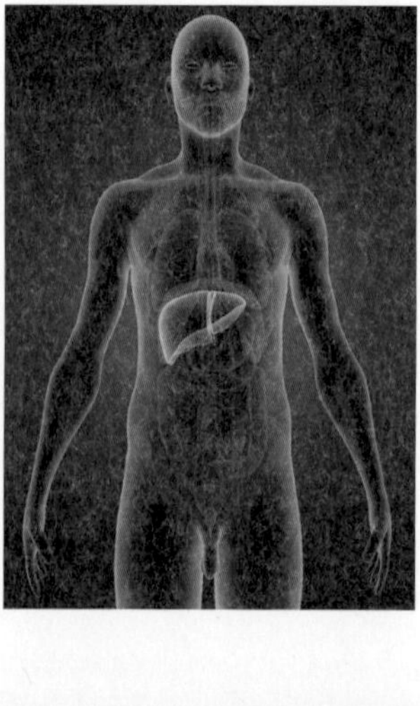

Day **247** 장기 | 간

술은 몸속에서 어떻게 분해될까?

|술 분해 이야기|

알코올은 간에서 효소에 의해 물과 이산화탄소로 분해된다.

세 가지만 알면 나도 과학자!

알코올 해독은 한 걸음씩

독성이 있는 알코올은 간의 효소에 의해 아세트알데히드로 분해된 뒤 또다시 다른 효소에 의해 아세트산으로 분해된다. 아세트산은 혈액을 타고 온몸을 순환해 근육과 지방에서 물과 이산화탄소로 분해되어 소변과 호흡을 통해 몸 밖으로 배출된다.

아세트알데히드 분해가 열쇠

알코올과 알코올 분해 도중에 생기는 아세트알데히드는 우리 몸에 해로운 성분이다. 술을 너무 많이 마셔 분해 속도가 따라가지 못하면 몸속에서 아세트알데히드가 쌓여 술주정이나 숙취 등의 원인이 된다. 술에 약한 사람은 간의 아세트알데히드 분해 효율이 떨어지기 때문이다.

맥주 한 병 분해하는 데 3~4시간

사람에 따라 차이가 있지만, 건강한 성인의 간이 분해할 수 있는 알코올의 양은 몸무게 1킬로그램당 1시간에 100밀리그램 정도다. 따라서 몸무게가 60~70킬로그램인 사람이 맥주 한 병의 알코올을 분해하려면 3~4시간이 걸린다.

요산이 뭘까?

|요산 이야기|

간에서 만들어지는 대사물의 하나로,
살아 있는 동안에는 불가피하게 만들어진다.

세 가지만 알면 나도 과학자!

음식물로도, 오래된 세포 재활용으로도 증가한다

요산은 퓨린이 간에서 대사될 때 생성되는 물질이다. 퓨린은 운동하거나, 장기를 움직이거나, 생존에 필요한 에너지로 DNA(157일 차) 재료가 된다. 세포에도 꼭 필요한 물질이다.

몸속 요산량은 항상 일정하다

요산은 하루에 약 700밀리그램 만들어진다. 그리고 소변이나 대변으로 700밀리그램 정도 배출해 항상 일정한 수준을 유지한다. 요산은 강한 항산화 작용을 하기 때문에 위험한 쓰레기만은 아니다.

요산은 통풍의 원인이 된다

요산이 너무 많으면 '요산염 결정'이라는 덩어리가 생겨 관절의 연골 등에 들러붙는다. 면역 기능이 이를 공격해 염증이 발생하면 붓거나 통증이 생기는데, 이를 '통풍(174일 차)'이라고 한다. 사람은 진화 과정에서 돌연변이로 인해 요산 분해 효소를 잃었다.

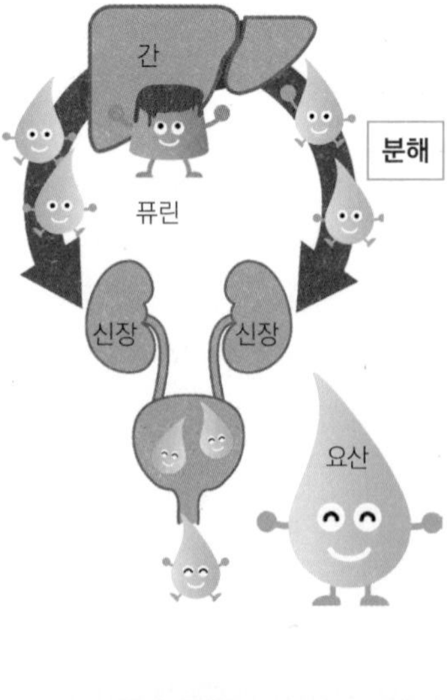

지방간이 뭘까?

|지방간 이야기|

간 속에 중성지방이 쌓인 상태로,
심각한 질병으로 진행되기 일보 직전이다.

세 가지만 알면 나도 과학자!

방치하면 간 질환으로 진행

비만이나 당뇨병 등으로 간의 대사 기능이 떨어지면 간세포 속에 지방이 쌓인다. 간 전체에 지방이 축적되는 증상을 '지방간'이라고 한다. 건강한 간은 검붉은색을 띠는데, 지방간이 되면 간이 비대해지고 허옇게 보인다.

식사와 술, 다이어트도 적당히

지방간은 과식과 과음, 운동 부족으로 간에 쌓인 지방이 원인이다. 그런데 과도한 다이어트로 영양이 부족해도 지방간이 될 수 있다. '과유불급'이라는 말은 간 건강에도 적용된다.

내버려두면 간경화증이나 간염으로 발전

지방간은 간염과 간경화증, 간암 등 심각한 질병의 원인이 된다. 간은 중증 질환이 될 때까지 증상이 나타나지 않아 '침묵의 장기'라는 별명을 얻었다. 술을 마시지 않는 사람이 지방간이라면 특별한 주의가 필요하다.

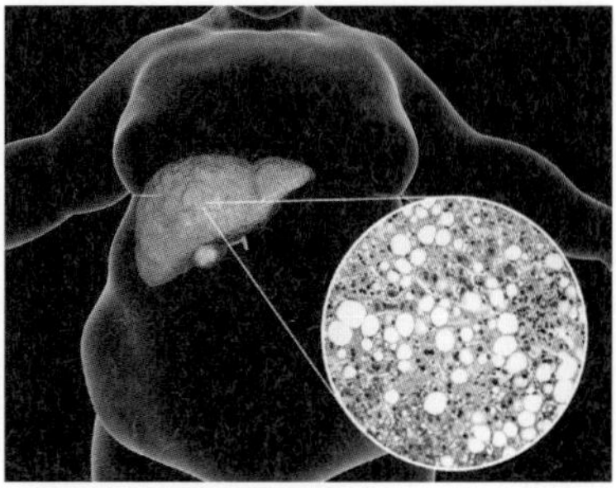

Day 250

A형 간염, B형 간염, C형 간염은 무엇이 다를까?

|간염 이야기|

간에 염증을 일으키는 바이러스의 차이로 나타난다.

세 가지만 알면 나도 과학자!

간염이란 간세포가 염증을 일으킨 상태!

간염 바이러스에 의해 간세포가 급성으로 망가지는 증상을 '바이러스성 간염'이라고 한다. 원인이 되는 바이러스는 A형, B형, C형이 유명하다. 바이러스 외에 약물과 알코올도 원인이 될 수 있다.

감염 방법에 따라 차이가 있다

A형은 음식물에 묻어 있던 바이러스가 입으로 들어와서 감염된다. 특히 생선과 조개를 익히지 않고 날로 먹는 요리가 주요 감염 경로다. B형과 C형은 바이러스가 들어 있는 혈액이 몸속으로 들어와서 발병한다. 구급상자에는 응급 구조사를 감염으로부터 보호하기 위해 일회용 장갑과 마스크 등의 입 보호 도구가 들어 있다.

병의 진행 양상에도 차이가 있다

A형과 B형은 대체로 몇 개월 정도면 치료된다. C형은 A형보다 증상이 가볍지만, 많은 사람이 만성 간염에서 간암으로 진행되는, 예후가 나쁜 간염이다. 급성 간염 환자 100명 중 2명은 전격 감염이라는 치명적 간염을 앓는다고 알려져 있다.

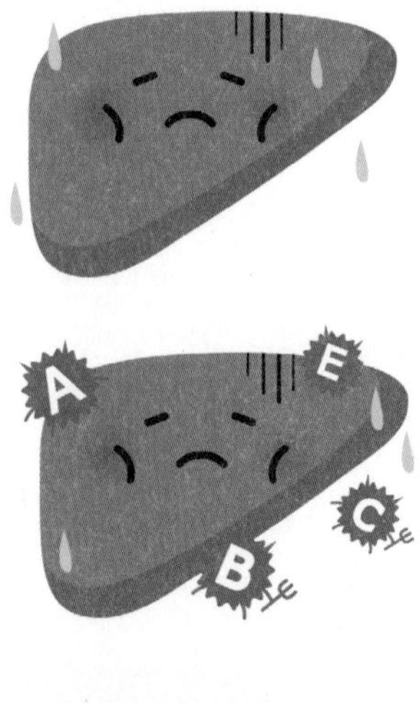

간경화증은 어떤 질환일까?

|간경화증 이야기|

간세포가 딱딱하게 굳으며 제 기능을 하지 못하는 질환이다.

세 가지만 알면 나도 과학자!

간이 딱딱해져 대사와 해독이 원활하지 않다

알코올이나 약물, 바이러스나 세균과의 싸움으로 손상된 간세포는 흉터처럼 단단해진다. 간 속에 손상된 세포가 증가하면, 간 전체가 딱딱해져 대사와 해독이 원활하게 이루어지지 않는다. 간이 분해하지 못한 독소가 뇌로 가서 환각을 일으킬 수도 있다.

간 표면과 내부가 울퉁불퉁

건강한 간 표면은 매끈하다. 그런데 손상된 세포가 증가하면 표면과 간 내부가 울퉁불퉁해진다. 그러면 간 속의 혈관 흐름이 나빠지고, 혈관에서 물이 배어나와 배 속(복강)에 고인다. 이렇게 배 속에 고인 물(복수)이 간 회복을 방해한다.

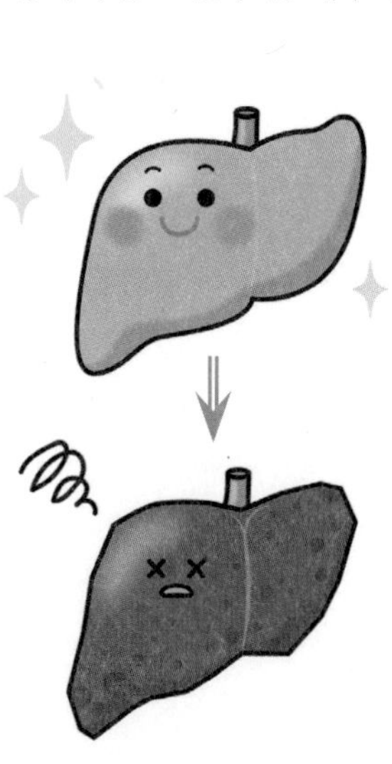

원인은 알코올부터 기생충까지 다양

과도한 알코올 섭취가 간경화증의 원인으로 잘 알려져 있는데, 그 밖에도 다양한 원인이 있다. 예를 들면, 일본에서는 북방여우의 분변으로 퍼진 에키노코쿠스라는 기생충으로도 간경화증이 발병할 수 있다.

Day 252

쓸개가 뭘까?

|쓸개 이야기|

지방의 소화와 흡수를 돕는 쓸개즙을 바로 쓸 수 있도록 저장해두는 '주머니'다.

세 가지만 알면 나도 과학자!

쓸개즙을 담아두는 주머니

가지처럼 길쭉하게 생긴 쓸개(담낭)는 쓸개즙을 저장하는 장기다. 쓸개즙은 간에서 온종일 만들어진다. 쓸개즙은 평상시 쓸개에 저장되어 있다가 음식물이 들어오면 십이지장(184일 차)에서 소화를 돕는 역할을 한다.

간에서 만들어지고, 십이지장에서 일하는 쓸개즙

간에서 만들어진 쓸개즙에는 소화 효소가 들어 있지 않다. 이자(췌장)에서 분비하는 췌장액과 섞여 십이지장에서 소화를 촉진하는 것이다. 쓸개즙은 특히 지방 분해를 돕는 기능이 있다. 대변의 갈색은 쓸개즙 때문이다.

쓸개즙이 굳어 쓸개에 돌이 생길 수도 있다

간부터 쓸개를 거쳐 췌장까지 쓸개즙이 흐르는 길을 담도라고 하는데, 담도 어딘가에서 쓸개즙이 굳는 질병을 '담석증'이라고 한다. 담도에 돌이 쌓이면 엄청난 통증이 발생한다. 하지만 통증을 전혀 느끼지 않는 사람도 많다.

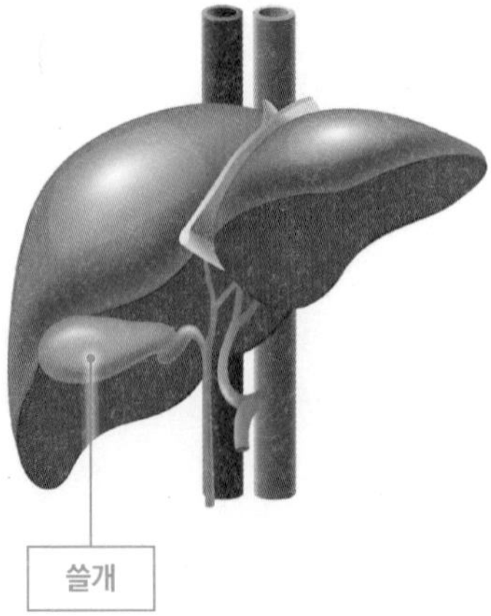

귓속은 어떻게 생겼을까?

|귓속 이야기|

밖에서부터 순서대로 '외이(바깥귀)', '중이(중간귀)', '내이(속귀)'로 나눌 수 있다.

세 가지만 알면 나도 과학자!

소리를 감지하고 평형감각을 유지하는 귀

귓구멍 입구부터 고막까지를 '외이', 고막 안을 '중이', 안쪽에 액체가 들어 있는 달팽이처럼 생긴 부분을 '내이'라고 한다. 이 세 부위가 작동해 소리를 듣고 똑바로 설 수 있다.

소리가 들리는 원리

'외이'에서 모은 소리가 귀로 들어오면 고막을 진동시켜 '중이'에 있는 세 개의 이소골을 통해 '내이' 속 액체를 진동시킨다. 이 떨림이 신경에 전달되어 신호가 뇌로 전송되면 소리를 들었다고 느낀다.

평형감각을 관장하는 '내이'

귀는 단순히 소리만 듣는 기관이 아니다! 내이에는 몸의 기울기와 회전 등을 감지하는 '반고리관'과 '전정기관'이 있다. 몸을 움직이면 반고리관 속 림프액이 움직이고 감각세포가 그 움직임을 감지한다. 이 구조 덕분에 비탈길에서도 몸의 평형을 유지할 수 있다.

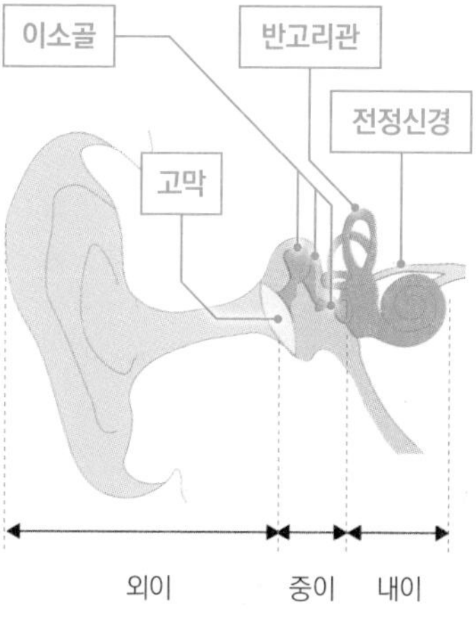

Day 254 오감 | 귀

고막은 무슨 일을 할까?

| 고막 이야기 |

고막은 귓속에 들어온 소리를 최초로 감지해
소리 정보를 뇌에 전달한다.

세 가지만 알면 나도 과학자!

고막의 진동으로 정보 전달

소리가 외이도를 통해 고막에 부딪히면 그 충격으로 고막이 진동한다. 그 진동으로 귀의 뼈와 내이의 액체를 흔들어 신경에서 뇌로 전달된다. 고막이 없으면 최초의 진동이 발생하지 않아 소리를 들을 수 없다.

접시 안테나 모양의 고막

고막은 0.1밀리미터로 무척 얇다. 그러나 세 개 층으로 이루어져 있고, 혈관과 신경도 야무지게 갖추고 있다. 고무처럼 탄력 있고 가운데가 살짝 들어가 막이라기보다 접시 안테나라고 부르는 파라볼라 안테나처럼 생겼다.

큰 소리로는 찢어지지 않는다

'고막이 찢어질 듯한 시끄러운 소리'라는 표현을 많이 사용하지만, 실제로 소리의 충격으로 고막이 찢어지지는 않는다. 그러나 물리적 자극에는 약해 세게 때리거나 귀지를 파다가 잘못하면 찢어질 수 있다. 작은 구멍은 자연스럽게 메워지고, 큰 구멍은 수술로 땜질하듯 메울 수 있다. 코를 너무 세게 풀어도 공기압으로 고막이 찢어질 수 있다.

귀에 물이 들어가면 왜 멍멍한 느낌이 들까?

|귓속 이야기|

고막의 접시처럼 파인 부분에 일시적으로 고인 물이
고막 안쪽의 공기에 눌리기 때문이다.

세 가지만 알면 나도 과학자!

귀의 온도로 자연스럽게 증발한다

귀에 물이 들어가면 고막 바로 앞 접시처럼 파인 부분에 물이 고여 고막에 물이 묻는다. 이때 고막 안쪽의 '고실'에 공기가 들어가면 공기와 물 사이에 끼인 고막이 짓눌려 소리가 울리면서 멍멍해진다. 물이 마르면서 저절로 좋아진다.

억지로 손대면 위험

물을 빨리 없애고 싶다면 물이 들어간 쪽의 귀를 아래로 향하게 한 뒤 고개를 숙이고 귓불을 잡아당기거나 코를 막고 천천히 숨을 뱉는다. 물이 들어간 쪽 귀를 수건 위에 올린 다음 눕는 방법도 효과적이다. 면봉으로 억지로 닦아내려고 하면 고막에 손상을 줄 수 있어 위험하다.

물기가 잘 마르지 않으면 귓병이 생길 수도

귓속에 상처가 있으면 중이염이 생길 수 있다. 며칠 지나도 나아지지 않으면 고막과 귀이관(auditory tube) 관련 질병이나 메니에르병(259일 차) 등을 의심해볼 수 있다. 귀이관은 가운데귀와 코 인두를 연결하는 약 3.5센티미터 길이의 관이다. 귓병이 생기면 이비인후과에 가서 전문의의 진료를 받자.

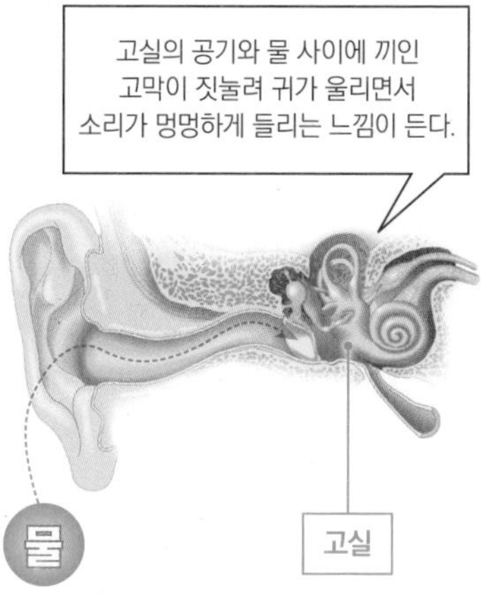

이명은 왜 생길까?

|이명 이야기|

귀의 구조에 이상이 생겨
뇌가 필요 이상으로 예민하게 반응하기 때문이다.

세 가지만 알면 나도 과학자!

귀에 소리가 들어오지 않는데 소리를 느끼는 증상

실제로는 아무 소리도 나지 않는데 소리를 느끼거나 엉뚱한 소리가 들린다고 느끼는 증상이 귀울림, 즉 이명이다. 자기 귀에만 들리는 자각적 이명과 다른 사람에게도 들리는 타각적 이명이 있다. 하지만 사람의 목소리나 음악 등이 들리는 '환청'은 이명과 다르다.

소리를 감지할 수 없어 뇌가 흥분 상태에 빠진다

귀 부근의 혈관 이상과 턱 이상, 중이염 등으로 소리가 들리는 구조가 제대로 작동하지 않으면 뇌가 소리를 감지하려고 애쓴다. 그로 인해 뇌가 무리해서 일하느라 이명이 발생한다고 추정된다.

이명의 원인은?

이명의 원인 요소로는 소음, 머리 부상, 약물 등의 독성과 고혈압, 뇌 관련 질환 등이 있다. 그러나 원인을 알 수 없는 이명도 많다. 병의 전조 증상일 때도 있고 '난청'이 진행 중일 수도 있다. 증상이 느껴지면 미루지 말고 병원에 가서 전문의에게 진찰받는 것이 좋다.

멀미 증상은 왜 나타날까?

| 멀미 이야기 |

속도와 급격한 기울기 변화로 시각과 반고리관의 움직임이 왜곡되어 뇌가 혼란을 느끼는 상태다.

세 가지만 알면 나도 과학자!

귓속 반고리관이 비정상적으로 활동

자동차나 기차 등을 타면 몸은 세로로 진동하는데, 풍경은 가로로 움직인다. 그러면 귀 안쪽에 있는 평형감각을 유지하는 반고리관이 오작동해 멀미 증상이 나타난다.

컨디션이 나쁘면 멀미를 더 쉽게 느낀다

자동차를 타면 자율신경도 교란되어 위에 부담이 간다. 그로 인해 토할 것처럼 속이 울렁거린다. 그래서 반고리관과 자율신경이 미성숙한 어린이는 차멀미하기 쉽다. 차량 배기가스 냄새나 수면 부족, 과식, 공복 등도 멀미의 원인이 될 수 있다.

멀미를 예방하려면

멀미를 예방하려면 전날 푹 자고, 차를 타기 직전에는 음식을 조금만 먹으며 컨디션이 떨어지지 않도록 관리해야 한다. 차 안에서 책을 읽거나 휴대전화, 태블릿PC 등으로 게임을 해도 멀미를 할 수 있다. 창문을 열고 먼 곳의 풍경을 바라보면 차멀미를 예방하는 효과가 있다.

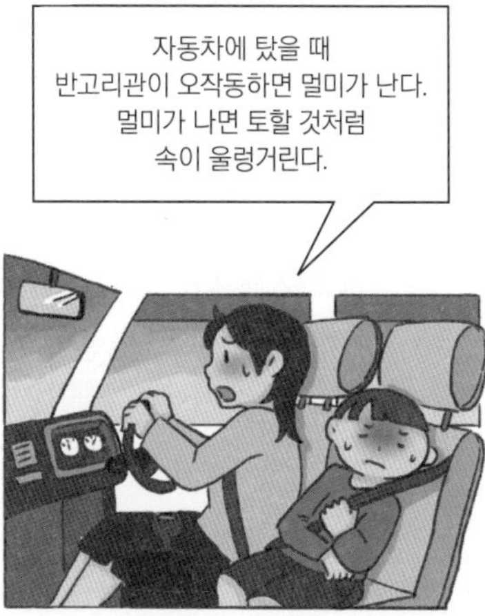

중이염은 어떤 질환일까?

|중이염 이야기|

바이러스와 세균이 고막보다 깊숙한 곳에
염증을 일으켜 생기는 병이다.

세 가지만 알면 나도 과학자!

목이나 코, 귀로 세균 침입

중이(중간귀)에는 목과 이어진 '이관'이 있어 고실의 압력을 조절한다. 감기에 걸려 목이나 코에 염증이 생기면 이관을 통해 세균이 귓속으로 들어갈 수 있다. 또 수영장 등에서 놀다가 귀로 세균이 들어가기도 한다.

심한 통증과 귀에서 나오는 진물이 특징

중이염에 걸리면 귀가 심하게 아프고, 귀가 막힌 느낌이 들며, 귀에서 누런 진물이 나온다. 심하면 고막이 찢어져 '고름'이 생길 수도 있다. 특히 어린이는 이관이 짧아 중이염에 걸리기 쉽다. 통증은 초기에만 나타나므로 통증이 사라졌다고 안심하지 말고 바로 병원에 가자.

'급성'에서 '만성'으로 진행하기도 한다!

중이염은 크게 단순성(카타르성)과 화농성으로 나뉘며, 각각 급성과 만성으로 나뉜다. 이관과 밀접한 관계가 있는 중이 카타르는 삼출성 중이염(삼출 중이염)으로도 불린다. 급성 중이염을 제대로 치료하지 않으면 '만성' 또는 '삼출성' 등으로 진행하거나 기타 합병증을 유발할 수 있다.

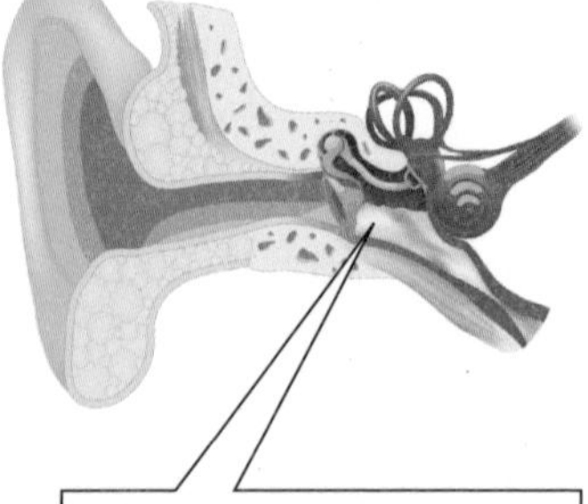

바로 여기, 이관으로
세균이 들어오면 중이염에 걸린다.

Day 259

메니에르병이 뭘까?

메니에르병 이야기

귀 안쪽 내이(속귀)에 이상이 생겨
현기증과 구역질이 반복되는 증상이다.

세 가지만 알면 나도 과학자!

'이명'과 '난청'을 동반한다

내이 안쪽 내림프액의 양을 조절할 수 없으면 고인 림프액으로 신경이 압박을 받는다. 이로 인해 갑자기 현기증이나 속이 울렁거리며 토할 것 같은 증상이 반복되는 병이 '메니에르병'이다. 이명과 난청, 평형감각 이상 등의 증상이 나타나기도 한다. 메니에르병이라는 병명은 이 증상을 최초로 보고한 프랑스의 의사 프로스페르 메니에르(Prosper Ménière)의 이름에서 따왔다.

스트레스와 과로가 원인 중 하나

원인은 분명하지 않으나 스트레스와 과로가 주요 원인으로 지목되고 있다. 고령층에서는 잘 나타나지 않고 30~50대가 많다. 현기증이나 속이 울렁거리는 증상이 계속되면 메니에르병을 의심해볼 수 있다.

약물로 증상 완화

현기증 등의 발작이 한 번으로 끝나는 사람도 있고, 장기간 반복되는 사람도 있다. 근본적인 치료법은 아직 발명되지 않아 증상이 심할 때 약물로 증상을 완화하는 대증 요법이 활용된다.

프로스페르 메니에르

세포독성 T세포의 정체는 무엇일까?

|세포독성 T세포 이야기|

바이러스에 감염된 세포와 병원체를 공격해서 해치우는 세포다.

세 가지만 알면 나도 과학자!

병원체를 해치우는 암살자

T세포에는 '세포독성 T세포', '보조 T세포', '조절 T세포'와 같이 세 가지가 있다. 세포독성 T세포는 병원체에 감염된 세포와 암세포 등을 직접 공격해서 해치우는 암살자로 활약해 '킬러 T세포'라는 별명을 얻었다.

보조 T세포의 명령으로 움직이는 세포독성 T세포

세포독성 T세포는 면역세포들의 사령탑이다. 보조 T세포의 명령에 따라 병원체와 병원체에 감염된 세포를 공격한다. 보조 T세포는 호중구와 수지상세포, 대식세포 등에서 병원체의 정보를 받아 명령을 내린다. 수지상세포가 자극을 받으면 세포독성 T세포는 무장을 한층 강화한다.

다른 T세포와 함께 가슴샘에서 성장

T세포는 골수에서 태어난 뒤 가슴샘(thymus)에서 성장해 T세포라는 이름이 붙었다. 가슴샘에서 '미접촉 T세포'로 탈바꿈한 뒤 미접촉 T세포가 병원체와 만나 '효과기 세포'가 되고, 다시 보조 T세포와 세포독성 T세포로 변신한다.

보조 T세포의 정체는 무엇일까?

|보조 T세포 이야기|

면역세포에 병원체를 무찌르도록 작전 명령을 내리는 사령탑이다.

세 가지만 알면 나도 과학자!

면역세포의 병원체 공격 작전을 구상하는 사령탑

보조 T세포는 대식세포와 수지상세포에서 병원체가 들어왔다는 정보를 받으면 병원체를 어떻게 물리칠지 작전을 세운다. 작전을 구상하고 나면 병원체 정보와 함께 B세포와 세포독성 T세포에 명령을 내린다.

대식세포와 B세포의 무장 강화

전에 감염된 적이 있는 병원체의 경우에는 보조 T세포가 대식세포의 무장을 강화하거나 B세포에 계속 항체를 만들도록 명령한다.

면역 활동에서 중요한 역할

보조 T세포의 활동이 약해지면 면역세포에 지시를 내릴 수 없다. 그러면 면역세포들이 작동하지 않아 평소라면 충분히 처리할 수 있는 병원체를 공격하지 못하고 비실댄다. 이를 '면역 결핍'이라고 한다. 보조 T세포는 면역 활동에서 매우 중요한 역할을 한다. 보조 T세포는 활성화하여 자신이 분비하는 화학 물질로 증식할 수 있다.

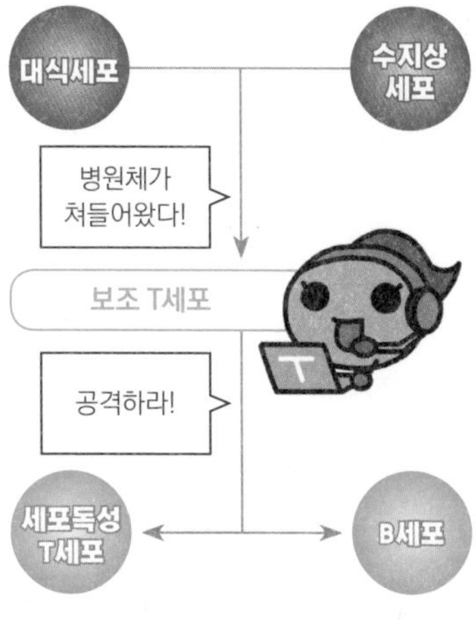

호중구란 무엇일까?

|호중구 이야기|

침입한 병원체와 싸우는 백혈구 중 하나로,
백혈구의 약 50~60퍼센트를 차지한다.

세 가지만 알면 나도 과학자!

크기는 작지만 양이 많다!

호중구는 혈액 속에 있는 백혈구 중 하나다. 크기는 0.010~0.013밀리미터로 작지만, 1밀리리터의 혈액에 350만~900만 개나 있다. 혈액에 있는 세포 중에서 적과 싸우는 것은 백혈구뿐이다.

호중구는 혈액 벽을 통과할 수 있다

호중구는 수용체 기능을 지니고 있어 수용체 반응을 기본으로 병원체가 있는 곳까지 달려간다. 병원체가 있는 곳이면 혈액 벽도 통과할 수 있어 어디로든 갈 수 있다. '화학 주성(chemotaxis)'이라 부르는 호중구의 특기다.

호중구가 가진 두 가지 재주

호중구는 세포와 바이러스를 먹어치워 분해하는 '탐식' 재주를 가지고 있다. 염증이 생긴 부위에 신속하게 출동해 혈관 벽에 착 달라붙어 '접착'하는 재주도 있다. 혈관 밖으로 나오면 2~5일 만에 사멸한다.

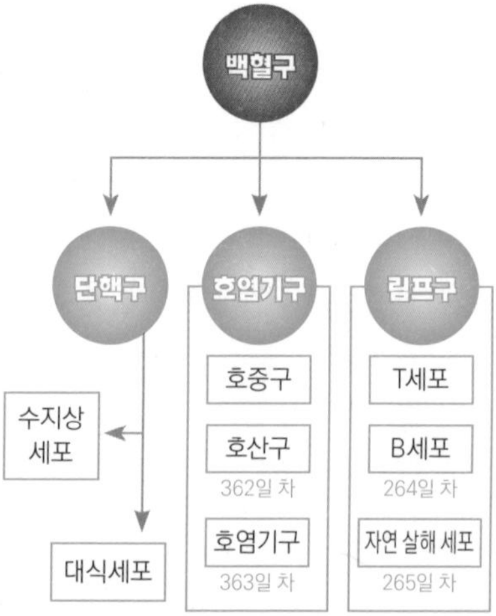

Day 263

미접촉 T세포란 무엇일까?

|미접촉 T세포 이야기|

세균과 바이러스 등의 병원체와 싸운 적이 없는,
어리숙한 T세포다.

세 가지만 알면 나도 과학자!

골수에서 태어나 가슴샘에서 성장한다

T세포는 골수에서 태어난다. 골수에서 갖가지 면역세포의 바탕이 되는 '전구세포'가 증식해 'T 전구세포'가 된다. 그리고 골수에서 가슴샘(26일 차)으로 이동해 성장하는데, 가슴샘에서 성숙하면 미접촉 T세포로 변신을 마친다.

아직 병원체와 싸운 경험이 없는 풋내기 세포

미접촉 T세포는 이름 그대로 아직 세균이나 바이러스 등의 병원체와 싸운 경험이 없는 풋내기 세포다. 하지만 병원체와 만나면 수지상세포의 힘으로 활성화되어 '효과기 세포(effector T cell)'가 된다. 그 후 보조 T세포와 조절 T세포로 변신해 활약한다.

일부 미접촉 T세포는 세포독성 T세포로 전직

CDB라는 단백질을 지닌 미접촉 T세포는 효과기 세포가 된 후 다시 세포독성 T세포로 거듭난다. 세포, 바이러스와 만나 전투를 벌이는 과정에서 미접촉 T세포는 경험을 쌓아 진화한다.

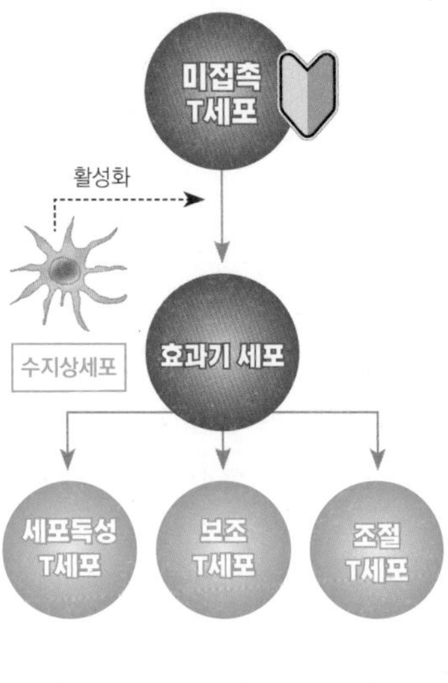

B세포란 무엇일까?

| B세포 이야기 |

B세포는 백혈구의 림프구 중 하나로,
항원에 대응해 '항체'를 만들어 싸운다.

세 가지만 알면 나도 과학자!

항원 수용체로 항원과 결합한다

B세포(B cell)는 림프구의 일종으로, 우리 몸에 들어온 이물질(항원)과 결합하는 수용체를 가지고 있다. 하나의 B세포가 가진 항원 수용체는 한 종류뿐이라서 그 수용체가 대응할 수 있는 항원에만 효과를 발휘한다.

T세포와 힘을 합쳐 항체를 만든다

B세포는 '사이토카인'이라는 단백질을 분비해 T세포에 항원이 어떤 상태인지 알리는 정보를 전송한다. 보조 T세포에서 지시가 내려오면 항체(25일 차)를 만들어 싸우고 항원을 몰아내기도 한다. 항체는 '면역 글로불린'이라는 단백질로 이루어진다. 처음 만난 병원체의 항체를 준비하려면 1주일가량 소요된다.

골수에서 태어나 림프절, 비장에서 성장

B세포는 골수에서 태어난다. 하지만 모든 B세포가 온전히 성장하지는 못한다. 살아남은 B세포는 림프절과 비장(302일 차) 등으로 이동해서 성장한다.

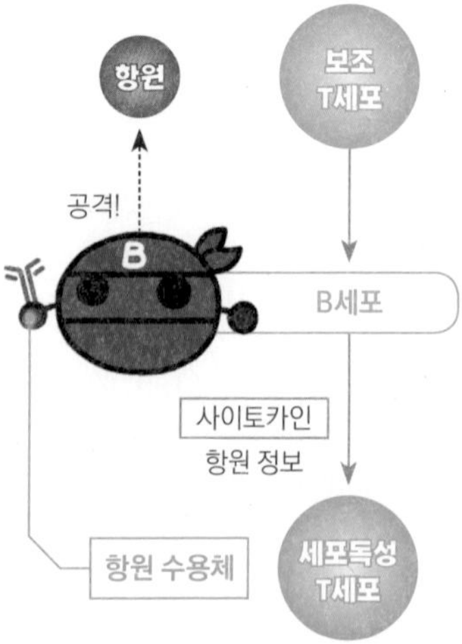

자연 살해 세포란 무엇일까?

|자연 살해 세포 이야기|

암세포와 병원체에 감염된 세포를 발견하면
공격에 나서 처치하는 세포다.

세 가지만 알면 나도 과학자!

명령이 없어도 수상한 세포를 공격할 수 있다

자연 살해 세포(natural killer cell, NK세포)는 백혈구의 림프구 중 하나로, 암세포와 병원체에 감염된 세포가 없는지 순찰한다. 수상한 세포를 발견하면 공격해서 처치한다. 보조 T세포가 명령을 내리지 않아도 공격할 수 있다.

자연면역으로 활약한다

자연 살해 세포는 쉽게 말해 선천적 암살자라고 할 수 있다. 세포를 죽이기 위한 특수한 단백질을 분비해 망가진 세포막에 구멍을 뚫어 공격한다. 병원체가 몸에 들어오면 최초로 작동하는 자연면역(23일 차)으로 활약한다. 한편, 자연 살해 세포는 암세포까지 공격해 암 치료에도 활용된다.

적절한 운동과 웃음으로 증식한다

자연 살해 세포는 운동하면 증식한다. 그러나 과도한 운동을 하면 오히려 세포가 감소한다. 또한 스트레스를 받으면 감소하고, 반대로 웃으면 증식한다.

대식세포란 무엇일까?

| 대식세포 이야기 |

병원체가 들어오면 제일 먼저 달려가서
보조 T세포에 알리는 백혈구다.

세 가지만 알면 나도 과학자!

병원체의 정보를 전달하는 전령

대식세포(macrophage)는 몸에 들어온 병원체를 먹어 치우고, 보조 T세포에 전달하는 백혈구다. 이 정보가 다른 면역세포에 도움을 준다. 또한 죽은 세포를 청소하거나 적혈구가 되는 '적혈모구'를 기르는 부지런한 일꾼이다.

병원체가 증식하지 못하게 먹어 치운다

병원체가 들어오면 백혈구의 하나인 단핵구(365일 차)가 혈관 밖으로 나가 대식세포로 변신한다. 대식세포는 병원체를 공격해 몸속에서 증식하지 못하도록 먹어 치운다. 병원체와 죽은 세포를 가리지 않고 먹어 치우는 먹성 좋은 대식가라서 '대식세포(大食細胞)'라는 이름이 붙었다.

몸 곳곳에서 활약한다

대식세포는 우리 몸 이곳저곳에서 분주하게 움직이며 아메바처럼 자유자재로 모양을 바꾼다. 장소에 따라 이름과 색, 모양이 달라진다. 림프절에서는 대식세포, 폐에서는 폐포대식세포, 간에서는 쿠퍼세포라고 불린다.

Day 267

왜 어떤 사람은 어깨가 올라가고 어떤 사람은 내려갈까?

| 빗장뼈 이야기 |

**사람마다 타고난 근육이 붙는 방식이 다르며,
몸의 움직임에 따라서도 어깨 모양이 달라질 수 있다.**

세 가지만 알면 나도 과학자!

처진 어깨는 무엇이 다를까?

목덜미에서 어깨까지 뻗은 빗장뼈가 아래로 처진 사람은 '처진 어깨'가 되고, 반대로 위로 올라간 사람은 '올라간 어깨'가 된다고 알려져 있다. 빗장뼈의 위치가 지면을 기준으로 평행한지 아닌지로 판단할 수 있다.

어깨 모양은 타고나는 걸까?

사람마다 근육이 붙는 방식이 다르게 태어난다. 그렇다고 선천적 요인이 전부는 아니다. 평소 몸을 쓰는 방법에 따라 어깨 모양이 달라질 수도 있다. 예를 들어, 컴퓨터 앞에 앉아 있는 시간이 길어 구부정한 자세가 되면 어깨가 위로 올라가 고정될 수 있다.

처진 어깨나 올라간 어깨나 어깨결림 주의

어깨가 처진 사람이나 올라간 사람이나 근육의 균형이 비뚤어진 사람이 많다. 그로 인해 근육이 긴장해 어깨나 목이 결리는 증상으로 고생하기 쉽다. 같은 자세로 오래 있지 않도록 가끔 몸을 움직여 풀어주자.

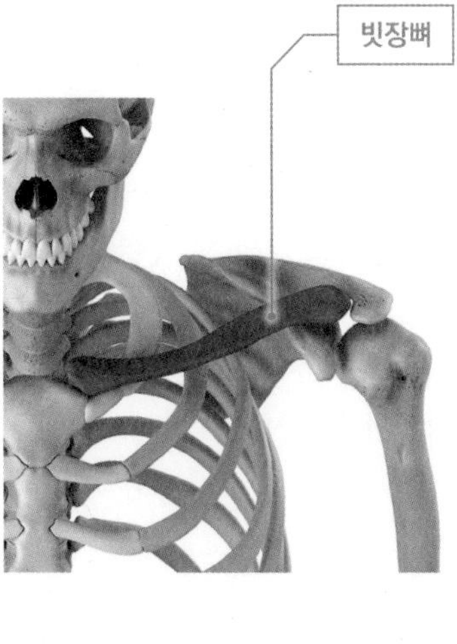

오십견은 왜 생길까?

| 오십견 이야기 |

어깨부터 팔까지 움직임이 불편하거나 통증을 느끼는 증상이다.

세 가지만 알면 나도 과학자!

움직이기 불편하고 통증이 동반된다

나이를 먹으면 조직에 염증 등이 생겨 어깨 관절의 움직임이 자유롭지 않다. 팔을 들어 올리기 어렵고, 특히 팔을 바깥으로 돌리는 자세에서 통증을 느낀다. 통상적으로 50대에 찾아온다고 해서 '오십견(五十肩)'이라 불렀는데, 요즘에는 '사십견' 환자도 많다. 의학적으로 오십견을 '유착성 관절낭염'이라고 한다.

어깨결림과 오십견의 차이는?

어깨결림은 근육이 긴장해서 혈액 순환이 나빠지며 발생하는 증상이다. 자세가 불량하거나 운동 부족, 스트레스 등이 원인이다. 오십견은 어깨 관절을 둘러싼 관절낭과 회전근개에 염증이 생겨 통증이 발생한다고 알려져 있다.

오십견 치료와 예방법은?

치료법으로는 어깨 관절의 긴장을 풀어주거나 관절 가동 범위를 넓혀주는 방법 등이 있다. 오십견을 예방하려면 바른 자세를 유지하는 것이 최선이다. 딱딱한 침대보다 적당히 부드러운 침대를 사용하는 것이 좋다.

일자목 증후군이 뭘까?

| 일자목 증후군 이야기 |

원래 휘어진 C자 형이어야 할 목뼈가 똑바로 펴진 상태다.

세 가지만 알면 나도 과학자!

일자목이 되면 두통과 어깨결림이 뒤따른다

목은 원래 머리의 무게를 분산하기 위해 완만한 곡선 모양이다. 그런데 일자목 증후군은 그 곡선이 똑바로 펴진 상태다. 그로 인해 어깨결림이 발생하기 쉽고, 뇌에 전달되는 혈액량이 줄어들어 두통에 시달린다.

스마트폰 들여다볼 때 자세가 원인일 수도

최근에는 스마트폰 사용이 일자목의 주요 원인으로 지목되고 있다. 고개를 숙인 채 장시간 스마트폰을 사용하면 일자목이 될 수 있다. 또 너무 높은 베개를 베거나, 키에 맞지 않는 책상 혹은 의자를 계속 사용해도 일자목이 될 수 있다.

일자목을 예방하려면

평소 바른 자세를 유지하는 것이 가장 중요하다. 몸을 옆에서 봤을 때 두 발의 발바닥 전체가 바닥에 닿고 허리가 곧게 펴져야 바른 자세다. 일자목을 예방하려면 책상에 앉아 공부할 때나 일할 때 바른 자세를 유지하는 습관이 필요하다.

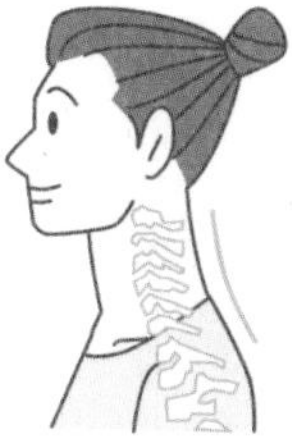

추간판 탈출증이 뭘까?

|추간판 탈출증 이야기|

등뼈 사이에 있는 추간판이 손상되거나 밖으로 튀어나온 상태다.

세 가지만 알면 나도 과학자!

등뼈의 연골이 짓눌려 밖으로 튀어나왔다!

등뼈는 척추라는 수많은 뼈로 구성되어 있고, 척추와 척추는 '추간판'이라는 연골로 이어져 있다. 추간판을 보통 '디스크'라고 부른다. 나이를 먹거나 무리한 자세를 반복하면 추간판이 짓눌려 밖으로 튀어나와 신경을 압박하는 '추간판 탈출증'이 발생할 수 있다.

팔다리 움직임이 불편해질 수도 있다

추간판 탈출증이 생기면 팔다리가 저리거나 감각이 둔해지는 증상이 나타날 수 있다. 몸을 앞으로 숙이면 통증이 느껴지거나 혼자 신발이나 양말을 신을 수 없을 정도로 불편할 수 있다. 또한 가만히 있을 때도 통증을 느낄 수 있다.

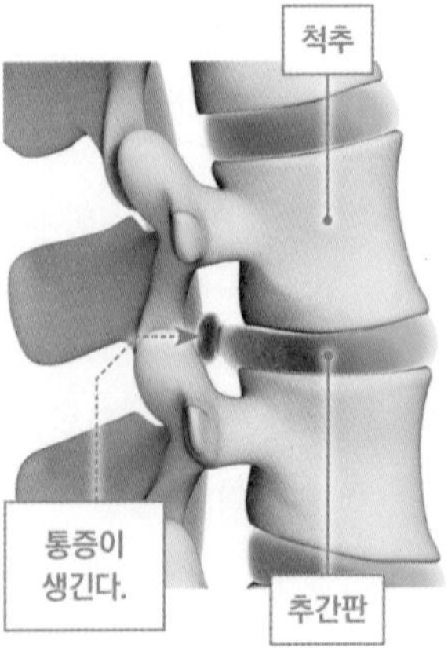

예방과 치료 방법은?

바른 자세를 유지하고 정기적인 운동이 중요하다. 특히 나이를 먹으면 허리를 쓰는 작업이나 무거운 물건을 드는 등 허리에 부담을 주는 움직임을 피하는 것이 좋다. 병원에서는 약물을 처방하거나 주사, 물리·재활 요법 등으로 치료한다.

요통은 왜 생길까?

| 요통 이야기 |

다양한 원인이 있는데, 심각한 질병일 가능성도 염두에 둬야 한다!

세 가지만 알면 나도 과학자!

요통의 원인은 다양하다

허리가 아픈 원인은 매우 다양하다. 추간판 탈출(270일 차)이나 뼈 변형으로 허리가 아플 수도 있고, 허리 근육이 손상되어 통증이 나타날 수도 있다. 또 스트레스가 요통을 일으키는 원인으로 작용할 때도 있다.

왜 허리가 아플까?

몸을 앞으로 숙인 자세로 오래 있으면 추간판과 관절에 부담을 주어 해당 부위가 손상되며 통증이 발생한다. 척추는 척추뼈라는 작은 뼈가 세로로 연결되어 있다. 그 주위를 근육이 감싸고 있는데, 허리를 앞으로 숙이면 등뼈 관절에 큰 부담을 준다.

치명적인 질병일 수도

만약 허리에 갑작스럽게 심한 통증이 나타난다면 다른 질병을 의심해볼 수도 있다. 가령 허리 주위 혈관이 부풀어 파열되는 대동맥류 파열도 요통을 유발할 수 있다. 이상 증세를 느끼면 즉시 병원에 가자. 요통을 치료하면 장과 허리 주위 혈액 순환이 개선되어 위와 장의 움직임도 활발해진다.

나이가 들면 왜 허리가 구부정해질까?

|허리 노화 이야기|

나이가 들면 골밀도가 낮아져 뼈가 쉽게 손상되기 때문이다.

세 가지만 알면 나도 과학자!

골밀도 저하가 꼬부랑 허리를 만드는 주요인

뼈 안에 광물질이 차 있는 정도를 '골밀도'라고 한다. 나이가 들면 아무래도 골밀도가 낮아져 뼈 안이 엉성해진다. 뼈 안이 치밀하게 차 있지 않으면 등뼈의 무게를 지탱할 수 없어 허리가 구부정하게 굽을 수 있다. 참고로, 인간뿐 아니라 인간의 충실한 친구인 개도 나이가 들면 허리가 구부정해진다.

O다리도 허리를 구부정하게 만드는 원인

똑바로 섰을 때 무릎 사이가 벌어지는 O다리(안굽이무릎, 67일 차)인 경우, 배에 힘이 잘 들어가지 않는다. 배에 힘이 들어가지 않으면 허리를 똑바로 펼 수 없어 허리가 구부정해지는 원인이 될 수 있다.

골밀도를 높이려면?

골밀도를 최대한 높이려면 칼슘, 비타민D, 비타민K 등의 영양소를 충분히 섭취해야 한다. 운동으로도 골밀도를 높일 수 있다. 한발 서기, 스쾃 등이 도움이 된다. 또 햇볕을 쬐면 비타민D가 합성되어 골밀도 향상에 도움이 된다.

허리를 삔다는 말이 무슨 뜻일까?

|삔 허리 이야기|

동작 중에 갑자기 허리를 움직일 수 없는 상태를 말한다.

세 가지만 알면 나도 과학자!

엄청난 통증에 시달린다!

무거운 물건을 들어 올리다가 허리 주변에 전기가 오듯 찌르르한 느낌이 들며 순간적으로 허리를 전혀 쓸 수 없는 상태를 흔히 '허리를 삐었다'고 표현한다. 허리 주위 근육과 인대(171일 차)가 손상되어 발생한다. 참고로, 허리를 삐면 마녀의 저주처럼 어마어마한 통증이 갑자기 찾아온다고 해서 '마녀의 일격(witch shot)'이라고 부르기도 한다.

운동 부족이 주원인

허리를 삐는 원인은 매우 다양하다. 운동 부족, 평소의 불량한 자세, 피로, 냉증, 비만, 스트레스, 지병 등이 모두 원인이 될 수 있다. 특히 운동이 부족하거나 만성 피로를 달고 사는 사람은 주의하자.

허리를 삐었을 때 대처법

우선 냉찜질을 해준다. 냉찜질을 너무 오래 하면 혈액 순환이 나빠질 수 있으니 얼마 후 온찜질로 혈액 순환을 개선한다. 몸을 무리하게 움직이지 않고 안정을 취하는 것이 중요하다.

의존적 중독인 탐닉이 뭘까?

|탐닉 이야기|

물건이나 행위, 사람 등 특정 대상에 집착해
빠져나올 수 없는 상태다.

세 가지만 알면 나도 과학자!

탐닉의 대상은 '물건', '행위', '사람'

탐닉(addiction) 또는 탐닉성 행동은 알코올, 마약 등의 '물건(물질 의존성)', 게임이나 인터넷, 스마트폰 등의 '행위(프로세스 의존성)', 가정폭력이나 학대 등의 '사람(관계 의존성)', 이렇게 세 가지로 크게 나눌 수 있다.

탐닉은 몸과 마음 모두에 영향을 미친다

무언가에 탐닉하면 알코올 중독으로 인한 급성 간염, 뇌졸중, 치매 등의 신체 질환과 식이 장애(181일 차) 등이 나타날 수 있다. 또한 마음의 병(탐닉이 병이라는 자각이 없는 증상 등)도 생길 수 있다.

무언가에 탐닉하는 이유는?

탐닉하는 대상의 종류에 따라 계기는 각양각색이다. '가족과 친구 등의 인간관계가 잘 풀리지 않아서', '사랑하는 사람과 헤어져서', '자신감이 없어서' 등 스트레스와 불안 등 심리적 고민이 계기로 작용하는 사례가 많다. 훔치는 행위를 멈출 수 없는 도벽이나 이성 관계에 집착하는 관계 중독 등도 탐닉의 일종이라 할 수 있다.

탐닉과 중독은 무엇이 다를까?

|탐닉과 중독의 차이 이야기|

**탐닉은 알면서도 멈출 수 없는 상태이고,
중독은 치료가 필요한 상태다.**

세 가지만 알면 나도 과학자!

'남용'은 탐닉과 중독으로 가는 방아쇠

약물 등을 법적 한계 이상으로 사용하는 상황을 '남용'이라고 한다. 미성년자가 술을 마시거나 담배를 피우는 행위는 법률로 금지되어 있어 이를 어기면 남용에 해당한다. 남용을 몇 번씩 반복하면 '탐닉'에 빠지고, 이것이 계속되면 병으로 진행해 '중독(intoxication)'될 수 있다. 참고로, 한 번에 한 알씩 복용하도록 처방된 약을 세 알씩 복용하는 것도 '남용'이다.

정신적 중독과 신체적 중독

중독은 '멈추고 싶어도 멈출 수 없는 상태'다. 몸과 마음 모두에서 중독 성향이 나타난다. 예를 들어, 술이나 담배를 끊으면 몸 상태가 나빠지는 경우에는 신체적 중독이다. 짜증이 나거나, 술을 마시거나, 담배를 피우고 싶다는 충동을 억누를 수 없는 상태라면 정신적 중독이다.

중독에는 만성과 급성 두 종류가 있다

중독에는 '만성 중독'과 '급성 중독'이 있다. 술을 한꺼번에 많이 마시면 급성 알코올 중독에 걸릴 수 있다. 위험한 행동이니 절대로 해서는 안 된다. 만성 중독인 경우에는 원인이 되는 행동을 멈춰도 증상이 남는다.

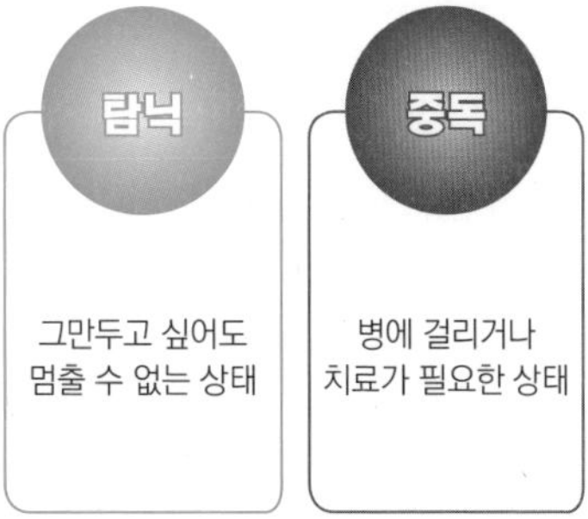

술이 몸에 들어가면 어떻게 될까?

|알코올 이야기|

알코올은 대부분 간에서 분해되어
해롭지 않은 상태로 바뀌어 몸 밖으로 배출된다.

세 가지만 알면 나도 과학자!

알코올이 체내에 들어왔을 때 발생하는 메커니즘

술에 들어 있는 알코올은 위와 장에서 흡수되어 대부분 간으로 간다. 그때 아세트알데히드라는 몸에 해로운 물질이 나온다. 이 물질은 효소 작용에 의해 분해되어 아세트산이 되어 몸 밖으로 배출된다.

숙취에 시달리는 사람, 숙취에 강한 사람

술이 센 사람과 약한 사람의 차이는 아세트알데히드를 분해하는 효소의 양이 결정한다. 술을 마셔 얼굴이 빨개지는 신체 반응도 채 분해되지 않은 아세트알데히드가 주요 원인이다. 술에 취하면 맥박이 빨라지거나 혈압이 오르고, 두통이나 구역질 등의 증상이 나타날 수 있다.

'술이 세다'는 말이 무슨 뜻일까?

처음에는 한 잔만 마셔도 얼굴이 빨개지는 사람도 계속 마시다 보면 주량이 늘어난다. 아세트알데히드의 분해 능력이 높아지는 '효소 유도' 현상 때문이다. 다만, 아무리 애써도 술이 몸에 받지 않는 사람도 있으니 주량을 늘린다고 무리해서 마시지는 말자!

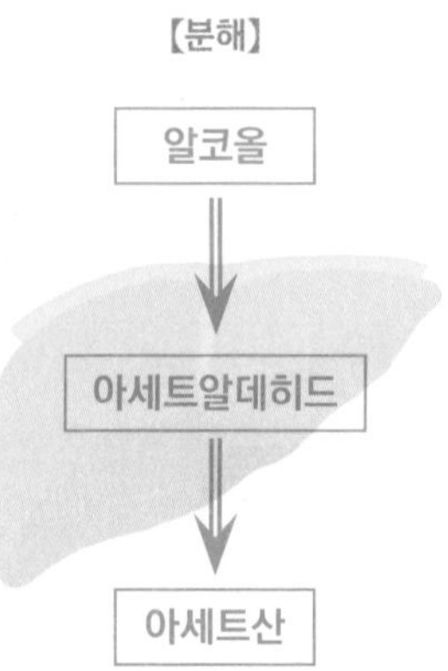

담배는 왜 몸에 해로울까?

| 담배 이야기 |

> **담배에 들어 있는 니코틴과 발암물질이 온몸의 세포에 손상을 주기 때문이다.**

세 가지만 알면 나도 과학자!

담배를 끊지 못하게 만드는 원흉 '니코틴'

담배 연기 속에 들어 있는 중요한 물질 중 하나가 니코틴이다. 니코틴은 도파민이라는 쾌락 물질을 분비해 기분이 좋아지게 만든다. 그런데 니코틴을 끊으면 이 쾌락 물질을 갈구하며 담배를 피우고 싶어지는 금단 증상이 나타난다.

흡연은 갖가지 질병을 유발한다

담배 연기에는 70가지 종류의 발암 물질이 포함되어 있어 체세포의 DNA가 손상될 수 있다. DNA 손상이 반복되면 암세포가 생길 수 있다. 암 세포 생성 외에도 혈관이 막히며 심장병과 뇌졸중을 일으키거나 폐 속에 있는 폐꽈리(폐포)가 망가져 폐 질환에 걸릴 우려가 있다.

간접흡연의 영향

담배를 피우지 않는 사람이 다른 사람이 피우는 담배 연기를 마시는 상황을 '간접흡연'이라고 한다. 비흡연자라도 간접흡연에 노출되면 뇌졸중과 폐암, 심근경색, 심장병 등의 각종 질환에 걸릴 확률이 높아진다.

마약은 왜 나쁠까?

|마약 이야기|

시작하면 멈출 수 없고 계속하면 몸과 마음을 좀먹기 때문이다.

세 가지만 알면 나도 과학자!

마약은 쓰기 나름

사용을 중단하면 바로 금단 증상이 나타나 남용 우려가 있는 약물을 '마약'이라고 한다. 마약의 종류는 매우 다양하다. 특정 성분을 추출해 마취 시술 등 의료용으로 사용하기도 한다. 알고 보면, 녹차와 커피에 들어 있는 카페인도 흥분제인 마약의 일종이다.

각성제는 일본에서 탄생한 마약

각성제는 자연 물질과 화학 물질을 합성해서 만든 약물이다. 많이 복용하면 말이 많아지고, 불안해지며, 잠을 잘 수 없다. 지나치게 복용해 심각한 상태가 되면 착란을 일으키거나 공격적으로 변할 수도 있다.

신체와 정신 모두에 영향을 미치는 대마

대마도 마약의 일종이다. 대마를 흡입하면 술에 취한 듯 몽롱한 기분이 들며, 팔다리 마비, 안구 충혈, 입 마름, 현기증, 구토 등이 발생하고 환각을 볼 수도 있다. 이러한 약물은 소지하는 것조차 법률로 금지되어 있다.

도박 중독은 왜 생길까?

|도박 중독 이야기|

자신의 의지로 조절할 수 없는 상태가 되면 도박에 중독될 수 있다.

세 가지만 알면 나도 과학자!

횡재 경험이 도박 중독의 계기가 되기도

카지노나 경마장 출입을 멈출 수 없다면 도박이 될 수 있다. 특히 '초심자의 운'이라고 해서 우연히 참여한 도박판에서 어쩌다 큰돈을 따는 횡재를 경험하면 도박 중독에 빠지기 쉽다고 알려져 있다.

도박 중독이 되기 쉬운 유형

도박 중독은 누구에게나 일어날 가능성이 있으나, 특히 특정 유형의 사람이 도박 중독에 취약하다. 계획적이지 않은 성격, 한탕주의자, 미래에 대한 희망과 목표가 없는 사람, 대인관계가 서툰 사람, 현실 도피적인 사람은 도박에 중독되기 쉽다.

도박 중독의 가장 큰 문제는 빚

도박 중독의 문제는 무엇보다 빚이다. 돈이 없는데 도박판에 끼고 싶어 가족에게 거짓말로 돈을 얻어내거나 빌린다. 어렵게 빚을 갚고 나서 다시 도박에 손대는 사람도 있다. 비슷한 처지에 있는 사람끼리 경험을 공유하거나 이야기를 들어주는 그룹 치료 방법이 중독 탈출의 첫걸음이 될 수도 있다.

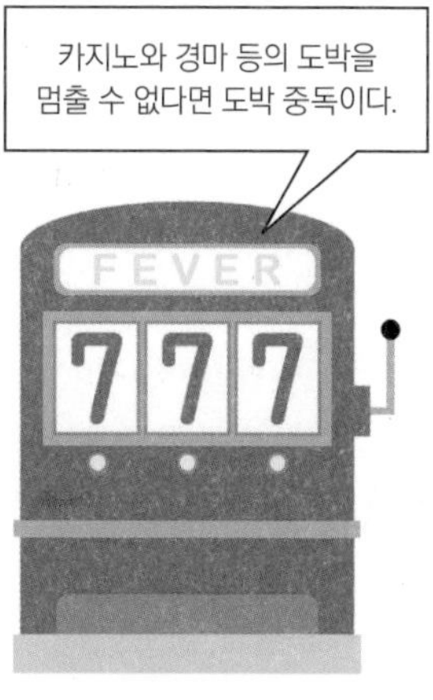

식중독이 뭘까?

| 식중독 이야기 |

식품에 들어 있는 바이러스와 세균이 원인이 되어
복통과 설사가 생기는 질환이다.

세 가지만 알면 나도 과학자!

식중독은 다양한 카테고리로 분류

식중독은 크게 '미생물', '기생충', '자연독', '화학 물질'로 분류할 수 있다. 그런 다음 또다시 세균성 식중독, 바이러스성 식중독 등 다양한 종류(병인 물질, 오염 물질, 주요 원인 식품 등)로 나눌 수 있다.

다양한 식중독과 증상

익히지 않은 소의 간에 있는 살모넬라균이 체내로 들어가면 발열, 두통, 구토 등을 일으킨다. 고등어, 정어리, 오징어 등에 있는 고래회충(아니사키스)이라는 기생충이 체내에 들어가면 식후 8시간 이내에 격렬한 복통을 일으킨다.

식중독 예방책

우리나라 식품의약품안전청에서 권장하는 간단하면서도 효율적인 식중독 예방 요령은 손 씻기, 익혀 먹기, 끓여 먹기다. 식중독 증상이 나타나면 우선 가까운 의료기관을 방문해 의사의 지시를 따르고, 집단 설사 환자가 나타나면 가까운 보건소에 신고해야 한다.

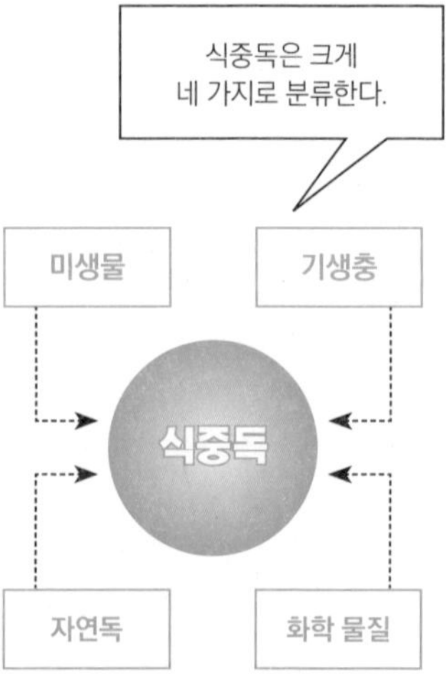

대뇌·소뇌·뇌간은 무엇이 다를까?

|뇌의 세 부위 이야기|

뇌간(뇌줄기)은 생명 활동을, 소뇌는 운동을,
대뇌는 생각하거나 결정 내리는 역할을 한다.

세 가지만 알면 나도 과학자!

대뇌는 인간다운 활동의 원천

인간은 대뇌가 크게 발달해 있다. 전체 뇌 무게의 80퍼센트가량을 대뇌가 차지한다. 대뇌는 인간다움, 복잡하고 어려운 사고, 식욕, 수면, 취향 결정, 본능과 관련된 역할을 한다.

소뇌 덕분에 자전거를 탈 수 있다!

소뇌는 걷기·달리기 등 운동을 관장한다. 대뇌에서 운동 명령을 내리면, 소뇌에서 몸이 정확하게 움직이도록 타이밍과 균형을 조절한다. 반복해서 연습하면 자전거를 탈 수 있거나 피아노 등의 악기를 능숙하게 연주할 수 있는 능력은 소뇌가 움직임을 기억하고 조절해 주기 때문이다.

생명 활동에 꼭 필요한 뇌간

뇌간은 호흡하거나 심장을 움직이는 등 생명 활동에 매우 중요한 역할을 한다. 아기의 뇌에서도 뇌간이 맨 먼저 만들어진다. 수많은 신경이 뇌간을 지나 몸으로 연결되어 있다. 참고로, 원시생물에는 뇌도 신경도 없었다.

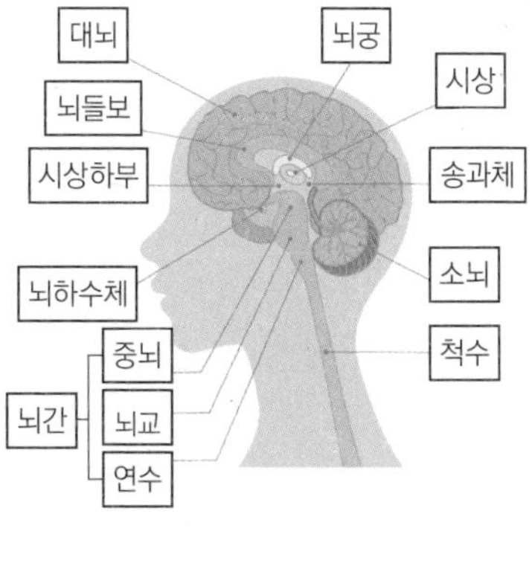

Day 282

연수와 척수의 차이는 뭘까?

|연수와 척수 이야기|

둘 다 뇌의 명령 전달 통로인데,
연수까지가 뇌이고, 그 아래에 척수가 이어져 있다.

세 가지만 알면 나도 과학자!

연수까지 뇌이고, 그 아래는 머리뼈 밖

연수는 뇌의 가장 아랫부분이고, 그 너머는 척수로 이어져 있다. 대뇌에서 온몸에 명령을 전달하는 신경 다발과 몸에서 뇌로 신호를 보내는 신경 다발이 엇갈리는 추체로(피라미드로)가 연수와 척수의 경계다. 연수는 호흡과 심박 등 생명 활동에 중요한 기능이 모여 있는 부위다.

좌우 신경이 연수에서 엇갈린다

추체로에서는 뇌의 좌반구와 우반구에서 나온 운동신경 다발이 좌우로 교차한다. 그래서 좌우뇌는 몸 반대편을 관장한다. 예를 들어, 좌뇌가 손상되면 몸 오른쪽을 움직일 수 없고, 반대로 우뇌가 손상되면 몸 왼쪽이 불편해지는 식으로 영향을 미친다.

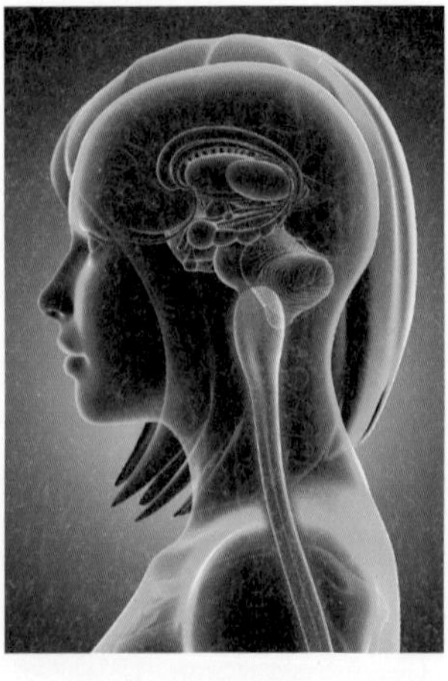

성인의 척수 길이는 40~50센티미터

척수는 원기둥 모양의 신경 다발로, 척수 안에서 몸의 각 부위로 연결되어 있다. 복부에 있는 전근(前根)이라는 신경 다발이 대뇌에서 운동 정보를 근육에 전달하고, 등뼈 쪽에 있는 후근(後根)이 피부 등의 말초신경에서 감각 정보를 대뇌에 전송한다.

시상과 시상하부가 무슨 뜻일까?

|시상과 시상하부 이야기|

눈 등으로 들어오는 감각 정보를 보내거나
호흡을 조절하는 자율신경을 관장한다.

세 가지만 알면 나도 과학자!

시상은 온몸에서 모이는 감각 정보의 중계 지점

눈과 귀 등에서 감지한 감각 정보는 시상으로 모여 대뇌의 각 감각영역으로 신호가 전송된다. 시상에는 시각 이외의 감각 정보가 총집합한다. 대뇌와 뇌간 사이에 있는 간뇌(사이뇌)의 80퍼센트를 시상이 차지한다. 낮에는 일어나서 활동하고 밤에 잠자리에 드는 1일 24시간 사이클의 생체시계도 간뇌에서 조정한다.

몸 상태를 일정하게 유지한다

긴장하면 심호흡으로 호흡량을 조절하고, 기온이 올라가면 땀을 흘려 체온이 너무 높아지지 않도록 관리하는 등 우리 몸은 항상 이상적인 상태로 균형을 유지하려는 성질이 있다(항상성). 그 항상성을 조정하는 자율신경계를 시상하부가 관리한다.

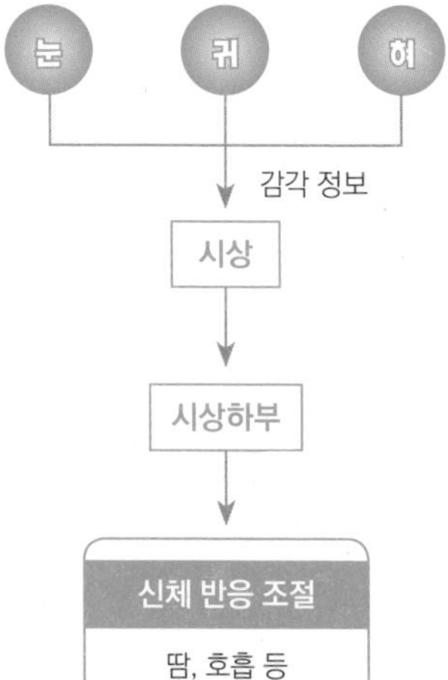

스트레스를 감지해 몸을 지킨다!

우리 몸이 질병과 부상, 더위와 추위 등의 스트레스에 노출되면 그 정보가 시상하부에 전달된다. 시상하부는 심박수와 호흡수를 늘려 전투 태세에 돌입한다. 그런데 스트레스가 조금씩 꾸준히 쌓이면 집중력이 저하되거나 우울증(176일 차) 등의 증상이 나타날 수 있다.

뇌들보는 무슨 일을 할까?

| 뇌들보 이야기 |

우뇌와 좌뇌를 연결해 정보를 합체한다.

세 가지만 알면 나도 과학자!

우뇌와 좌뇌를 연결하는 다리

대뇌는 한가운데 대뇌세로틈새(대뇌종렬)라는 깊은 고랑을 두고 우뇌와 좌뇌로 나뉜다. 고랑 안에는 뇌들보(뇌량)라는 두툼한 신경섬유 다발이 빼곡히 차 있다.

사람 뇌들보의 신경섬유는 약 2억 가닥

많은 포유류의 뇌에는 뇌들보가 있어 좌뇌와 우뇌를 연결해준다. 사람의 뇌들보는 약 2억 가닥의 신경섬유로 이루어져 있다.
뇌들보는 장소에 따라 기억과 계산 등의 지적 활동과 운동, 시각 관련 정보와 각각의 정보를 전달하는 신경 통로가 있다.

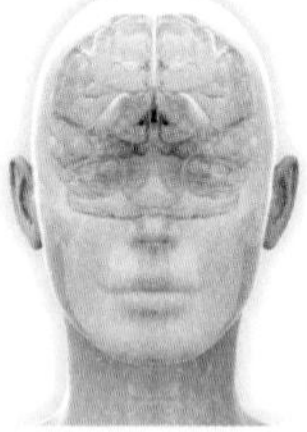

우뇌와 좌뇌가 협력해서 몸을 움직인다

뇌들보를 통해 우뇌와 좌뇌는 서로 연락을 주고받는다. 또 힘을 합쳐 몸의 오른편과 왼편을 움직이고, 오른쪽 눈과 왼쪽 눈으로 들어오는 정보를 취합한다. 양쪽 뇌가 연계하기 때문에 몸의 오른편과 왼편을 동시에 마음대로 움직일 수 있다. 뇌들보가 손상되면 복잡한 작업을 할 수 없어 불편을 겪을 수 있다.

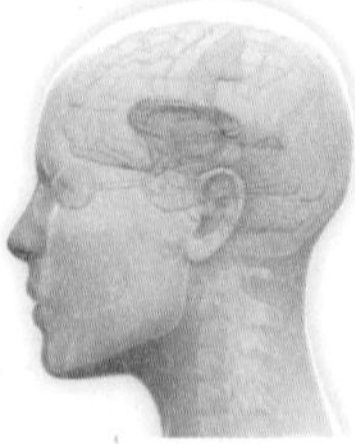

Day 285

해마는 무슨 일을 할까?

|해마 이야기|

새로운 기억을 단기간 보존하고, 앞으로 계속 저장할지 결정한다.

세 가지만 알면 나도 과학자!

몇 초에서 몇 분 사이 짧은 기억 보존

길에서 본 사람의 얼굴이나 처음 들은 전화번호는 바로 잊어버린다. 이처럼 짧은 기억을 '단기 기억'이라고 한다. 시각·청각·후각 등 기억의 바탕이 되는 정보는 해마에 모여 단기 기억으로 보존된다. 참고로, 모양이 바다의 신 포세이돈이 타던 가상의 동물 꼬리와 닮아 '해마'라는 이름이 붙었다.

저장된 기억을 떠올리는 역할도

해마는 뇌에 저장된 기억을 떠올리는 역할도 한다. 사람의 얼굴과 옷의 특징 등 정보를 찾기 쉽게 정리한다. 그 정보를 실마리 삼아 기억 회로를 더듬어 재생하면 기억이 되살아난다고 알려져 있다.

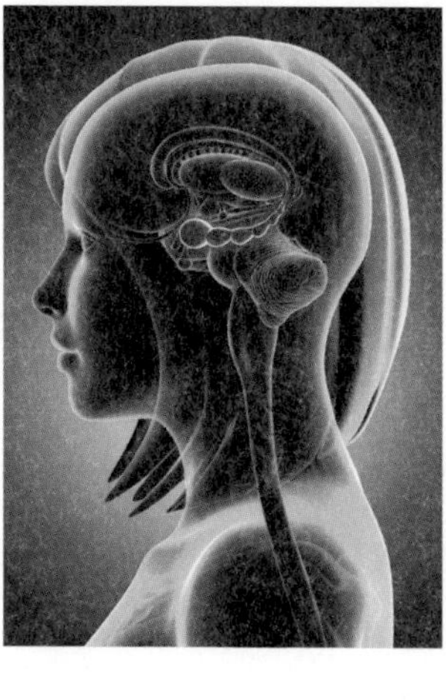

반복해서 떠올리면 장기 기억으로 보존된다

어떤 일을 반복해서 떠올리면 기억의 재료가 되는 정보를 전달하는 시냅스가 활발하게 작동해 기억이 장기 보존되는 것으로 추정된다. 그래서 새로운 단어를 몇 번씩 읽거나, 소리 내어 발음하거나, 손으로 쓰면 더 잘 외워진다!

대뇌피질이 뭘까?

|대뇌피질 이야기|

생각하거나 말하는 등 인간다움을 만드는 부위다.

세 가지만 알면 나도 과학자!

대뇌 가장 바깥쪽에 있는 주름진 부분

대뇌피질은 뇌 바깥쪽을 감싸고 있는 주름진 부분이다. 수많은 신경세포(뉴런, 166일 차)가 모여 있어 생각하거나 말하거나 계산하는 등 인간다움을 만드는 부위다.

신경세포가 대거 모인 회백질

대뇌피질은 신경세포가 빼곡하게 모인 회백질로 이루어져 있다. 회백질은 약 2,500개의 신경세포가 들어 있는 지름 0.5~1밀리미터가량의 원기둥으로 되어 있다. 대뇌피질에는 원기둥이 수백만 개 있다고 알려져 있다.

주름을 펼치면 신문 1장 분량

사람의 대뇌피질은 매우 커서 침팬지의 세 배 정도 된다. 대뇌피질의 주름(뇌구)을 펼치면 신문 한 장 정도 크기다. 좁은 머리뼈 안에 커다란 대뇌를 담기 위해 쥘부채처럼 차곡차곡 접힌 주름으로 이루어져 있다. 사람만이 지닌 고유한 유전자가 뇌를 크고 주름지게 발달시켰다는 이야기가 있다.

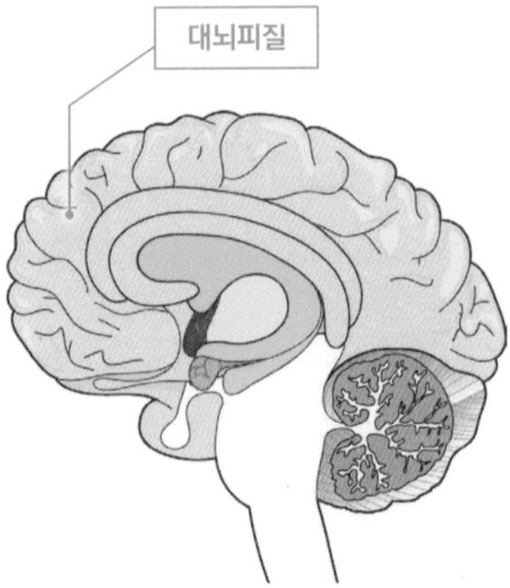

뇌실계가 뭘까?

|뇌실계 이야기|

뇌 안에 있는 공간으로, 외부 충격으로부터 뇌를 지켜준다.

세 가지만 알면 나도 과학자!

뇌를 지켜주는 공간

뇌와 척수에는 틈이 있는데, 그 속을 뇌척수액이 채우고 있다. 뇌 속의 틈을 뇌실, 척수 틈을 중심관이라고 한다. 뇌실계는 좌우가쪽뇌실(측뇌실), 제3뇌실(셋째뇌실), 제4뇌실(넷째뇌실)로 나뉘어 있는데, 모두 통로로 연결되어 있다.

맥락얼기에서 뇌척수액을 만든다

네 개의 뇌실계에는 뇌척수액을 만드는 맥락얼기가 있다. 뇌실에서 만들어진 뇌척수액은 뇌 밖으로 흘러나가 뇌를 지키는 거미막과 뇌의 틈(거미막밑공간), 척수 중심관으로 흘러간다. 마지막에는 혈관에 흡수되어 정맥으로 흐른다.

뇌척수액이 뇌 안에 고이면 수두증이 된다

뇌척수액이 원활하게 흐르지 않거나 혈관에 흡수되지 않고 쌓여 뇌실이 커지는 병을 수두증(물뇌증)이라고 한다. 뇌척수액이 너무 많아지면 뇌를 압박해 뇌가 제 기능을 하지 못한다. 선천적 원인도 있고 사고로 유발되기도 한다. 참고로, 뇌는 매우 부드러워 머리뼈와 세 개의 막(경막, 거미막, 연질막)이 지키고 있다.

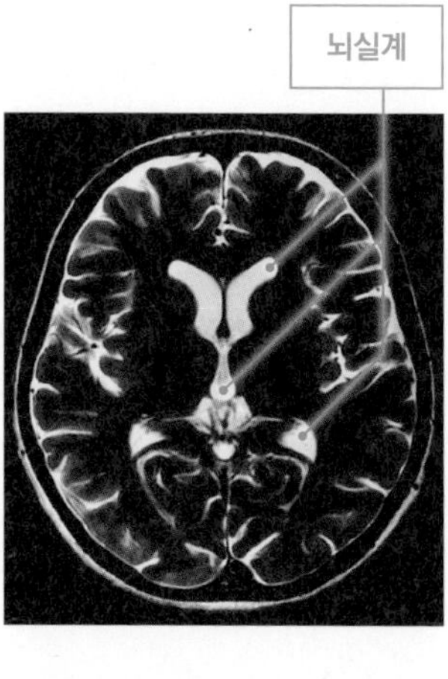

땀띠는 왜 날까?

|땀띠 이야기|

땀이 나오는 출구가 막혀 땀이 밖으로 나오지 못해 땀띠가 난다.

세 가지만 알면 나도 과학자!

땀을 흘린 뒤에 생기는 울긋불긋한 발진과 돌기가 '땀띠'

땀을 흘린 뒤 피부 표면에 불그스름하면서 오돌토돌한 돌기가 생기며 가려운 증상을 '땀띠'라고 한다. 울긋불긋한 돌기가 아니라 투명하고 자잘한 물집처럼 생길 때도 있다. 한꺼번에 많은 땀을 흘렸을 때나 붕대, 깁스 등으로 통풍이 제대로 안 될 때 생기기 쉽다.

땀이 나가는 출구가 막힌 상태

땀은 피부 속 땀샘이라는 기관에서 만들어져 가느다란 관(땀관)을 통해 피부 표면으로 배출된다. 이때 각질이나 때 등 이물질로 땀관이 막히면 땀이 밖으로 나가지 못하고 피부 속에 고여 땀띠가 난다.

땀을 흘리면 옷을 갈아입자

땀띠는 머리나 이마, 목덜미, 팔꿈치나 오금, 사타구니, 엉덩이처럼 땀이 나서 축축해지기 쉬운 부위에 잘 생긴다. 땀을 자주 닦아 피부를 깨끗하게 유지하면 땀띠를 어느 정도 예방할 수 있다. 땀을 흘린 뒤에 옷을 갈아입는 것만으로도 예방에 많은 도움이 된다.

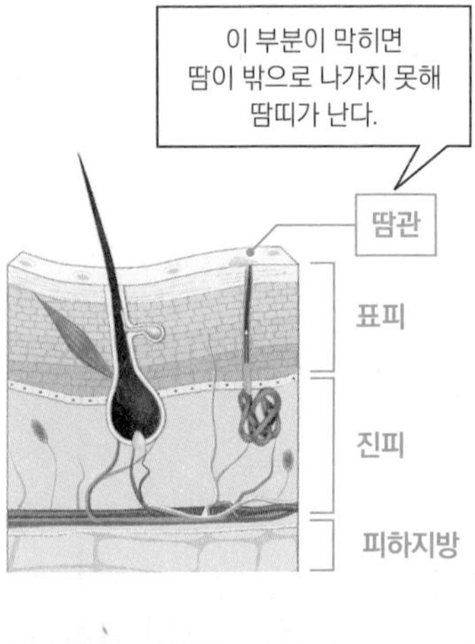

두드러기는 왜 생길까?

| 두드러기 이야기 |

히스타민이 피부 혈관을 확장해 가려움 유발 신경을 자극한다.

세 가지만 알면 나도 과학자!

붉게 부었다가 시간이 지나면 사라진다

피부 일부가 갑자기 붉어지며 부어오르고(팽진) 가렵다가 시간이 지나면 차츰 원래 피부 상태로 돌아가는 것을 '두드러기'라고 한다. 가려움뿐 아니라 화끈화끈한 통증을 느끼는 사람도 있다. 두드러기(urticaria)는 유럽에서 흔히 볼 수 있는 쐐기풀(urtica dolica)에서 유래했다.

피부가 붉어지고 가려운 원인은 히스타민

두드러기는 왜 생길까? 피부 안쪽에 있는 세포가 어떤 계기로 '히스타민'이라는 물질을 분비하기 때문이다. 히스타민은 혈관을 넓혀 혈관 안에 있는 물질이 밖으로 나가기 쉽게 만든다. 그로 인해 피부가 벌겋게 달아오르며 붓는다. 히스타민은 가려움을 유발하는 신경도 자극해 두드러기가 나면 피부가 가려워진다.

음식, 운동 등이 계기가 된다

두드러기는 음식이나 약물, 운동, 더위, 추위 등이 주요 원인이다. 특정한 음식을 먹은 후에 운동하면 두드러기가 나는 사람도 있고, 원인이 불분명한 경우도 많다.

암내(액취증)는 왜 날까?

|액취증 이야기|

겨드랑이의 땀샘에서 나온 땀을
피부에 있는 세균이 분해하며 냄새를 유발한다.

세 가지만 알면 나도 과학자!

겨드랑이에서 나는 강력한 냄새

겨드랑이에서 나는 특징적인 강한 냄새를 흔히 '암내'라고 하는데, 의학 용어로는 '액취증' 또는 '취한증'이라고 한다. 불쾌한 냄새가 신경 쓰여 병원 치료를 받는 사람도 있지만, 자연스러운 신체 반응으로 받아들이고 대수롭지 않게 여기는 나라나 문화권도 있다.

땀을 분비하는 아포크린샘

겨드랑이에는 땀을 분비하는 '아포크린샘'이 많이 분포해 있다. 땀을 분비하는 기관으로는 에크린샘과 아포크린샘이 있다. 일반적으로 물처럼 줄줄 흐르는 땀은 에크린샘에서 분비되고, 조금 더 끈적끈적한 땀은 아포크린샘에서 분비된다.

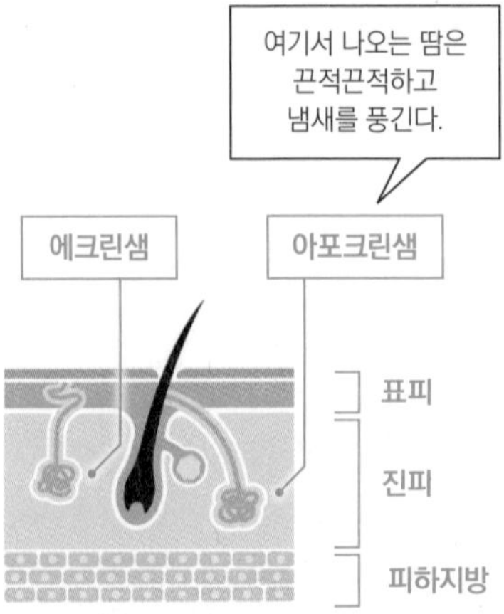

땀이 분해되며 냄새가 난다

아포크린샘에서 나온 땀은 지질과 단백질 등이 포함되어 있어 끈적끈적하다. 그 끈적한 땀이 피부에 서식하는 세균에 분해되면 독특한 냄새를 유발한다.

Day 291 오감 | 피부 질환

여드름은 왜 생길까?

|여드름 이야기|

피지가 많이 분비되어 모공이 막혀
여드름 원인균이 증식하기 때문이다.

세 가지만 알면 나도 과학자!

모공이 막혀 염증이 생긴다

얼굴, 등, 머리 등에 생기는 울긋불긋한 뾰루지가 '여드름'이다. 모공 속에 피부의 기름(피지)이 쌓여 염증(붉어지며 열감이 느껴진다)이 생긴 상태다. 여드름을 짜면 피부에 상처가 생기고 세균이 증식해 얼룩덜룩하게 흉 지기 쉽다.

피지가 증가하면 모공에서 균이 증식한다

피지를 만드는 피지샘은 모공에 붙어 있어 만들어진 피지가 모공으로 배출된다. 그런데 피지가 너무 많으면 모공을 막을 수 있다. 모공이 막히면 그 속에서 여드름 원인균이 증식해 염증이 발생하며 울긋불긋한 여드름이 생긴다.

염증의 단계와 증상에 따라 구분

여드름의 종류를 보면, 염증이 생기지 않는 초기의 블랙헤드, 화이트헤드, 좁쌀 여드름 등 '면포성 여드름'이 있고, 염증의 진행 상태와 증상에 따라 구진성, 농포성, 결절성, 낭포성 여드름 등으로 구분한다.

【여드름이 생기기까지】

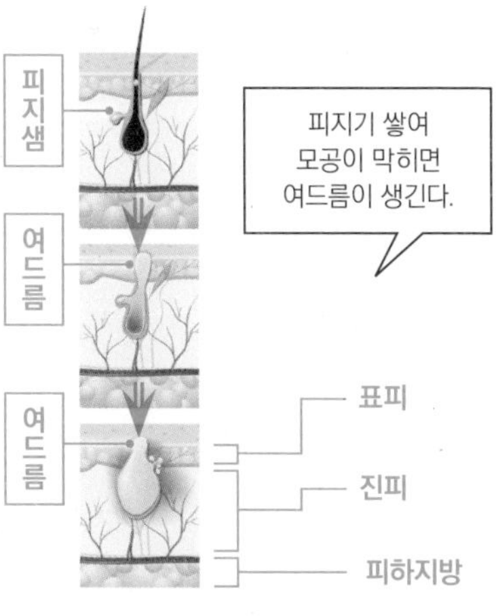

Day 292

오감 | 피부 질환

기미는 왜 생길까?

|기미 이야기|

피부 세포 교체 주기가 늦어지거나
멜라닌 색소가 남아서 생기는 색소 질환이다.

세 가지만 알면 나도 과학자!

기미의 정체는 과도하게 생성된 멜라닌 색소

얼굴과 팔 등에 불규칙한 모양과 다양한 크기로 생기는 옅은 갈색 잡티가 '기미'다. 피부 가장 바깥쪽인 표피 안쪽에서 만들어지는 멜라닌이라는 검은색 색소가 과도하게 생성되어 그대로 남으면 기미가 생길 수 있다. 기미는 '임신의 표지'라는 말이 있을 정도로 여성 호르몬과 관련이 깊다.

세포 교체 주기가 늦어져 생길 수도

표피 안에서 태어난 피부 세포가 조금씩 위로 올라가 가장 위에 도달하면 벗겨지며 떨어져 나간다. 이때 멜라닌 색소도 함께 떨어져 나가야 하는데, 나이가 들어 세포 교체 주기가 늦어지면 멜라닌 색소가 남을 수 있다.

【기미가 생기기까지】

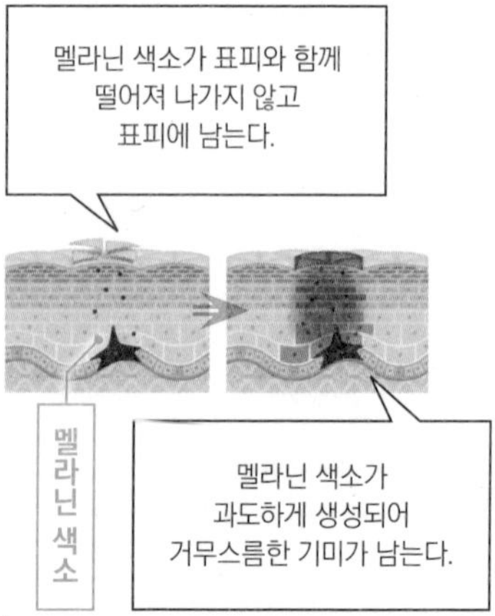

기미를 예방하려면

멜라닌 색소는 자외선으로부터 몸을 지키기 위해 만들어진다. 따라서 장시간 자외선에 노출되면 기미가 생기기 쉽다. 자외선 차단지수 30 이상 되는 자외선 차단제를 바르는 것이 좋다. 비타민 C를 포함한 충분한 항산화 비타민과 채소 섭취도 도움이 된다.

나이를 먹으면 왜 주름이 생길까?

|주름 이야기|

콜라겐 섬유와 탄성 섬유가 감소해 늘어난 피부가
원래대로 돌아가지 않으면서 주름이 생긴다.

세 가지만 알면 나도 과학자!

피부의 원상 복원력이 떨어진다

웃으면 눈꼬리나 입매에 주름이 생겼다가 원래 표정으로 돌아오면 주름이 사라진다. 그런데 나이가 들면 피부가 수축과 이완 후 원대대로 돌아가는 힘이 떨어져 주름이 생겼다가 없어지지 않는다. 또 나이가 들면 피부가 건조해져 손상되기 쉬운데, 건조함도 주름을 만드는 원인 중 하나다.

피부는 콜라겐 섬유와 탄성 섬유가 지탱한다

피부가 원래대로 돌아가는 것은 '콜라겐 섬유'와 '탄성 섬유'라는 실처럼 생긴 두 종류의 섬유가 지탱하기 때문이다. 콜라겐 섬유는 피부를 팽팽하게 당겨주고, 탄성 섬유는 피부의 수축과 이완을 고무처럼 탄력 있게 유지해준다. 두 섬유가 촘촘한 그물눈을 형성해 피부를 떠받친다.

그물눈이 느슨해지며 피부가 처진다

나이가 들면 콜라겐 섬유와 탄성 섬유가 모두 줄어들어 피부를 지탱하는 그물눈이 느슨해지며 피부가 처지고 탄력이 떨어진다. 그로 인해 늘어나거나 줄어들었던 피부가 원래대로 돌아오지 않아 주름이 생긴다.

나이가 들면 주름이 생겼다가
원래대로 돌아가는 힘이 떨어진다.

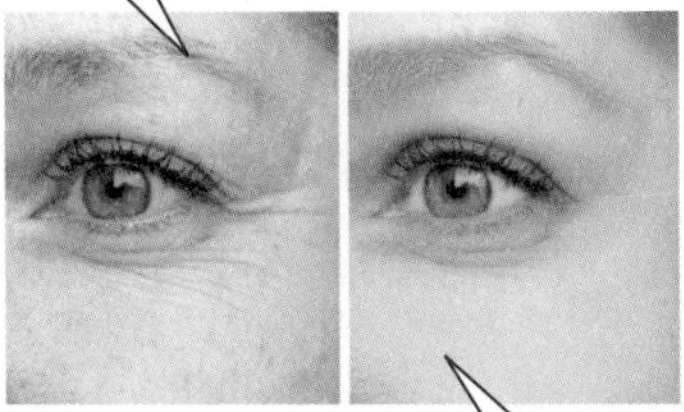

젊은 사람은 웃고 나면
주름이 사라진다.

무좀은 왜 생길까?

|무좀 이야기|

피부사상균이라는 곰팡이의 일종이 발 피부에 서식하다가 증식하면 무좀이 된다.

세 가지만 알면 나도 과학자!

무좀을 유발하는 '피부사상균'은 피부 각질을 사랑한다

무좀은 '피부사상균'이라는 곰팡이의 일종이 발 피부에서 증식하는 피부병이다. 피부사상균은 인간 피부의 각질을 즐겨 먹는다. 무좀에 걸리면 발가락과 발가락 사이 피부가 짓무르거나, 물집이 생기거나, 피부가 허옇게 들뜨며 벗겨진다.

무좀은 발에만 생기는 것이 아니다

무좀의 원인균인 피부사상균은 발가락을 가장 선호하지만 손발톱과 머리카락 등 다른 부위에서도 살 수 있다. 손발톱과 머리카락도 피부 각질과 같은 단백질로 만들어져 피부사상균의 영양이 될 수 있기 때문이다. 손발톱에 서식하면 '손발톱 백선(손발톱 무좀)', 다리 사이에 생기면 '사타구니 백선(사타구니 무좀)'이라고 한다.

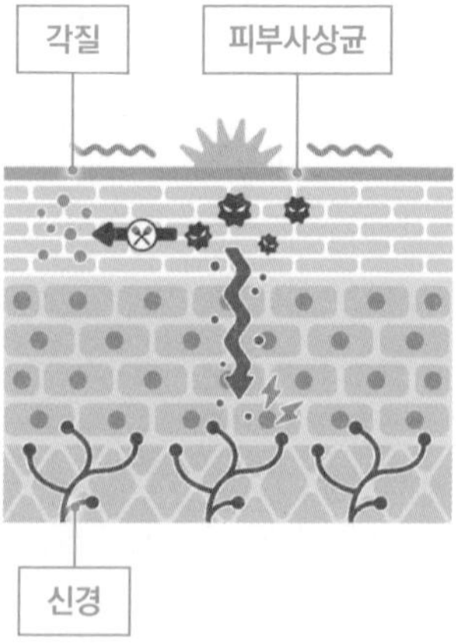

발가락 사이를 꼼꼼히 씻고 말리자

피부사상균은 깨끗한 발을 싫어한다. 샤워할 때 발바닥과 발가락 사이까지 꼼꼼히 씻어야 한다. 그리고 곰팡이는 축축한 곳을 좋아하니 씻은 후에는 보송보송하게 말리는 것이 좋다.

Day **295** 오감 | 피부 질환

몽고반점은 왜 생길까?

|몽고반점 이야기|

아기 엉덩이에 생기는 푸르스름한 몽고반점은
멜라닌 색소 세포가 피부 깊은 곳에서 쌓여 있는 것이다.

세 가지만 알면 나도 과학자!

아기 엉덩이에 나타나는 푸르스름한 '몽고반점'

신생아나 유아의 엉덩이, 등, 허리에 나타나는 푸르스름한 반점을 '몽고반점'이라고 한다. 누구에게나 나타날 수 있다. 열 살 무렵 되면 대부분 사라지는데, 가끔 어른이 되어서도 남아 있는 사람이 있다.

푸른색 반점의 정체는 멜라닌 색소

몽고반점은 어머니 배 속에 있을 때 생긴다. 피부의 검은색 색소 재료인 멜라닌 색소를 만드는 멜라노사이트가 피부 표면(표피)까지 나오지 못하고 피부 깊은 부분(진피)에 쌓이면 푸르스름하게 보인다.

'몽고반점', '몽골반', '청색 반점' 등 다양한 이름

'몽고반점'이라는 이름은 1870~1900년대 초까지 일본에서 활동하던 독일 출신 의사 에르빈 폰 벨츠(Erwin von Bälz)가 서양 의학계에 최초로 보고하며 알려졌다. 몽고 인종에게서 흔히 발견되어 '몽고반점'이라는 명칭이 붙었다. 그러나 서구권이나 아프리카 등 전 세계 사람에게서 생긴다는 사실이 알려졌다. 그래서 최근에는 갓난아기에게서 볼 수 있는 반점이라는 의미에서 '아반(兒斑)'이라 부르기도 한다.

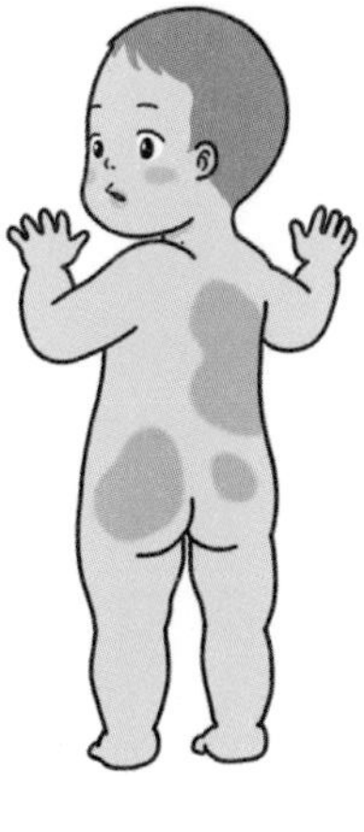

췌장은 어떤 역할을 할까?

|췌장 이야기|

소화를 돕는 췌장액과 혈당치를 조절하는 인슐린을 만든다.

세 가지만 알면 나도 과학자!

내장 깊은 곳에 있는 역동적인 장기

췌장은 위 뒤쪽, 십이지장이 쑥 들어간 부분에 끼인 길이 15센티미터가량의 올챙이처럼 생긴 장기다. 췌장에서 만들어진 소화액은 십이지장으로 운반되어 단백질, 지질, 탄수화물을 소화하는 데 사용된다.

강력한 소화액과 호르몬을 만든다

췌장에서는 다양한 음식물을 녹이는 소화액과 혈당치를 조절하는 호르몬을 만든다. 외분비 소화액은 샘꽈리세포에서 만들어지고, 내분비 호르몬은 랑게르한스섬에서 만들어진다. 그런데 췌장은 간과 마찬가지로 병에 걸려도 증상이 잘 나타나지 않고 뒤늦게 발견되어 치명적이다.

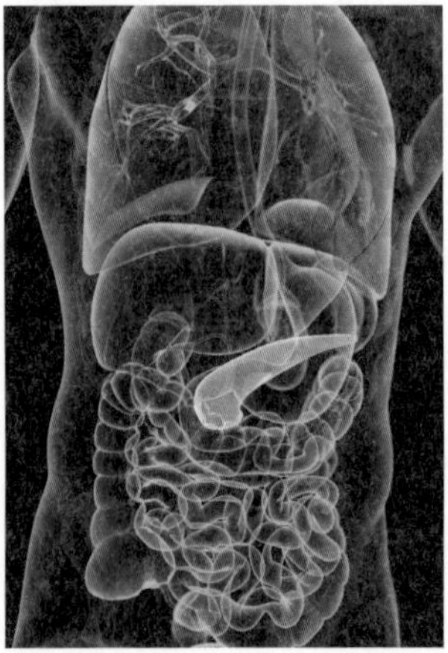

오랫동안 수수께끼 장기였다

심장과 폐 등 주요 장기는 예전부터 알려져 있었다. 그러나 췌장은 공기나 음식물이 지나지 않고, 사람이 죽으면 바로 모양이 망가져 부검으로도 비밀을 풀지 못해 오랫동안 수수께끼 장기였다.

췌장액은 어떤 액체일까?

| 췌장액 이야기 |

췌장에서 만들어져 십이지장에서 작용하는 강력한 소화액이다.

세 가지만 알면 나도 과학자!

하루에 1.5리터! 소화를 돕는 강력한 지원군

췌장에서 매일 1.5리터가량 만들어지는 췌장액에는 다양한 효소가 들어 있다. 단백질, 지질, 탄수화물을 모두 소화할 수 있다. 게다가 음식물에 섞여서 흘러 강한 위산을 중화한다.

장액에 섞이면 깨어나는 소화 효소

건강할 때, 췌장은 스스로 만든 소화액으로 소화되지 않는 구조가 작동해 세포를 지킨다. 췌장액은 췌장에서 분비되어 소장에 이를 때까지 소화력이 작동하지 않는다. 소장의 점막에서 만들어지는 효소와 섞여야만 비로소 소화 스위치가 켜진다.

【급성 췌장염】

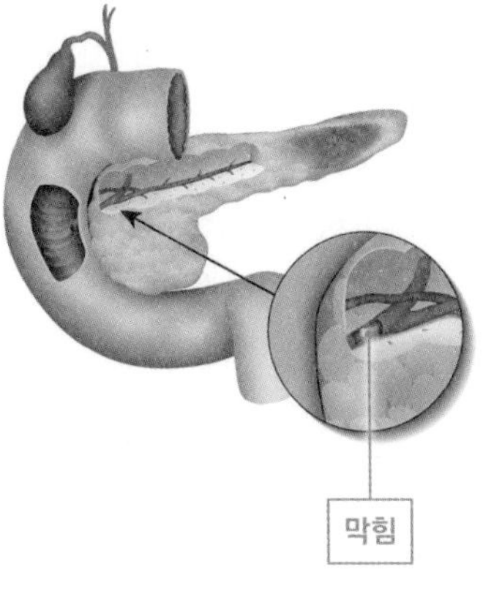

때로는 자신을 소화하기도

급성 췌장염은 어떤 계기로 췌장액의 출구가 막혀 소화액이 자신을 소화하는 질환을 일컫는다. 부상이나 질병으로 인해 췌장 밖으로 새어 나온 췌장액의 소화 효소가 점차 주위 세포를 소화해버린다.

랑게르한스섬이 뭘까?

|랑게르한스섬 이야기|

췌장의 샘꽈리 속에서 호르몬을 만드는 세포의 소규모 군집이다.

세 가지만 알면 나도 과학자!

호르몬을 만드는 특별한 세포의 소규모 군집

랑게르한스섬은 췌장 속에서 인슐린 등을 만든다. 현미경으로 췌장을 관찰하면 바다에 떠 있는 섬처럼 샘꽈리(선방)에 둘러싸인 세포 집단이 보여 이런 이름이 붙었다. 췌장 전체에 100만 개 이상 있다.

파울 랑게르한스가 발견

이 섬을 발견한 독일의 병리학자 파울 랑게르한스(Paul Langerhans)의 이름을 따서 랑게르한스섬이라는 이름이 붙었다. 참고로, 피부에도 랑게르한스가 발견한 다른 기능을 하는 랑게르한스 세포가 있다.

혈당치 조절에 관여

랑게르한스섬에서 만들어진 호르몬은 모세혈관을 통해 온몸으로 공급된다. 인슐린과 글루카곤 등의 호르몬은 음식물을 소화하지 않아도 혈당치와 소화관에 명령을 내린다. 혈당치는 식욕과도 연관이 있다. 우리 몸속에서 오직 인슐린만 혈당치를 내리도록 명령할 수 있다.

Day 299 장기 | 다양한 장기

신장은 어떤 역할을 할까?

|신장 이야기|

소변을 만들거나 신체 내부의 균형을 가늠하는 역할을 한다.

세 가지만 알면 나도 과학자!

가장 알려진 임무는 소변 만들기

신장은 커다란 강낭콩처럼 생긴 장기로, 좌우에 한 개씩 있다. 한 개의 무게는 130그램 정도 되며 주먹보다 약간 큰 정도다. 등 쪽, 횡격막 아래에 자리 잡고 있다. 몸속에서 불필요한 찌꺼기를 물에 녹여 소변을 만든다. 좌우에 한 개씩 있어 사고나 질병으로 한쪽 신장을 잃어도 별문제 없이 생활할 수 있다.

수분과 체성분의 균형 조절

몸속의 수분량과 나트륨, pH 균형을 바로잡는 장기는 신장뿐이다. 신소체라는 0.2밀리미터가량의 작은 조직에서 전체 혈액에서 불필요한 수분과 노폐물, 과도한 염분 등을 걸러낸다.

소변은 겨우 1퍼센트

신장에는 성인 기준 하루에 1,500리터의 더러워진 혈액이 들어온다. 약 200만 개의 신소체를 통과하면 150리터의 소변 원액이 만들어진다. 이 안에는 아직 쓸 수 있는 재료도 있어 필요한 물질을 재흡수하고 나머지 1.5리터만 버려진다.

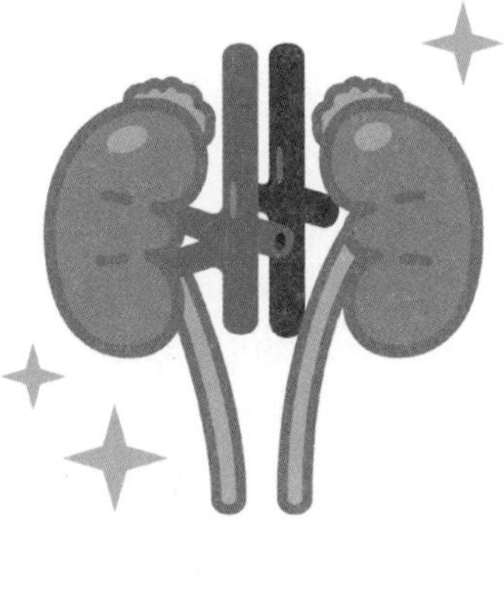

네프론이 뭘까?

|네프론 이야기|

신장 안에서 혈액을 깨끗하게 만들어주는 세척기다.

세 가지만 알면 나도 과학자!

네프론은 작은 여과 장치

네프론(nephron, 콩팥 단위)은 신소체 하나와 세뇨관 한 가닥이 한 묶음으로, 신장에서 일하는 가장 작은 단위다. 신소체에서 만들어진 원뇨가 세뇨관을 통과하는 동안 지난다. 그때 몸에 필요한 수분과 염분이 재흡수된다.

200만 개의 네프론이 교대로 일한다

양쪽 신장을 합쳐 200만 개나 되는 네프론은 고작 10퍼센트만 일한다. 네프론들은 서로 교대하며 여유롭게 일한다. 따라서 신장 등에서 네프론 일부가 일하지 않아도 바로 위중한 상태가 되지는 않는다.

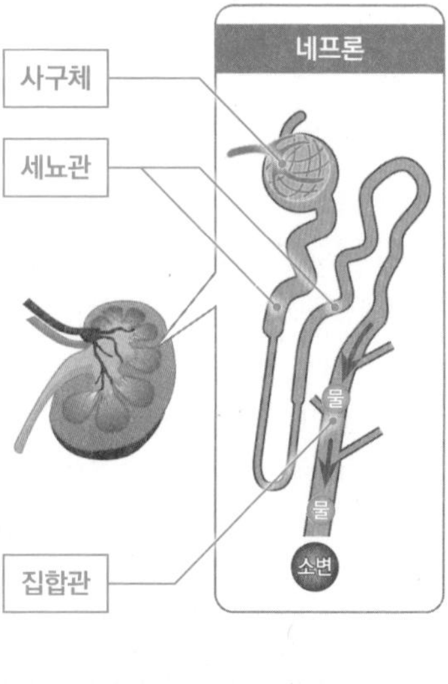

소변 대부분은 물

소변의 95퍼센트는 수분이고, 나머지는 요소와 요산, 암모니아 등이다. 땀을 흠뻑 흘린 뒤나 한바탕 달린 뒤에는 평소보다 소변 색이 짙어질 때가 있다. 몸 상태에 따라 소변의 색이나 냄새가 변하기 때문이다. 우주에서는 물이 귀중한 자원이어서 소변도 재처리해 식수로 활용한다.

요로 결석이 뭘까?

|요로 결석 이야기|

소변이 지나가는 길목에 돌이 생기는 질병이다.

세 가지만 알면 나도 과학자!

신장에서 요도까지가 전부 요로

신장에서 만들어진 소변은 요관에서 방광으로 보내져 요도를 따라 몸 밖으로 배출된다. 소변이 지나가는 이 길목을 '요로'라고 하는데, 이 길목에 돌이 생기는 질병이 '요로 결석'이다.

소변이 굳어서 돌이 된다고?

소변 속에서 결정화되기 쉬운 성분이 쌓여 돌을 만든다. 원인은 밝혀지지 않았다. 칼슘이나 흔히 '수산'이라고 부르는 '옥살산'이 돌이 되기 쉽다는 등의 일부 사실이 조금씩 밝혀지고 있다. 가끔 소변에 섞여 나온 돌을 기념 삼아 보관하는 사람도 있다.

데굴데굴 구를 정도로 심한 통증

가늘고 부드러운 부위에 돌이 걸리면 엄청난 통증을 유발한다! 데굴데굴 구를 정도로 아프다. 요로가 구부러지는 길목이나 좁아지는 지점에 돌이 끼기 쉽다. 돌이 걸린 장소에 따라 신우 결석, 요관 결석 등으로 부른다.

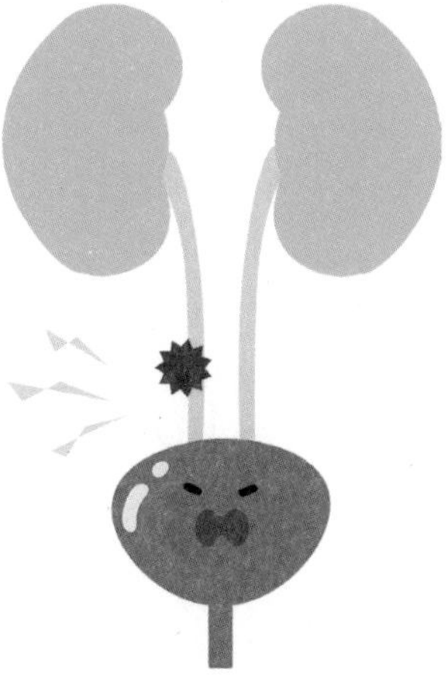

비장은 어떤 역할을 할까?

| 비장 이야기 |

오래된 적혈구를 파괴하거나 세균과 싸운다.

세 가지만 알면 나도 과학자!

몸 깊은 곳에서 적혈구를 그물로 거른다

'지라'라고도 하는 비장은 위 뒤편, 왼쪽 신장 위에 있다. 주먹만 한 크기의 부드러운 장기다. 세균 등의 외부 침입자로부터 우리 몸을 지키는 백색 속질과 그물처럼 생긴 적색 속질로 이루어져 있다. 오래된 적혈구는 이 그물에 걸리는데, 대식세포가 모두 먹어 치운다.

혈액에 섞여 들어온 외부 침입자 처치

적색 속질에 대식세포 등의 면역세포가 대기하고 있다가 혈액에 섞여 들어온 외부 침입자와 오래된 세포를 먹어 치운다. 림프에서 외부 침입자의 정보가 백색 속질로 전해지면 림프구가 활동에 나선다.

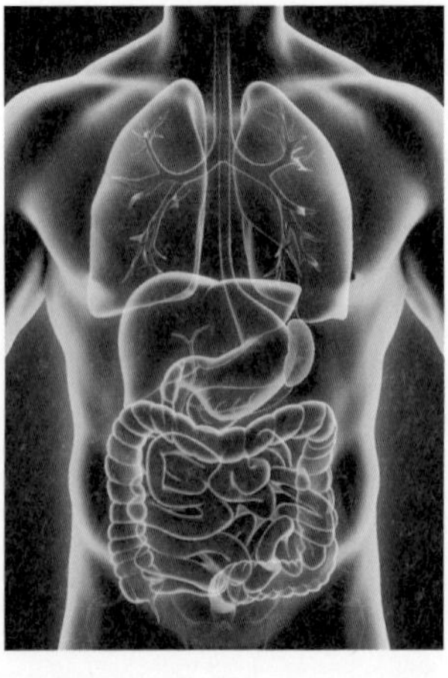

나이에 따라 기능이 다르다

평소에 비장은 파괴된 적혈구에서 철분을 재활용해 간으로 보낸다. 태아 때는 비장에서 혈액을 만들고 태어난 뒤에는 골수에서 혈액을 만드는데, 부상이나 질병으로 골수의 조혈 기능이 따라가지 못하면 비장에서 혈액을 만들어 보충한다. 사람은 비장이 없어도 다른 면역 기능이 작동해 살아갈 수 있다.

Day 303

옥시토신은 어떤 호르몬일까?

|옥시토신 이야기|

출산과 아기에게 모유를 먹일 때 작용하는 호르몬이다.

세 가지만 알면 나도 과학자!

엄마와 아기의 관계에 꼭 필요한 호르몬

옥시토신(oxytocin)은 뇌하수체 후엽에서 분비되는 호르몬이다. 출산할 때 자궁을 수축시켜 어머니가 아기를 몸 밖으로 밀어낼 수 있게 도와주고, 유선 근육을 자극해 모유의 분비를 촉진한다.

상대방의 표정을 읽을 수 있게 도와준다

사람뿐 아니라 다른 포유동물도 옥시토신을 분비한다. 최근 상대방의 표정을 읽는 능력 향상에 효과가 있다는 사실이 밝혀졌다. 옥시토신 분비량이 많은 어머니일수록 아기의 표정에서 감정을 잘 읽어낼 수 있다고 한다.

원만한 관계를 만드는 데도 보탬이 된다

사람과 사람 사이 관계를 원만하게 유지하는 데도 보탬이 된다. 부모와 자녀 관계뿐 아니라 친구와 동료 등 사람이 함께 어울려 살아가는 데 중요한 호르몬이다. 그 밖에 기억과 학습 효과를 높이는 작용도 한다. 인간관계를 원만하게 만들어주는 윤활유 역할을 해 '사랑의 호르몬'이라는 별명으로 알려져 있다.

인슐린은 어떤 호르몬일까?

| 인슐린 이야기 |

췌장에서 분비되어 혈액 속의 당을 줄이는 호르몬이다.

세 가지만 알면 나도 과학자!

식후에 올라간 혈당치를 내려준다

식사를 하면 영양분이 혈액으로 흘러가 혈당치(360일 차)가 급격하게 상승한다. 혈당치는 혈액 전체에 있는 당의 양을 말한다. 혈당치가 상승하면 혈당치를 평소 상태로 되돌려놓기 위해 인슐린(insulin)이 분비된다.

혈당치를 일정한 상태로 유지한다

인슐린은 몸을 움직이는 데 필요한 당을 글리코겐으로 바꿔 간에 저장하는 역할을 한다. 혈당치가 낮아졌을 때는 이 글리코겐을 분해해서 혈당치를 높여 항상 적절한 상태로 유지한다.

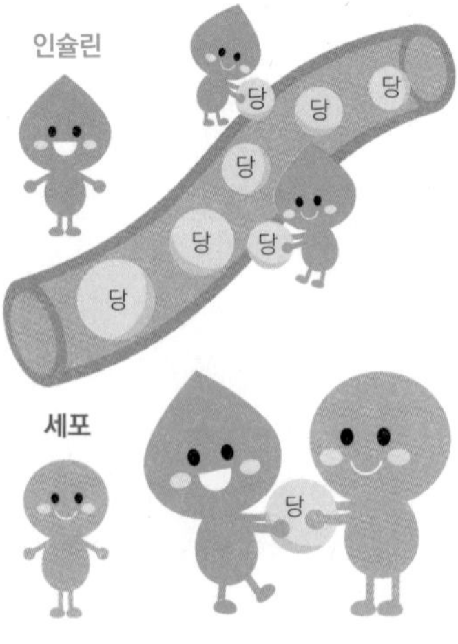

인슐린이 감소하면 당뇨병에 걸릴 수 있다

인슐린이 제대로 분비되지 않으면 당뇨병에 걸릴 수 있다. 당뇨병에 걸리면 쉽게 피곤해지고, 목이 자주 말라 물을 많이 마시거나 소변량과 소변 횟수가 늘어날 수 있다. 당뇨병에 걸리지 않도록 과식, 과음, 운동 부족에 주의하자.

멜라토닌은 어떤 호르몬일까?

| 멜라토닌 이야기 |

어두워지면 뇌의 송과체에서 분비되어 졸음이 오게 한다.

세 가지만 알면 나도 과학자!

밤에 잠들도록 도와주는 수면 호르몬

눈으로 들어오는 빛이 줄어들어 어두워지면 뇌의 송과체에서 호르몬이 분비되며 서서히 졸음이 온다. 그래서 수면 호르몬이라는 별명이 붙었다. 겨울에는 여름보다 밤이 길어 멜라토닌(melatonin) 분비량이 많아진다.

생체시계와 합동 작전을 펼친다

시상하부의 시교차 상핵은 하루 24시간 주기로 몸을 조정하는 생체시계(356일차)다. 눈으로 들어오는 빛이 시교차 상핵을 지나 멜라토닌을 분비하는 송과체에 전달된다. 멜라토닌은 뼈를 만들거나 몸을 재생하는 데도 도움을 준다.

블루라이트는 숙면을 방해한다

멜라토닌이 분비되는 밤에 텔레비전이나 스마트폰 등 블루라이트가 나오는 기기를 많이 사용하거나, 잠자기 전에 술을 마시거나 담배를 피우면, 잠드는 데 방해가 된다. 멜라토닌을 활용한 수면제도 있다.

아드레날린은 어떤 호르몬일까?

|아드레날린 이야기|

심박수를 늘리거나 혈당치를 높이고,
폐에 있는 기관지를 확장하는 호르몬이다.

세 가지만 알면 나도 과학자!

가슴이 두근두근 뛰는 반응은 아드레날린 효과

아드레날린(adrenaline)은 주로 부신피질에서 분비되어 심박수와 혈당치를 상승시킨다. 겁이 나면 한동안 가슴이 두근두근 뛰는 것도 아드레날린이 작용하기 때문이다. 또한 스트레스를 느껴도 교감신경이 반응해 호르몬이 작동하기 시작한다.

운동 능력과 집중력을 높인다

아드레날린이 적당량 분비되면 운동 능력과 집중력이 높아진다. 에너지를 사용해 지방 연소와 대사 작용도 활발해진다.

너무 많지도 너무 적지도 않은 것이 바람직

아드레날린이 과도하게 분비되면 혈액 순환과 대사 작용에 문제가 생기거나 내장이 약해질 수 있다. 짜증이 늘고 쉽게 화를 내는 등 심리적으로도 영향을 미친다. 반대로 아드레날린이 너무 적게 분비되면 무기력해지고 스트레스 장애 등이 나타날 수 있다. 아드레날린이 적절량 분비되는 것이 바람직하다.

노르아드레날린은 어떤 호르몬일까?

|노르아드레날린 이야기|

스트레스를 느꼈을 때 분비되는 호르몬으로,
혈압이 상승하거나 심박수가 올라간다.

세 가지만 알면 나도 과학자!

몸이 전투 태세에 돌입하게 만드는 호르몬

노르에피네프린이라고도 하는 노르아드레날린(noradrenaline)은 스트레스로 불안과 공포, 긴장을 느꼈을 때 분비량이 증가하는 호르몬이다. 노르아드레날린이 분비되면 몸이 전투 태세에 돌입한다. 뇌가 활발해지며 심박수와 혈압이 높아지기도 한다.

적당량 분비되면 집중력이 높아진다

노르아드레날린은 분비량이 관건이다. 적당량 분비되면 집중력이 높아지고 스트레스를 견디는 힘도 강해진다. 그런데 스트레스를 받는 시간이 길어지면 노르아드레날린의 양이 줄어들어 집중력이 저하되고 의욕이 떨어진다.

스트레스는 머리로 느낀다

스트레스는 뇌의 전전두피질(전전두엽피질)이라는 부위에서 느낀다. 스트레스가 쌓이면 피부가 거칠어지고, 머리가 지끈지끈 아프고, 잠이 잘 오지 않고, 배가 살살 아프거나 속이 더부룩하고, 피로 등의 증상이 나타난다. 스트레스가 장기간 지속되면 질병으로 이어질 가능성도 있다.

장기
오감
대사 작용
몸의 움직임
질병
네트워크

테스토스테론은 어떤 호르몬일까?

|테스토스테론 이야기|

근육과 뼈, 정자를 만들고 체모를 증가시키는 남성 호르몬이다.

세 가지만 알면 나도 과학자!

근육과 뼈, 정자를 만드는 데 힘을 보태는 호르몬

테스토스테론(testosterone)은 남성 호르몬으로 알려져 있다. 남성에게서 더 많이 분비될 뿐 여성의 몸에서도 만들어진다. 테스토스테론은 다양한 기능을 한다. 근육과 뼈, 정자를 만들고, 체모를 증가시키기도 한다. 남성의 테스토스테론은 부신과 정소에서 만들어지는데, 대부분 정소에서 만들어진다.

알고 보면 질병 위험을 줄여주는 기특한 호르몬

남성 호르몬에는 여러 종류가 있는데, 95퍼센트가 테스토스테론이다. 성욕과 생식 능력을 높이고 뼈를 굵어지게 한다. 또 근육을 탄탄하게 하고, 체모를 늘리며, 머리숱을 줄인다. 그 밖에 비만과 제2형 당뇨병, 심장과 혈관 질환에 걸릴 위험을 낮추는 역할도 한다.

감소하면 기분이 우울해질 수도

테스토스테론은 도전 정신 및 에너지(활기) 등에 영향을 미친다고 알려져 있다. 스트레스로 우울증에 걸리거나 불안감이 커지면 테스토스테론의 양이 감소하는 사람이 많다.

에스트로겐은 어떤 호르몬일까?

| 에스트로겐 이야기 |

여성의 몸에서 일어나는 '생리' 주기에 관계된 여성 호르몬이다.

세 가지만 알면 나도 과학자!

여성스러운 외모, 생리와 관계있는 호르몬

에스트로겐(estrogen)은 주로 난소에서 분비되는 여성 호르몬이다. 여성의 몸에서 일어나는 생리(342일 차)와도 연관이 있다. 사춘기에 소녀의 유방이 부풀어오르거나 여성스러운 몸매로 변화하는 현상도 에스트로겐의 영향이다. 에스트로겐은 뼈와 혈관을 건강한 상태로 만드는 역할도 한다.

여성은 매달 생리를 경험한다

여성의 자궁에는 임신했을 때 아기의 침대가 되는 자궁내막이 있다. 이 자궁내막은 임신 준비를 위해 두꺼워졌다가 임신하지 않으면 쓸모없어져 배출된다. 이를 '생리(월경)'라고 한다. 생리는 사춘기에 시작된다(342일 차).

난포를 성숙시키고 자궁내막을 두껍게 만든다

새로운 생명의 근원이 되어 아기로 만들어질 난자는 난소에 있다. 생리가 끝나고 나서부터 에스트로겐 분비가 조금씩 증가해 난자를 감싼 난포가 성숙한다. 자궁내막을 두껍게 만드는 일도 에스트로겐의 몫이다.

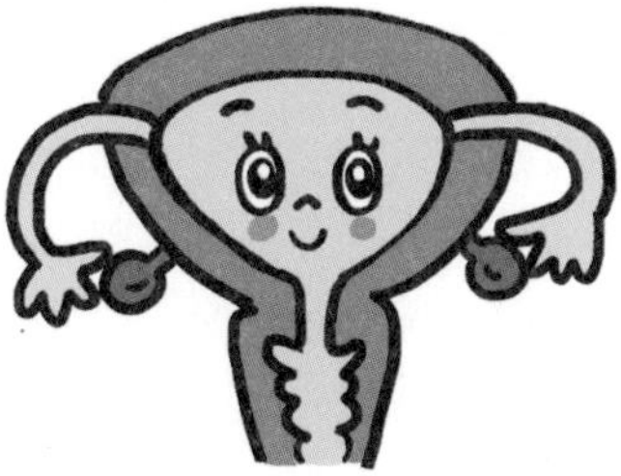

Day 310 네트워크 | 뇌 관련 질환

치매란 어떤 질병일까?

| 치매 이야기 |

다양한 원인으로 뇌세포가 사멸해 일상생활이 어려워지는 질병이다.

세 가지만 알면 나도 과학자!

방금 일어난 일을 기억하지 못하는 알츠하이머형 치매

치매의 종류는 알츠하이머형 치매, 혈관성 치매, 루이소체 치매 등이 있다. 치매 중에서 가장 많은 알츠하이머형 치매는 해마(285일 차)가 쪼그라들어 새로운 일을 기억하지 못하는 질병이다. 조금 전에 무엇을 먹었는지 잊어버리거나, 외출했다가 방향 감각이나 시간 개념이 없어져 길을 헤매기도 한다.

65세 이상 인구 중 10명당 1명이 치매

수명이 길어짐에 따라 치매 인구도 증가하는 추세다. 우리나라 중앙치매센터 보고서에 따르면 2020년 기준 전국 65세 이상 노인 인구 중 84만 명이 치매 추정 환자다. 치매 유병률은 10.3퍼센트에 달해 65세 이상 인구 10명당 1명이 치매로 추정된다. 유전성 치매는 희귀하고, 누구나 걸릴 수 있으며, 젊은 나이에 걸리는 사람도 있다.

치매 치료약은 없다!?

치매를 근본적으로 치료하는 치료법은 없지만, 병의 진행을 늦추거나 증상을 완화하는 약물은 있다. 또 채소와 생선 중심의 식생활, 운동 습관이 치매를 예방한다는 연구 결과가 있다.

Day 311

뇌진탕이란 무엇일까?

| 뇌진탕 이야기 |

뇌가 충격을 받아 의식을 잃고 기절하거나 머리가 멍해지는 상태다.

세 가지만 알면 나도 과학자!

겉보기에는 멀쩡한데 뇌가 충격을 받은 상태

머리를 부딪친 뒤 멍해지거나, 불러도 대답하지 않거나, 몸을 가누지 못하고 휘청댄다면 뇌진탕을 의심해볼 수 있다. 강한 충격으로 뇌가 흔들려 일시적으로 의식 장애가 발생한 상태다. 후유증도 있으니 주의가 필요하다.

과격한 스포츠를 즐길 때는 주의!

스포츠로 발생하는 뇌 손상의 3분의 1이 뇌진탕이다. 복싱, 럭비, 축구 등 빠른 속도로 몸을 부딪치는 스포츠는 특히 뇌진탕이 발생할 가능성이 높다. 눈에 보이는 부상이 없더라도 뭔가 이상하면 경기를 중단해야 한다. 경기 도중 펀치를 맞고 뇌진탕 후유증을 겪는 복싱 선수가 많아 '펀치드렁크 증후군(punch-drunk syndrome)'이라고도 부른다.

한 번 뇌진탕을 일으키면 재발하기 쉽다

한 번 뇌진탕을 일으키면 재발할 가능성이 2~4배 높다고 알려져 있다. 게다가 처음보다 약한 충격에도 쉽게 뇌진탕을 일으킬 수 있다. 뇌진탕이 반복되면 치매 비슷한 후유증이 나타날 수도 있다.

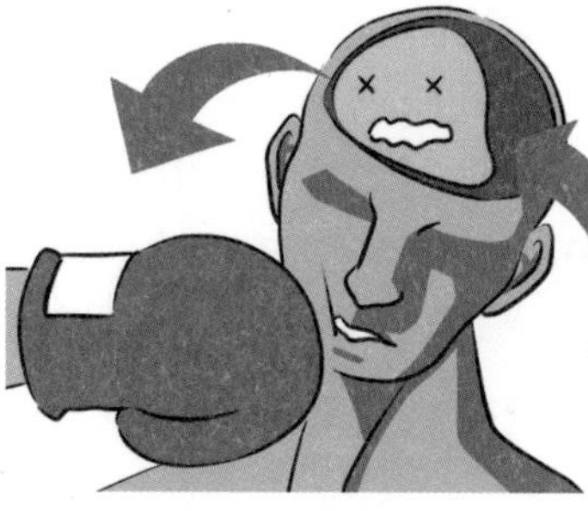

뇌사란 무엇일까?

|뇌사 이야기|

뇌의 모든 기능이 상실되어 회복 가망성이 없는 상태다.

세 가지만 알면 나도 과학자!

뇌 활동이 영구적으로 정지하는 뇌사

뇌사(腦死)란 대뇌, 소뇌, 뇌줄기(뇌간)라는 뇌의 모든 부위가 기능을 상실한 상태다. 인공호흡기가 없으면 스스로 호흡할 수 없고 심장도 정지한다. 인공적으로 생명을 유지해주는 장치를 부착해도 며칠 안에 심장이 멈추는 사례가 많다.

뇌사와 식물인간은 전혀 다른 개념이다

식물인간 상태는 뇌줄기 기능이 남아 있어 자력으로 호흡할 수 있고 심장도 움직인다. 뇌사와 달리 드물지만 회복하는 사례도 있다. 그러나 뇌사는 회복할 수 없어 '뇌사를 사망'으로 선고하는 나라가 많다.

뇌사자의 장기 이식

장기 등 이식에 관한 법률 제21조 관련 선행 조건을 모두 충족하면, 동공 반응 검사, 뇌파 검사 등 일정한 조건에 따라 엄격하게 검사한 뒤 뇌사로 판정하고 장기를 수혜자에게 제공한다. 뇌사자는 신장, 심장, 췌장, 폐, 간, 소장 등 최대 여덟 사람에게 새로운 삶을 선물할 수 있다.

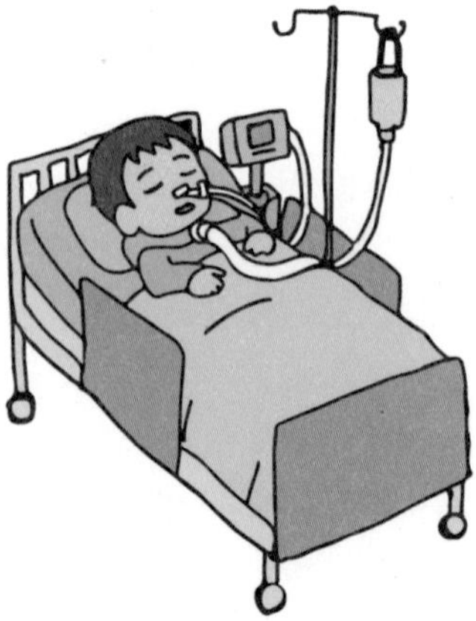

Day 313

뇌로 들어가는 기생충에는 어떤 것이 있을까?

| 뇌 기생충 이야기 |

돼지나 고양이에 기생하는 원충이 뇌염을 일으킬 수 있다.

세 가지만 알면 나도 과학자!

유구조충이 뇌에 기생하면 낭패!

아프리카, 라틴아메리카, 아시아 등 개발도상국에서는 낭미충증(cysticercosis)이라는 병이 많이 발생한다. 낭미충증은 돼지의 조충인 유구조충이 인체에 들어가서 근육, 눈, 뇌 등에 기생하는 병이다. 뇌에 기생하면 극심한 두통과 실명, 경련을 일으켜 의식 장애가 발생하거나 목숨을 잃을 수도 있다. 가난한 나라 중에서 낭미충증이 간질의 주요 원인인 곳도 있다.

익히지 않은 돼지고기로 감염된다

낭미충증은 비위생적인 지역이나 돼지를 방목으로 사육하는 지역에서 많이 발생한다. 충분히 익히지 않은 돼지고기 속 기생충을 섭취해 감염되는 사례가 많다.

고양이에게 기생하는 톡소포자충

고양이 몸속에 기생하는 톡소포자충이라는 원충이 원인이 되어 나타나는 뇌 질환이다. 고양이의 배설물 등이 물이나 음식물을 오염시켜 사람의 입으로 들어가서 감염되는 사례가 많다.

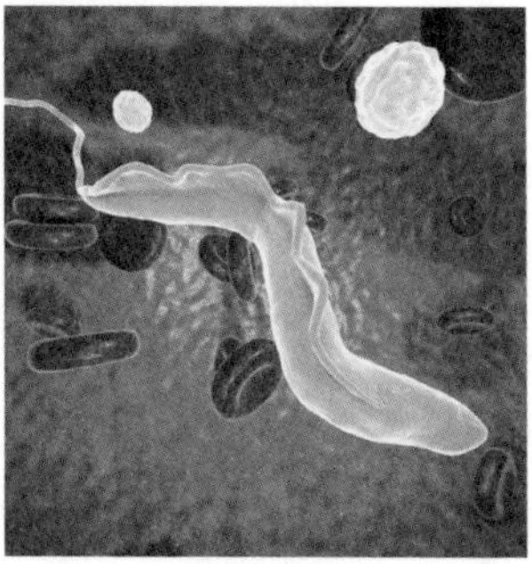

기생충 이미지

파킨슨병은 어떤 질병일까?

|파킨슨병 이야기|

뇌 내부에서 도파민 분비가 감소해 몸을 움직이는 데 어려움을 겪는 질환이다.

세 가지만 알면 나도 과학자!

'도파민'은 의욕과 즐거움의 원천

기쁜 일이 있을 때는 뇌 속에서 '도파민'이라는 신경전달물질이 분비된다. 도파민은 좀 더 힘내라고 의욕을 고취할 뿐 아니라 몸을 움직이고 호르몬을 조절하는 등 중요한 역할을 한다.

도파민이 감소하는 파킨슨병

도파민이 감소하면 의욕과 호기심이 줄어들 뿐 아니라 몸을 뜻대로 움직일 수 없는 파킨슨병이 발병할 수 있다. 파킨슨병에 걸리면 팔다리가 떨리거나, 근육이 뻣뻣하게 굳거나, 똑바로 설 수 없다. 1817년 영국의 의사 제임스 파킨슨(James Parkinson)이 이 병의 개념을 정리해 그의 이름에서 병명을 따왔다.

원인을 알 수 없는 난치병

파킨슨병은 원인이 불분명한 중증 난치 질환이다. 파킨슨병 환자의 뇌를 관찰한 결과, 중간뇌의 흑질이라는 도파민을 만드는 세포가 감소한 것을 볼 수 있다. 50~65세에 많이 발병하고, 고령자일수록 발병률이 높다.

Day 315

뇌종양이 뭘까?

|뇌종양 이야기|

뇌세포와 신경, 뇌를 감싼 막 등에 생기는
이상 세포 덩어리(종양)다.

세 가지만 알면 나도 과학자!

머리뼈 내부에 생기는 종양

뇌종양은 머리뼈 내부의 다양한 부위에 생기는 이상 세포 덩어리(종양)를 일컫는다. 뇌세포와 뇌척수막, 뇌신경에서 발생한 종양을 '원발성(일차성) 뇌종양'이라고 하며, 생기는 장소와 종류에 따라 150가지가 넘는다.

뇌종양은 왜 위험할까?

뇌종양이 커지거나 주변에 물이 차면 머리뼈 내부를 압박해 심한 두통과 구역질에 시달린다. 또 뇌종양이 생기면, 운동에 지장을 주거나 말이 어눌해지는 언어 장애가 발생할 수도 있고, 몸을 제대로 가누기 어려울 수도 있다.

양성과 악성의 차이는?

수막 등 뇌 외부에 생기는 종양은 천천히 커지는 양성이 많고, 치료하면 거의 사망하지 않는다. 하지만 신경교종 등 뇌 내부에 생기는 종양은 세포가 증식하는 속도가 빨라 악성 종양이 많다. 악성 종양이라도 뇌 기능을 유지하며 연명할 수 있는 치료법이 많이 개발되어 있다.

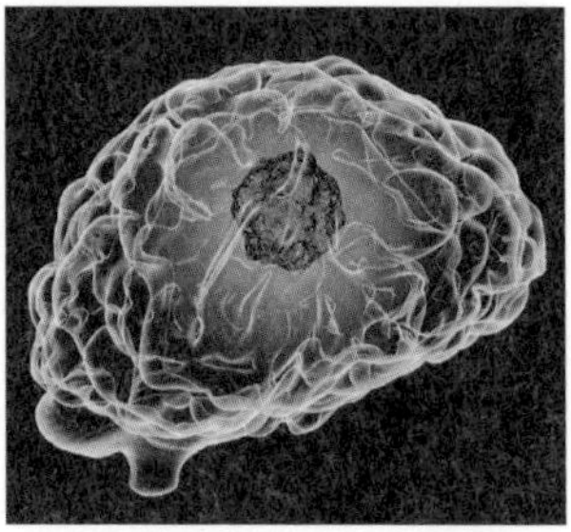

Day 316

뇌졸중이 뭘까?

|뇌졸중 이야기|

몸이 마비되거나 의식이 불분명해지는 질환이다.

세 가지만 알면 나도 과학자!

혈액 순환이 안 되면 뇌세포가 죽는다

뇌는 혈액이 많이 필요한 장기다. 전체 혈액의 15퍼센트가 뇌로 집중된다. 뇌혈관이 막혀 혈액 순환이 안 되거나(뇌경색) 혈관이 찢어져 출혈이 발생하면(뇌출혈), 그 부분의 뇌세포가 손상되어 의식이 불분명해지거나 몸이 마비되는 증상이 나타날 수 있다.

전조 증상이 나타나기도 한다

뇌졸중(腦卒中)은 전조 증상 없이 갑자기 나타날 수도 있고, 미리 신호가 나타날 수도 있다. 가령 한쪽 팔다리가 마비되거나, 혀가 잘 돌아가지 않아 말이 어눌하거나, 갑자기 손의 힘이 빠져 물건을 떨어뜨리는 등의 증상이 나타나면 즉시 구급차를 불러 병원에 가야 한다. 신속하게 치료받을수록 후유증이 적다.

한국인의 주요 사망 원인 중 하나

뇌졸중의 가장 큰 원인은 고혈압이다. 한국인은 김치, 장아찌 등의 염장식품과 된장, 고추장 등의 장류, 염분이 많은 국물 음식을 즐겨 먹어 고혈압 환자가 많다. 가족 중에 뇌졸중 환자가 있는 사람은 특히 조심해야 한다.

세균의 종류에는 어떤 것이 있을까?

세균의 종류 이야기

효소가 필요한 호기성 세균과 필요하지 않은 혐기성 세균이 있다.

세 가지만 알면 나도 과학자!

세균은 지구 탄생 무렵부터 존재

세균은 현미경을 사용해야 겨우 관찰할 수 있을 정도로 작지만, 지구가 탄생할 때부터 존재했다. 세포가 한 개밖에 없어도 영양만 있으면 성장하고 증식할 수 있다. 세균의 종류에 따라 산소가 필요한 세균과 불필요한 세균이 있다.

산소 필요성에 따라 서식지 결정

세균은 산소가 필요한 '호기성 세균'과 산소가 필요하지 않은 '혐기성 세균'으로 나눌 수 있다. 사람의 몸은 입에서 안쪽으로 들어갈수록 산소량이 줄어든다. 그래서 호기성 세균이냐 혐기성 세균이냐에 따라 서식 장소가 결정된다.

해로운 세균과 이로운 세균

세균은 사람을 병들게 만드는 말썽꾼 역할만 하는 것이 아니다. 된장이나 청국장 등 발효식품을 만드는 세균이나, 장내 환경을 바로잡는 세균 등 도움이 되는 세균도 있다. 참고로, 1876년에 독일의 세균학자이자 의사인 로베르트 코흐(Robert Koch)가 감염병의 원인이 세균이라는 사실을 발견했다.

Day 318 질병 | 세균

위나선균은 어떤 균일까?

| 위나선균 이야기 |

위 속에서 위염을 일으켜 위암의 주범으로 지목되는 균이다.

세 가지만 알면 나도 과학자!

위염을 일으키고, 위궤양이나 위암으로도 발전

위나선균(헬리코박터균)은 위암의 가장 큰 요인으로 지목된다. 위 속에 이 균이 있으면 점차 위 점막이 얇아지고, 심해지면 위궤양이나 십이지장궤양, 위암으로 발전할 수 있다. 위나선균은 1979년 호주 출신 생리학자 배리 마셜(Barry J. Marshall)과 병리학자 로빈 워런(J. Robin Warren)이 발견했다.

강산성인 위액에서도 멀쩡!

위나선균은 위 속에서 편모라는 털처럼 생긴 기관을 이용해 꿈틀거리며 이동한다. 위나선균은 강산성인 위액에서도 멀쩡하다. 위액에 포함된 요소를 분해해서 알칼리성 암모니아를 생성해 자기 주변을 중화하는 능력이 있기 때문이다.

나이가 많을수록 감염률이 높다

나이가 많을수록 위나선균 감염률이 높아진다. 위내시경 검사와 치료로 감염률이 감소하고 있으나 우리나라 40대 이상 인구 중 60퍼센트 이상이 감염되었을 정도로 여전히 감염률이 높다. 위나선균이 발견되면 항균제 등으로 제균 치료를 해야 한다.

편모라는 털처럼 생긴 기관으로 움직이고 이동한다.

Day 319 질병 | 세균

O-157은 어떤 균일까?

| O-157 이야기 |

식중독의 원인이 되는 대장균으로, 감염력이 강력하다.

세 가지만 알면 나도 과학자!

해당 가축의 고기와 분변을 통해 전염

대장균 중에는 별로 해롭지 않은 균도 많다. 하지만 장 출혈성 대장균은 식중독의 원인이 된다. 그중에서도 O-157은 감염력이 강력해 특별한 주의가 필요하다. 발열과 구토, 복통, 피가 섞인 설사 외에도 심각한 합병증을 일으킬 수 있다.

온갖 환경에서 생존

일반적으로 체내에 세균이 100만 개 이상 들어오지 않으면 병에 걸리지 않는다. 그런데 O-157은 100개 정도만 있어도 발병한다. 위산 속, 물속, 땅속, 냉장고 안 등에서도 생존하며, 잠복 기간은 3~8일이다. 중증으로 발전하는 사람도 있고, 증상이 없는 사람도 있다.

익히지 않은 고기는 특히 조심!

육회처럼 날로 먹는 육류 요리, 바짝 익히지 않은 스테이크나 햄버거 패티, 세균이 묻은 가공품이 식중독을 일으키는 사례가 많다. O-157은 열에 약해, 충분히 가열해서 먹으면 안전하다. 미국에서는 햄버거를 먹고 다수의 감염자가 발생해 '햄버거병'으로 알려져 있다.

구균과 간균의 차이는 뭘까?

| 세균의 모양 이야기 |

세균의 모양에 따라
공처럼 둥글면 구균이고 막대 모양이면 간균이다.

세 가지만 알면 나도 과학자!

세균 발견 초기에는 모양으로 구분

17세기 네덜란드의 박물학자 안톤 판 레이우엔훅(Anton van Leeuwenhoek)이 최초로 세균을 발견했다. 그가 직접 제작한 현미경으로 세균을 관찰해서 그린 스케치가 지금도 남아 있다. 세균학은 모양이 같은 세균을 같은 종류로 분류하는 데서부터 출발했다.

동그란 공처럼 생긴 구균

공처럼 생긴 구균(球菌)은 모양에 따라 다양한 유형이 있다. 세포가 하나의 구로서 따로 떨어져 있으면 단핵구, 두 개가 연결되어 있으면 쌍구균, 포도송이처럼 모여 있으면 포도상구균이라고 한다.

【구균】

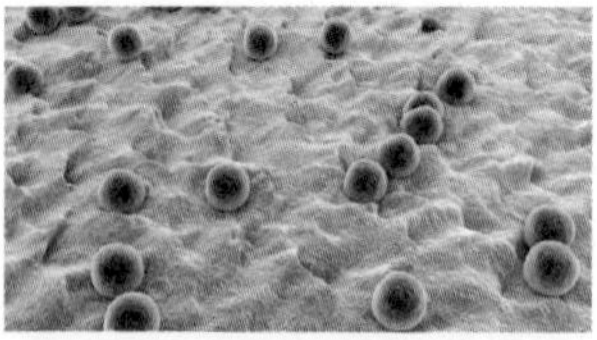

막대 모양으로 생긴 간균

막대 모양으로 생긴 간균(杆菌)에는 대장균, 살모넬라균 등의 장내 세균과 파상풍균, 백일해균 등이 있다. 그러나 2000년 무렵부터 세균은 모양보다 유전학적 분류를 중시하고 있다.

【간균】

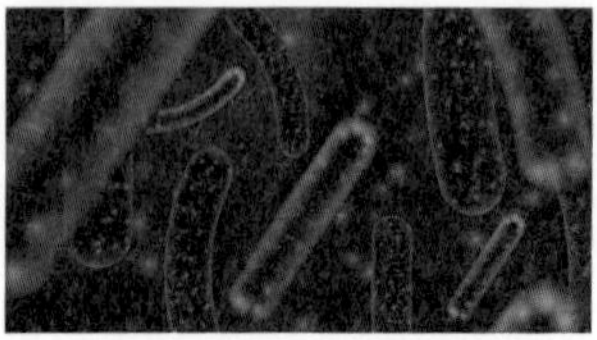

장기
오감
대사작용
몸의 움직임
질병
네트워크

폐렴구균은 어떤 균일까?

|폐렴구균 이야기|

폐렴의 원인이 되는 세균으로,
침에 들어 있다가 침방울로 감염되는 사례가 많다.

세 가지만 알면 나도 과학자!

면역력이 약한 사람은 폐렴에 취약

폐렴구균은 콧속과 기도에 서식하기 때문에 침이 튀어 감염되는 사례가 많다. 특히 면역력이 약한 어린이와 고령자는 폐렴에 취약하다. 폐렴구균은 폐렴뿐 아니라 기관지염, 패혈증 등을 일으킬 수 있다.

감기나 독감에 걸리면 활동 개시

어린이 대부분이 콧속과 기도에 폐렴구균을 가지고 있다. 폐렴구균이 있어도 특별히 이상한 것은 아니다. 다만, 감기나 계절성 독감 등에 걸려 몸이 약해지면 폐렴구균이 세력을 과시한다. 폐렴구균이 활개를 치면 폐렴이나 중이염에 걸릴 수 있다.

침투 장소에 따라 다른 병이 발병

폐렴구균은 협막이라는 단단한 껍질에 싸여 있어 면역(22일 차)이 잘 작동하지 않는다. 협막이 외부 장벽 역할을 하기 때문이다. 폐렴구균이 폐로 들어가면 폐렴, 귀로 들어가면 중이염, 혈액으로 들어가면 균혈증(菌血症), 척수로 들어가면 세균성 척수염을 일으킬 수 있다.

황색포도상구균은 어떤 균일까?

|황색포도상구균 이야기|

포도알이 알알이 맺힌 포도송이처럼 생긴 구균으로,
식중독을 일으킨다.

세 가지만 알면 나도 과학자!

건강한 사람의 30퍼센트가 보균

건강한 사람이라도 콧속과 손가락 등에 황색포도상구균(黃色葡萄狀球菌)을 가지고 있다. 특히 상처가 곪은 부위에 많이 분포한다. 입으로 들어가면 1~5시간 후에 구역질·구토·복통·설사 등의 증상이 나타난다. 건강한 사람은 짧게 몇 시간, 길게 이틀 정도 지나면 좋아진다.

열·건조·산·염분에도 강하다

현미경으로 관찰하면 지름 약 1마이크로미터(㎛, 1밀리미터의 1,000분의 1) 정도의 둥근 입자가 모여 있어 마치 포도송이처럼 보인다. 인공적으로 배양하면 노란색을 띠어 '황색포도상구균'이라는 이름이 붙었다. 열·건조·산·염분에 두루두루 강하다.

가열해도 죽지 않는 강력한 세균

황색포도상구균은 엔테로톡신(enterotoxin)이라는 독소를 생성한다. 이 독소가 많이 증식한 음식을 먹으면 식중독 증상을 일으킨다. 게다가 열에 강해 가열해도 세균이 사멸하지 않는다. 황색포도상구균 식중독은 고온다습한 여름철에 많이 발생한다.

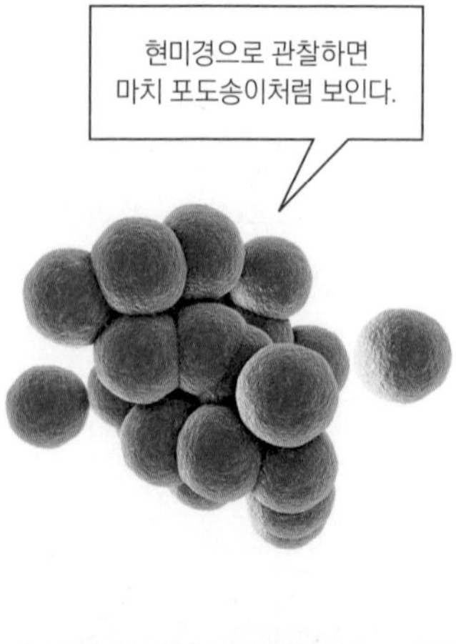

캄필로박터는 어떤 균일까?

|캄필로박터 이야기|

닭고기에 많은 세균으로 설사와 복통을 일으키는데,
자연스럽게 치유되는 경우가 많다.

세 가지만 알면 나도 과학자!

가축의 체내에 서식한다

캄필로박터(campylobacter)는 닭, 소, 돼지 등의 소화기관에 서식하는 세균이다. 입으로 들어가면 1~7일 사이 설사·발열·구토·복통·근육통을 일으킨다. 건강한 사람은 차츰 좋아지다가 자연 치유된다.

식중독의 원인균 중 상당한 비중 차지

냉장 운송이 발달하며 식품 관리와 섭취 방식이 변화했다. 이러한 변화에 발맞춰 식중독을 유발하는 원인균도 변화했다. 예전에는 살모넬라균과 장염 비브리오균이 원인인 식중독이 많았으나 닭고기와 달걀 섭취가 늘어 캄필로박터 식중독의 비율이 증가하고 있다.

시판 닭고기의 약 40퍼센트에서 캄필로박터균 확인

캄필로박터는 특히 닭고기에 많다. 시판 닭고기의 40퍼센트가량에서 발견되었다. 닭이나 오리 같은 가금류에는 위험하지 않아 제거하기 어렵지만, 열에 약해 충분히 익혀서 먹으면 안전하다. 닭고기 육회는 특별한 가공과 처리를 거쳐 믿을 수 있는 곳에서 안전하게 먹어야 식중독을 예방할 수 있다.

열중증은 어떻게 생길까?

|열중증 이야기|

몸속 수분과 염분이 외부로 배출되어 체온 조절에 이상이 생긴다.

세 가지만 알면 나도 과학자!

경증부터 중증까지 여러 단계

온열 질환이 많이 발생하는 일본에서는 일본 신경구급학회 열중증 검토위원회가 열중증(熱中症)을 1도(경증), 2도(중등증), 3도(중증)로 구분하도록 권장하고 있다. 우리나라에서는 '온열 질환', '열 스트레스' 등의 용어를 함께 사용한다. 열중증에 걸리면 현기증, 두통, 체온 상승, 경련 등이 나타나고, 심하면 사망할 수도 있다. 기온과 습도가 높은 공간에 머물거나 격렬한 운동으로 발생할 수 있다.

체내 열 조절이 중요

체내에서 많은 열이 만들어져 배출되거나 열기를 원활하게 내보내지 못하면 땀을 많이 흘린다. 그 땀과 함께 몸속 수분과 염분이 빠져나가 혈압이 떨어지거나 근육이 뻣뻣하게 굳는 증상 등이 발생한다.

수분과 염분을 섭취하고 세심하게 환경 관리

열중증을 예방하려면 갈증을 느끼기 전에 수시로 물을 마셔 수분을 보충하고 염분을 섭취해야 한다. 열이 갇히지 않도록 얇은 옷을 입고, 실내에서는 선풍기나 에어컨 등을 가동한다.

화상은 어쩌다 입을까?

|화상 이야기|

뜨거운 물체와 접촉해서 피부 손상이 발생한다.

세 가지만 알면 나도 과학자!

화상은 일상에서 자주 발생한다!

컵라면에 물을 붓다가 뜨거운 물을 엎지른 경험이 누구나 한 번쯤 있을 것이다. 뜨거운 물 외에도 화상을 일으키는 요인은 다양하다. 햇볕이나 뜨거운 물, 철판, 화재 등으로 피부에 손상을 입은 상태를 화상이라고 한다. 화상이 심하면 목숨을 잃을 수도 있다. 햇볕에 타는 '일광 화상'도 화상의 일종이다. 뜨거운 햇볕으로 화상을 입지 않으려면 자외선 차단제로 예방하는 것이 좋다.

피부의 장벽 기능이 망가진 상태

피부에는 원래 열 등의 자극으로부터 몸을 지키는 장벽 기능이 있다. 그런데 일정 이상의 열에 노출되면 장벽 기능이 망가져 세포가 제 기능을 하지 못한다. 손상된 세포 주변 혈관이 막혀 피부가 벌겋게 달아올라 따끔거리고 붓는 증상 등이 나타난다.

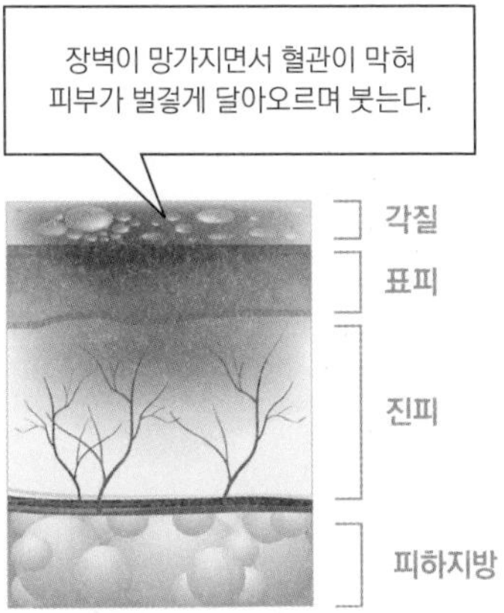

화상이 감염증으로 진행할 수도

화상의 정도는 깊이와 너비를 모두 고려해서 진단한다. 화상 정도에 따라 증상과 치료도 크게 달라진다. 화상이 계기가 되어 감염증과 탈수증 등을 일으킬 수도 있다.

Day 326

겨울에는 왜 감기에 더 잘 걸릴까?

|겨울철 감기 이야기|

건조한 환경에서는 체온이 내려가고 면역력이 저하되어
바이러스가 체내에 침입하기 쉽다.

세 가지만 알면 나도 과학자!

겨울철 건조한 날씨가 원인!

겨울에는 날씨가 건조해 감기에 잘 걸린다. 감기의 원인인 바이러스가 건조하면 공기 중으로 쉽게 날아오르기 때문이다. 공기 중에 퍼진 바이러스는 코를 통해 체내로 들어와 감기를 일으킬 수 있다.

면역력이 저하되기 쉽다

옷장에서 아직 겨울옷을 꺼내지 못했는데 갑자기 동장군이 변덕을 부릴 때가 있다. 우리 몸이 추위에 적응하지 못했는데 갑자기 차가운 공기를 들이마시면 기관지와 폐가 무방비 상태로 냉기에 노출된다. 몸이 차가워지면 면역력이 약해져 바이러스를 퇴치하지 못하고 감기에 걸린다.

감기를 예방하려면?

실내 습도를 50~60퍼센트로 유지한다. 젖은 수건을 널어놔도 효과적이다. 면역력이 저하되지 않도록 영양소를 골고루 섭취하고 충분한 수면과 규칙적인 운동을 한다. 수면 시간이 7시간 미만인 사람은 8시간 이상인 사람보다 약 3배 더 감기게 잘 걸린다는 조사 결과도 있다.

체온이 내려가면 면역력도 저하된다.

Day 327

1도 동상이 뭘까?

|가벼운 동상 이야기|

겨울 추위에 노출되면 손발이 허물 벗듯 벗겨지거나
가려워지는 가벼운 동상이 나타날 수 있다.

세 가지만 알면 나도 과학자!

겨울 추위로 손발의 혈액 순환이 악화!

추운 겨울에 손발 끝이나 귓불 등이 빨갛게 부어오르거나 가려운 느낌이 들 때가 간혹 있다. 추운 날씨로 인해 혈관이 수축해서 혈액 순환이 나빠지면 동상에 걸리기 쉽다. 동상은 증상 정도에 따라 제1도 홍반성 동상, 제2도 수포성 동상, 제3도 괴저성 동상으로 분류한다.

심한 일교차가 동상 유발

평균 기온이 4~5도이고 일교차가 10도 전후인 환경에서는 가벼운 동상에 걸리기 쉽다. 따라서 한겨울보다 일교차가 큰 초겨울이나 늦겨울에 더 조심해야 한다. 따뜻한 지역에 살아도 가벼운 동상에 걸릴 수 있다. 아이들은 지방이 적어 외부 기온의 영향을 많이 받기 때문에 1도 동상에 걸리기 쉽다.

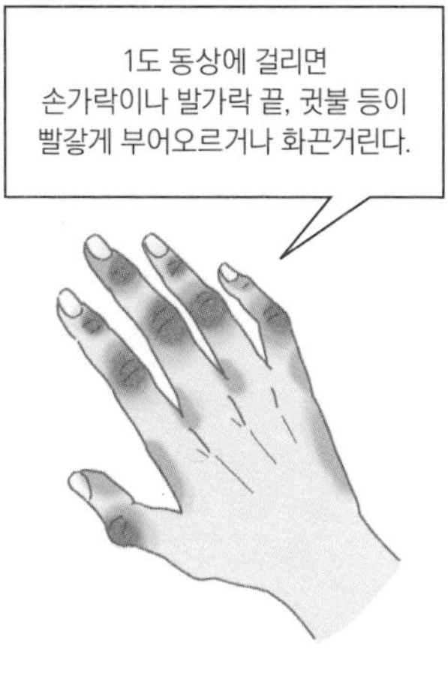

동상 예방법

추운 곳에서는 모자와 장갑 등을 착용해 몸을 따뜻하게 보호해야 한다. 몸을 안쪽에서부터 데워 혈액 순환을 개선하는 데는 따뜻한 음식을 먹거나 마사지도 효과적이다.

저체온증에 걸리는 이유는 뭘까?

|저체온증 이야기|

주변이 춥거나 질병으로 인해 체온이 내려가며 발생하는 증상이다.

세 가지만 알면 나도 과학자!

몸 중심부 체온이 35도 이하

저체온증은 몸의 중심부(심부) 체온이 35도 이하 상태를 말한다. 심부 체온은 병원에서 직장이나 방광, 식도에 체온계를 삽입해서 측정한다. 저체온증이 심하면 심장과 호흡이 멈출 수도 있다.

주위 환경과 질병이 주요인

저체온증은 주위 환경이 춥거나 질병으로 인해 발생한다. 체온 조절 기능이 떨어지는 고령자나 어린이는 저체온증에 특히 취약하므로 세심한 주의와 관리가 필요하다. 또 세균이 침입해 몸속에서 말썽을 부리는 중이라거나 호르몬 관련 질환, 두부 질환 등으로 체온 조절이 원활하지 못할 수도 있다.

몸을 따뜻하게 해준다

몸이 비정상적으로 차갑고, 이름을 불렀을 때 대답하지 못하는 상태라면 즉시 119에 신고하자. 반응이 없으면 따뜻한 장소로 옮기고 담요 등으로 몸을 감싸 따뜻하게 해주는 것이 좋다.

동상에 걸리면 어떻게 될까?

|동상 이야기|

피부 세포가 손상되고, 심하면 해당 부위를 절단할 수도 있다.

세 가지만 알면 나도 과학자!

동상에 걸리면 세포가 손상된다

동상은 영하의 환경에 머물러 손가락이나 발가락 끝 등의 혈액 순환이 나빠져 피부 조직이 얼고, 세포 자체가 손상되며 발생하는 한랭 질환이다. 피부가 괴사할 정도로 심한 동상인 3도 동상은 생명을 위협하는 위중한 상태다.

저체온증이 발생하거나 절단 수술이 필요할 수도

동상은 주로 겨울철 설산에서 조난되거나 냉동창고 사고 등으로 발생한다. 심한 동상은 손발의 세포가 괴사해 수술로 절단해야 할 수도 있다. 또 체온 저하로 온몸의 혈액 순환이 정체되어 저체온증이 발생할 수도 있다. 인대나 근육을 삔 염좌 부상에 냉찜질 요법을 주로 사용하는데, 과도한 냉찜질도 동상을 유발할 수 있으니 주의하자.

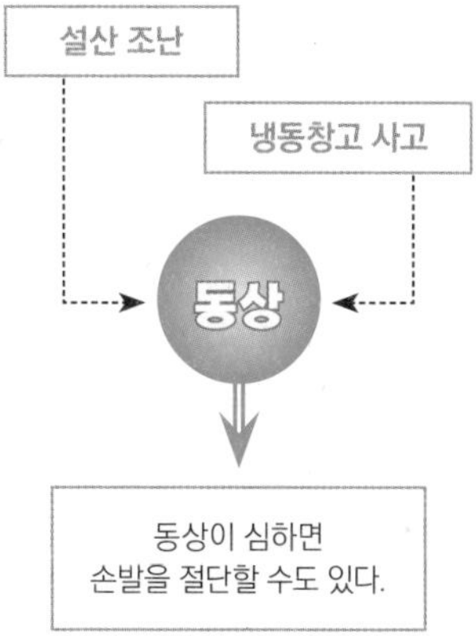

동상에도 여러 단계가 있다

1도 동상은 울긋불긋한 반점이 나타나고, 2도 동상은 물집이 생긴다. 조직의 괴저를 일으키는 3도처럼 심한 동상은 피부 감각이 완전히 사라져 아무것도 느껴지지 않고 피부가 차갑게 굳으며 전체적으로 창백하게 변한다.

소름은 왜 돋을까?

|소름 이야기|

추위나 긴장으로 근육이 수축하면 소름이 돋는다.

세 가지만 알면 나도 과학자!

소름은 어떨 때 돋을까?

추울 때나 오싹하게 무서운 이야기를 들었을 때 피부에 생기는 오돌토돌한 돌기를 '소름'이라고 한다. 피부 표면이 닭살처럼 오돌토돌해진다고 해서 '닭살이 돋았다'고 표현한다. 소름은 체온이 빠져나가지 못하게 막는 역할을 한다고 추정된다. 소름이 돋는 신체 반응은 현생 인류가 먼 조상으로부터 물려받은 유산이 진화 단계에서 사라지지 않고 남은 결과라는 주장도 있다.

소름이 돋는 원리

모공 하나에 털이 한 가닥씩 난다. 모근에 붙어 있는 털세움근(입모근)이 수축하면 털이 잡아당겨지며 똑바로 서고, 동시에 모공이 꽉 닫히며 돌기가 생긴다. 추위를 느낄 때나 긴장하면 털세움근이 저절로 수축한다.

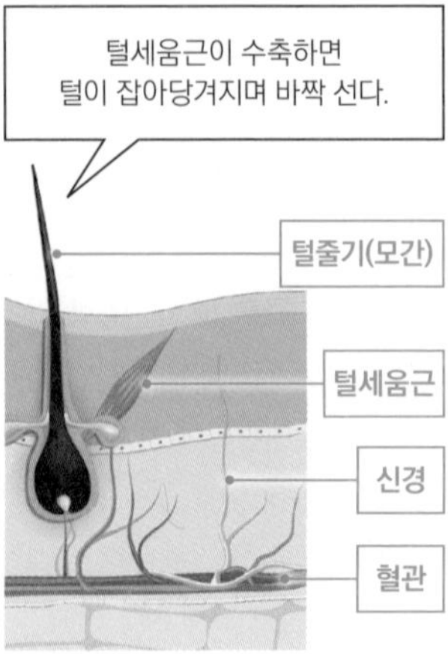

동물도 소름이 돋는다

동물도 털을 세울 수 있다. 털과 털 사이에 따뜻한 공기층을 만들어 체온을 유지한다. 위험을 감지하거나 상대를 위협할 때도 털을 세워 몸집이 커 보이게 만든다.

Day 331

눈이 빨개지는 이유는 뭘까?

|안구 충혈 이야기|

흰자위와 눈꺼풀 혈관에 피가 몰리며 눈에 빨갛게 핏발이 선다.

세 가지만 알면 나도 과학자!

울거나 눈이 피로하면 혈액이 집중된다

눈 주위와 눈꺼풀, 흰자위에도 혈관이 있다. 평소에는 가늘어서 거의 눈에 띄지 않는데, 울거나 눈이 피로하면 눈 주위로 피가 몰리며 혈관이 굵어진다. 눈 주위는 피부가 얇아 혈색이 비쳐 빨갛게 보인다. 참고로, 토끼의 눈이 빨간 것은 흰자위에 색소가 없어 혈관이 그대로 비쳐 보이기 때문이다.

눈물샘이 활발하게 활동하면 피가 몰린다

울면 눈 신경이 흥분해서 눈물을 만드는 눈물샘이 바로 작동하기 시작한다. 그러면 산소와 영양소가 많이 필요해져 피가 계속해서 몰린다. 눈을 비비는 자극만으로도 빨개질 수 있다.

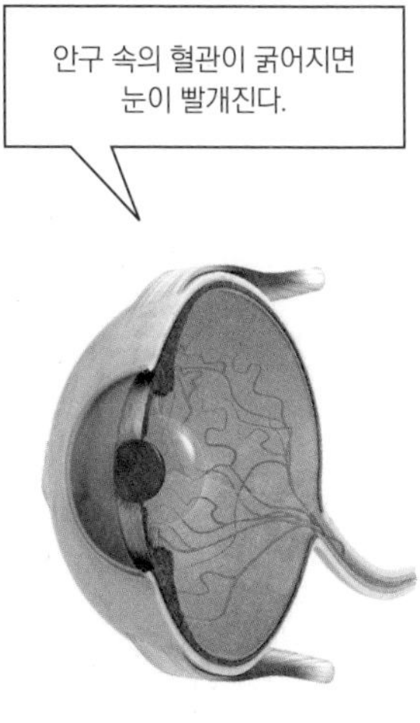

수면이 부족하거나 피로해도 눈이 빨갛다

눈이 피로하면 기력을 회복하기 위해 산소와 영양소가 많이 필요해져 울었을 때처럼 혈액이 집중된다. 눈에 세균이 들어가도 세균과 싸우기 위해 혈액이 집중되며 눈이 빨개질 수 있다. 눈이 빨개졌을 때는 충분히 쉬자.

다래끼는 왜 날까?

|다래끼 이야기|

세균 등에 감염되어 눈꺼풀에 작은 염증이 생기는 질환이다.

세 가지만 알면 나도 과학자!

눈꺼풀에 있는 분비샘이 염증을 일으킨다

황색포도상구균 등이 눈에 들어가서 증식해 눈꺼풀이 부어오르는 것을 '다래끼(맥립종)'라고 한다. 피부 겉에 생기는 겉다래끼와 눈꺼풀 안쪽에 생기는 속다래끼로 구분할 수 있다. 황색포도상구균은 피부, 손가락, 머리카락에도 있다.

눈꺼풀이 퉁퉁 부어 단단해지고 누르면 아프다

다래끼가 생기면 눈이 빨개진다. 가렵고 눈에 이물질이 들어갔을 때처럼 불편한 느낌이 들기도 한다. 며칠 지나면 고름이 나오며 저절로 낫는 경우가 많지만, 심해지면 귀 아래가 붓거나 통증이 생길 수도 있다. 심하면 빨리 안과에 가자.

다래끼를 낫게 하는 민간요법

다래끼가 생긴 눈의 눈썹을 뽑아 길바닥에 돌로 눌러놓거나, 다래끼가 난 눈과 반대편 발바닥을 지압하거나, 다래끼가 난 눈을 소금물로 씻어내는 등 다양한 민간요법이 있다. 하지만 안과에 가는 것이 제일 안전하고 빠른 치료법이다.

【다래끼】

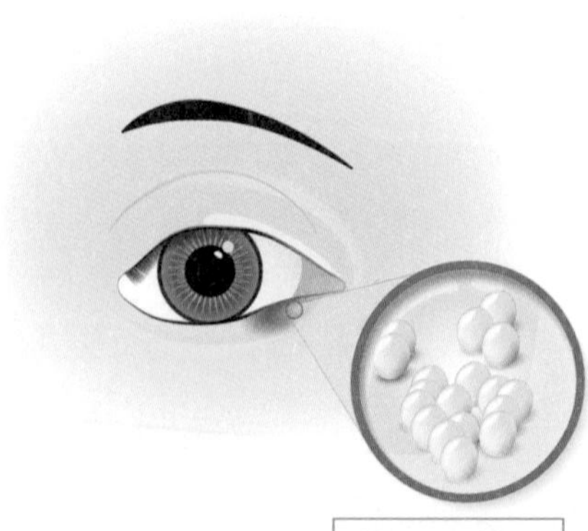

Day 333

오감 | 눈 관련 질환

다크서클은 왜 생길까?

| 다크서클 이야기 |

피곤해서 혈액 순환이 나빠지거나 색소가 침착되어 생긴다.

세 가지만 알면 나도 과학자!

다크서클의 종류

다크서클은 눈 밑이 어둡게 보이는 증상을 통칭한다. 정식 명칭은 '안구 주위 흑륜(眼球周圍黑輪)'이다. 원인에 따라 다크서클 색깔이 다르게 나타나는데, 크게 파란색, 갈색, 검은색 세 종류가 있다. 푸르스름한 다크서클은 안구 피로나 수면 부족으로 눈 주위 혈액 순환이 나빠졌을 때 생기기 쉽다.

강한 햇살이 다크서클의 원인이 될 수도

갈색 다크서클은 햇빛에 노출되면 증가하는 멜라닌 색소가 나이가 들면서 거무스름하게 변해 피부 밖으로 비쳐 보이며 생길 수 있다. 멜라닌 색소는 강한 자극으로도 증가할 수 있으니 눈을 세게 비비지 말자.

노화로 생기는 다크서클도 있다

검은 다크서클은 노화로 인해 눈 아래 피부가 처지거나 푹 꺼져 퀭해 보이며 그늘이 생겨 칙칙해지는 현상이다. 눈이 부실 정도로 강한 햇살을 피하고 규칙적으로 생활하면 노화로 인한 다크서클을 어느 정도 예방할 수 있다.

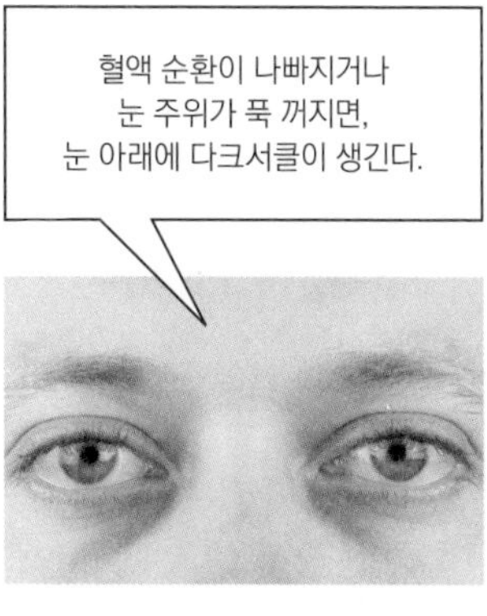

Day 334 오감 | 눈 관련 질환

안구건조증이 뭘까?

| 안구건조증 이야기 |

눈물의 양이 줄어들어 눈이 마르는 질환이다.

세 가지만 알면 나도 과학자!

눈물이 골고루 돌지 않아 눈이 건조해지는 질환

눈물은 눈 표면을 덮어 눈을 보호하는 장벽 역할을 한다. 안구건조증을 '건성안'이라고도 한다. 눈물의 양이 부족해지거나 눈물 성분의 균형이 깨지며 눈물이 골고루 돌지 않아 눈이 마르는 질환이다. 심하면 눈 표면이 손상될 수도 있다.

과도한 전자기기 사용이 원인이 되기도

눈 깜빡임은 눈물 분비를 촉진하고 눈물이 골고루 퍼지게 돕는다. 컴퓨터와 스마트폰 등 전자기기를 장시간 사용하면 눈 깜빡임 횟수가 줄어 안구건조증이 생기기 쉽다. 콘택트렌즈 착용과 에어컨 등도 안구를 건조하게 만드는 원인 중 하나다.

【정상적인 눈】

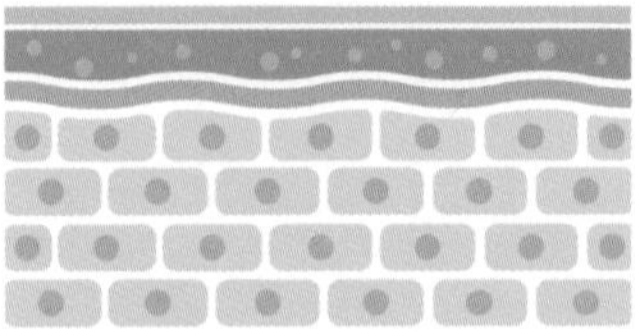

【안구건조증】

눈물이 골고루 돌지 않아
눈이 마른다.

눈이 피로하거나 시야가 부옇게 흐려지기도

안구건조증이 생기면 눈이 건조하고 뻑뻑하며 쉽게 피로하고 시야가 부옇게 보이는 등의 증상이 나타난다. 눈을 자주 깜빡이거나 마사지를 하면 예방하는 데 도움이 된다.

어떤 사람은 왜 색상의 차이를 인지하지 못할까?

| 색각이상 이야기 |

망막 세포인 '원뿔'에 이상이 생기면 색을 바르게 식별할 수 없다.

세 가지만 알면 나도 과학자!

원뿔세포의 기능이 원활하지 않은 '색각이상'

색을 감지하는 원뿔세포는 빨간색, 파란색, 초록색을 각각 감지하는 세 종류가 있다. 하나라도 제 기능을 못하면 색을 구별하기 어렵다. '색각이상'을 '색맹' 또는 '색약'이라고도 부른다. 색상 구분 방식에 따라 몇 가지 종류로 나뉜다.

선천성 색각이상과 후천성 색각이상

색각이상의 종류에는 '선천성 색각이상'과 유전이 아닌 '후천성 색각이상'이 있다. 우리나라 남자의 5.9퍼센트, 여자의 0.44퍼센트가 선천성 색각이상이라는 자료가 있다. 빨간색과 초록색을 구별하지 못하는 선천성 적록색각이상으로 추정된다. 후천성 색각이상은 기타 눈 관련 질환으로 색을 잘 구분할 수 없는 경우다.

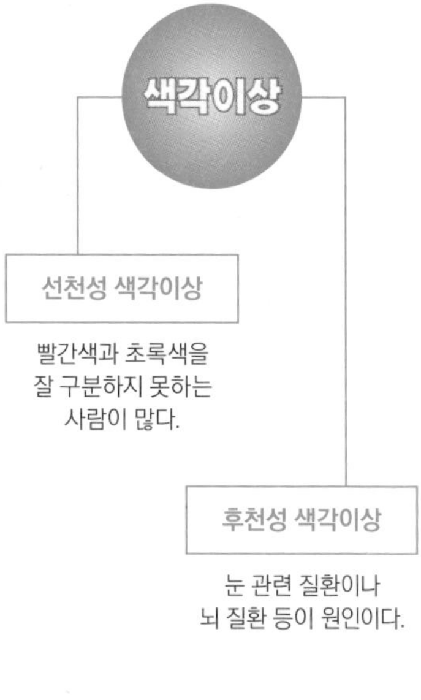

후천성 색각이상의 원인은 다양

백내장, 녹내장 등 눈 관련 질환과 뇌 질환, 스트레스 등 심인성 원인인 경우가 있다. 선천성 색각이상은 치료법이 없지만, 조기에 발견하면 일상생활에서 생기는 지장을 줄일 수 있다.

백내장은 어떤 질환일까?

|백내장 이야기|

'수정체'가 부옇게 혼탁해지며 앞이 잘 보이지 않는 질환이다.

세 가지만 알면 나도 과학자!

수정체가 탁해져 사물이 겹쳐 보이거나 흐릿하게 보인다

백내장은 빛을 받으면 렌즈 역할을 하는 '수정체'가 혼탁해져 사물이 겹쳐 보이거나 흐릿하게 보이는 질환이다. 수정체가 혼탁해지는 원인은 노화, 당뇨병, 부상 등 다양하다. 자외선도 백내장을 유발하는 주요 원인으로 지적되고 있다.

70세 이상에서 한국인 중 93.7퍼센트가 백내장

선천성인 사람과 당뇨병인 사람을 제외하면 40세 이상에서 백내장 환자가 많다. 이상이 없더라도 나이가 들면 발병률이 높아진다고 알려져 있다. 국민건강보험공단 발표에 따르면, 백내장 수술은 2021년 기준 인구 10만 명당 1,476건으로, 한국인이 많이 받은 수술 1위를 차지했다.

【건강한 사람의 눈】

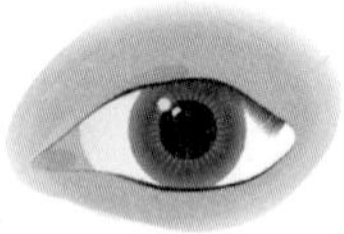

【백내장 환자의 눈】

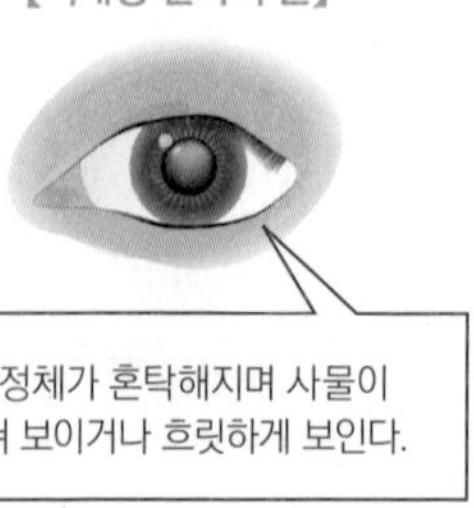

안약과 수술로 병의 진행을 늦출 수 있다

증상이 가벼우면 안약으로 진행을 억제할 수 있다. 어느 정도 진행된 단계라면 인공 수정체로 교체하는 수술을 받는 방법도 있다. 인간만 백내장에 걸리는 것이 아니라 개, 고양이, 토끼 등도 백내장에 걸릴 수 있다.

Day 337

녹내장은 어떤 질환일까?

|녹내장 이야기|

시신경이 손상되어 시야가 좁아지는 질병이다.

세 가지만 알면 나도 과학자!

눈 속에 있는 물이 시신경을 압박해 시야 장애가 발생

안구 속에서 분비되는 방수(각막과 수정체에 영양을 공급하는 액체)가 원활히 배출되지 않으면 고인 물이 시신경을 압박한다. 그로 인해 뇌에 전기 신호가 제대로 전해지지 않아 눈이 침침해진다. 녹내장(glaucoma)이라는 병명은 옛날 유럽에서 환자의 안구가 검푸르게 보여 '검푸른 바다색'을 뜻하는 'glauco'에서 유래했다.

원인은 불분명하다

선천성 녹내장, 개방각 녹내장, 폐쇄각 녹내장 등 녹내장에도 여러 유형이 있다. 선천성 원인 외에는 아직 확실히 규명되지 않았다. 스트레스도 원인의 하나로 추정되고 있다. 녹내장은 한국인의 3대 실명 원인 중 하나로 꼽힌다.

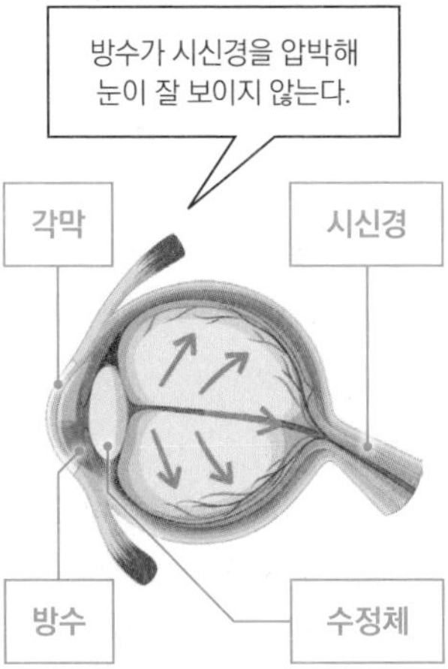

머리와 눈이 아프다가 실명에 이르기도

급성 녹내장은 갑자기 눈과 머리가 아프고 구역질이 나오다가 실명에 이르기도 한다. 만성 녹내장은 점점 시력이 떨어진다. 녹내장은 시야가 약간 좁아져도 반대쪽 눈이 보완해주어 자각하지 못하는 사람이 많다.

남자의 생식기관은 어떤 구조일까?

|남자의 생식기관 이야기|

정자를 '만들고 저장'하는 역할과 난자에 '전달'하는 역할을 한다.

장기
오감
대사 작용
몸의 움직임
질병
네트워크

세 가지만 알면 나도 과학자!

보이는 게 전부가 아니다

남자의 생식기관에는 음경(陰莖)과 음낭(陰囊, scrotum)이 있다. 그리고 몸 안에도 생식기(아기를 만드는 기능)가 있다. 밖에서 보이는 게 전부가 아니다. 밖에서 보이는 부분을 외부 생식기, 보이지 않는 부분을 내부 생식기라고 한다.

외부 생식기는 저장 탱크와 발사대

음경은 요도와 요도를 둘러싼 스펀지 형태의 '해면체'로 이루어져 있다. 평소에는 쪼그라들어 있다가 섹스하거나 사정할 때만 혈액이 많이 몰리며 딱딱해진다. 음낭이 몸 밖에 있는 것은 열에 약한 정자를 서늘한 곳에 보관하기 위해서다.

【남자의 생식기관 구조】

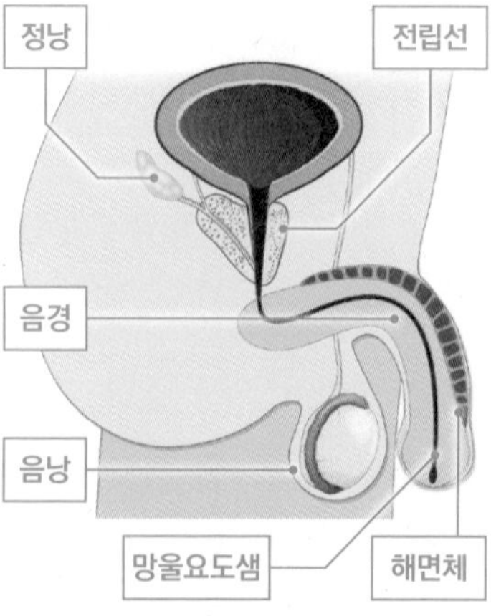

내부 생식기는 정자의 여행 지원

정자가 난자에 안전하게 도달할 수 있도록 정낭과 전립선, 망울요도샘(쿠퍼샘)에서 액이 분비된다. 이 점액과 정자가 섞인 것이 '정액'이다. 정액은 정자의 운동을 돕는다. 정자는 소변과 같은 길(요도)을 따라 나오지만 소변과 섞이지는 않는다.

고환은 어떤 일을 할까?

|고환 이야기|

정자를 만들고, 남성 호르몬을 분비한다.

세 가지만 알면 나도 과학자!

정자의 원료가 되는 세포가 빼곡하게 차 있다

고환을 정소(精巢)라고도 한다. 고환은 남성에게만 있는 기관이다. 아버지의 유전 정보를 전달하기 위해 정자를 만들고 저장하는 공간이다. 정소는 '원시 생식세포'라는 세포가 74일에 걸쳐 증식해 성숙하는 곳이다.

정자는 남성에게 물려받는 정보

정자는 길쭉한 올챙이처럼 생긴 0.05밀리미터가량의 세포다. 정자는 머리 부분에 있는 23가닥의 염색체(160일 차)를 난자에 전달하는 임무를 맡고 있다.

남성의 몸이 되는 호르몬, 안드로겐

정자 생성 외에도 몸속에 남성으로서 특징이 두드러지는 부분을 성장시키는 기능이 있다. 가령 수염과 울대뼈, 여자보다 근육이 많은 남성 특유의 근육질 몸매는 안드로겐(androgen)이 분비되기 때문이다. 물론 남성보다는 적지만, 여성의 몸에서도 남성 호르몬이 만들어진다.

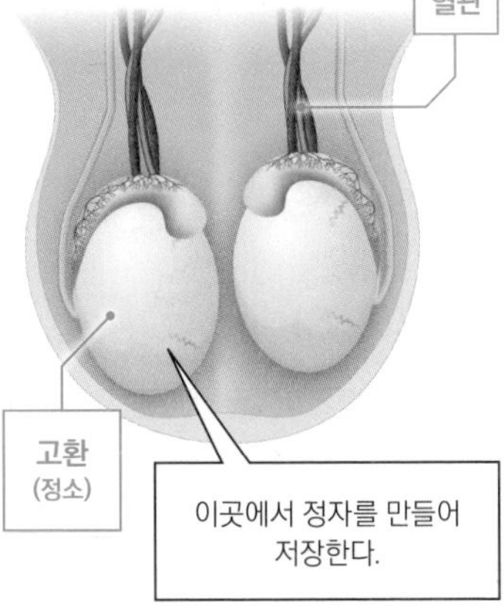

Day 340 장기 | 남녀의 생식기관

여자의 생식기관은 어떤 구조일까?

|여자의 생식기관 이야기|

내부 생식기와 외부 생식기로 이루어져 있다.

세 가지만 알면 나도 과학자!

난자를 만들고, 수정해서 태아를 기르는 장소

자궁은 새로운 생명이 태어날 때 필요한 모든 과정이 이루어지는 공간이다. 지름 약 0.2밀리미터의 수정란이 3킬로그램의 아기가 될 때까지 자궁에서 자란다. 당연히, 유방은 생식기관에 포함되지 않는다.

외부 생식기는 거의 보이지 않는 부위

생식기 바깥 부분은 대음순, 소음순, 음핵, 질전정(vaginal vestibule)으로 이루어져 있다. 질은 바깥요도구멍(외요도구)과 항문 사이에 있다.

【여자의 생식기관 구조】

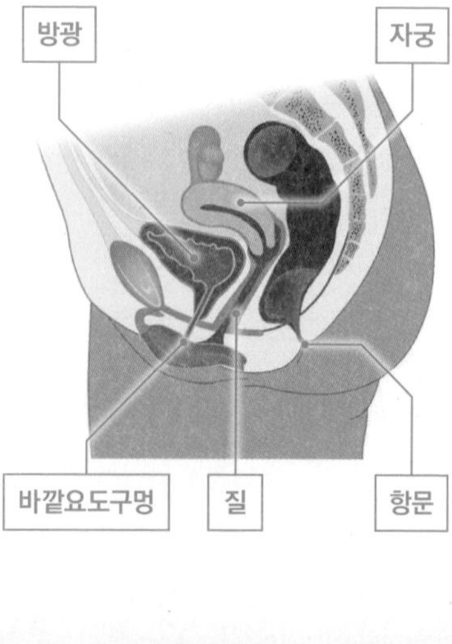

내부 생식기는 아랫배의 골반 안에

질은 길이 8센티미터 정도의 관으로, 외부 세계와 자궁을 연결하는 통로다. 자궁은 질 안쪽, 방광 바로 위에 있는 두꺼운 근육 주머니다. 평소에는 길이 7센티미터, 너비 약 4센티미터 크기다. 난자는 자궁 양쪽에 있는 2~3센티미터 크기의 동그란 난소에서 만들어진다. 난소는 여성 호르몬을 분비하는 기관이기도 하다.

난소는 어떤 일을 할까?

|난소 이야기|

여성 호르몬과 아기로 자라는 세포를 만드는 곳이다.

세 가지만 알면 나도 과학자!

태아 시절부터 난자를 가지고 있다!

난소는 자궁 위에 좌우 한 개씩 있는 약 2~3센티미터 크기의 동그란 장기다. 태아 시절에 이미 다량의 난자가 될 원시 난포가 들어 있다. 그러다가 사춘기 때 여성 호르몬 분비가 시작되면 난자가 만들어진다. 난소는 두 개여서 한쪽만 있어도 임신과 호르몬 분비가 가능하다.

원시 난포에서 난자가 되기까지

원시 난포는 사춘기에 접어들면 뇌하수체에서 분비되는 호르몬으로 활동을 개시한다. 성숙한 난자는 한 달에 한 번 좌우 난소 중 하나에서 배란되어 난관으로 간다. 난관에서 정자를 만나 수정되면 수정란으로 자란다. 수정란은 분열하며 자궁으로 옮겨가서 자궁 내벽에 붙어(착상) 세포 분열을 시작한다.

【여성의 내부 생식기】

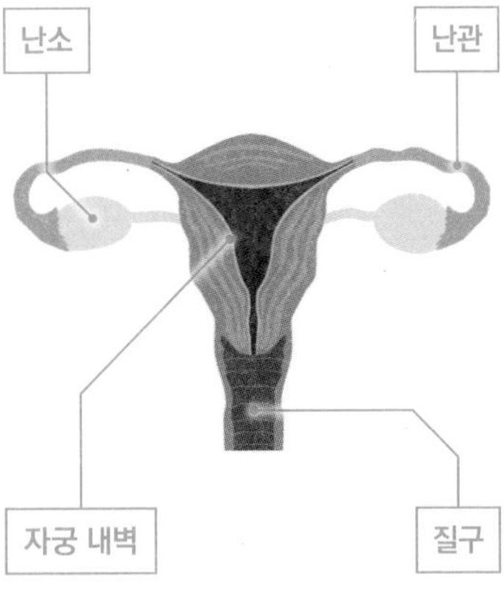

여성 호르몬으로 몸을 건강하게 유지

여성 호르몬은 임신 외에도 2차 성징을 발현하고 월경 주기, 여성 생식기 등에 관여한다. 여성의 몸에서 골밀도를 높이는 기능도 한다.

생리를 하면 어떤 일이 벌어질까?

|생리 이야기|

착상에 대비해 준비해둔 자궁 내벽을 리모델링한다.

세 가지만 알면 나도 과학자!

생리는 자궁이 다음 착상을 준비하며 리모델링하는 과정

난자가 수정하면 아기가 되기 위해 세포 분열을 시작한다. 이 과정에서 자궁 안에 부드러운 점막을 준비한다. 그러나 난자가 수정되지 않으면 묵은 점막과 난자를 한꺼번에 모조리 배출한다. 이 현상이 한 달에 한 번 일어나는 '생리'다.

한 달에 한 번 일어나서 '월경'

사람에 따라 다르지만, 생리는 대략 28일마다 5일 정도 이어진다. 한 달에 한 번 일어나는 현상이라서 '월경(月經, 달거리)'이라고 부르기도 한다. 참고로, 생리에 맞춰 여자는 시기에 따라 체온이 1도 정도 오르내린다.

생리와 관련된 불편한 증상들

생리 후에는 약 2주에 걸쳐 다시 자궁 내벽이 두꺼워지고, 2주 동안 수정란을 기다리며 자궁 내벽이 부드러워진다. 호르몬 작용으로 인한 신체 반응으로, 생리가 시작되기 전에 몸 상태가 나빠지는 사람도 있다. 이것을 생리 전 증후군(PMS)이라고 한다. 또 배가 아프거나 허리가 끊어질 듯이 아픈 사람도 있다.

아기는 어떻게 생길까?

|임신 이야기|

수정란이 자궁 내벽에 착상하면 생명 탄생 과정이 시작된다.

세 가지만 알면 나도 과학자!

한 개의 난자와 한 개의 정자만 아기가 될 수 있다

한 번의 사정으로 남성은 몇억 마리의 정자를 몸 밖으로 내보낸다. 그런데 난자가 있는 난관까지 도달하는 정자는 수십 개뿐이라고 알려져 있다. 가까스로 난자를 발견해도 가장 먼저 난자 안으로 들어간 정자 하나만 수정할 수 있다. 수정란이 커질 때 두 개로 나누어지면 일란성 쌍둥이가 된다.

수정 기회가 적다

난소에서 배란된 난자는 난관 끝부분에 자리를 잡는다. 난자의 수명은 반나절에서 하루 정도다. 그사이 정자와 만나면 수정할 수 있다. 정자의 수명은 이틀에서 사흘이라서 수정 기회가 매우 적다.

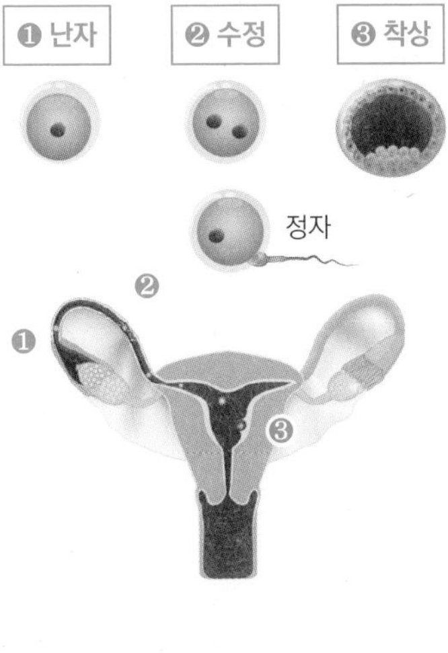

착상부터 임신으로 간주

운 좋게 수정에 성공해 수정란이 되어도 아직 안심하기 이르다. 수정란이 무사히 자궁에 도착해 자궁 내벽을 파고들어 자리 잡는 '착상' 과정을 마쳐야 임신이 되기 때문이다. 제대로 착상하지 못하면 아기로 자랄 수 없다.

장기
오감
대사작용
몸의 움직임
질병
네트워크

Day 344

모유는 어떻게 만들어질까?

| 모유 이야기 |

젖샘(유선)이 모세혈관에서 필요한 재료를 모아 모유를 만든다.

세 가지만 알면 나도 과학자!

모유는 어머니의 혈액으로 만들어진다!

모유(유즙)는 유방의 유선 조직에 있는 유방 세포에서 만들어진다. 유방 세포의 작은 집합이 몇 개씩 모여 작은 '멍울' 형태의 소엽(小葉)이 된다. 그리고 주위 모세혈관의 혈액이 모유가 된다.

출산 전부터 준비를 시작한다

자궁에 착상한 수정란이 자라 태반이 작동하기 시작하면 모유를 분비할 준비를 한다. 우선, 호르몬이 명령해 유방소엽이 발달하면 유방이 부풀어오른다. 유방의 크기와 모유의 양은 관계가 없다.

발육 단계에 맞춰 성분이 달라진다

아기가 태어나서 처음 나오는 모유를 '초유(初乳)'라고 한다. 어머니가 가진 면역을 아기에게 건네주는 특별한 모유다. 그 후에는 아기의 몸을 성장시키는 데 필요한 성분이 나온다. 아기가 엄마 젖을 빨기 시작할 때와 다 먹었을 때 모유의 구성 성분이 달라진다.

【유방의 구조】

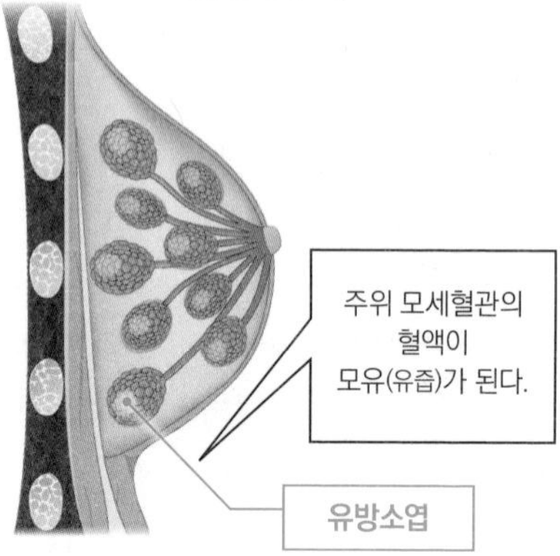

Day 345

알레르기가 뭘까?

|알레르기 이야기|

면역 반응이 과도하게 작동해 몸에 해를 끼치는 현상이다!

세 가지만 알면 나도 과학자!

알레르기 항원이 원인 물질

달걀을 먹으면 알레르기가 일어나는 사람이 있다. 이 알레르기를 일으키는 물질을 알레르기 항원(allergen, 알레르겐)이라고 한다. 알레르겐은 달걀, 우유, 메밀, 등푸른생선 등의 식품과 삼나무 꽃가루 등에 들어 있다. 한편, 반지나 시계 등의 금속도 알레르기를 일으킬 수 있다.

알레르기 증상은 사람마다 다르다

같은 음식에 알레르기 반응을 보여도 사람마다 정도의 차이가 있다. 특별한 문제 없이 말짱한 사람도 있고, 쇼크를 일으켜 심한 알레르기로 사망하는 사람도 있다. 알레르기라는 말은 그리스어로 '기묘한(과민) 반응'을 뜻하는 알로스(allos)에서 유래했다.

알레르기가 늘어나는 원인은 알 수 없다

선진국에서 알레르기 환자가 증가하고 있다. 그러나 확실한 원인은 밝혀지지 않았다. 지나치게 위생적인 환경, 스트레스, 불균형한 식생활, 수면 부족 등이 알레르기를 유발한다고 알려져 있을 뿐이다.

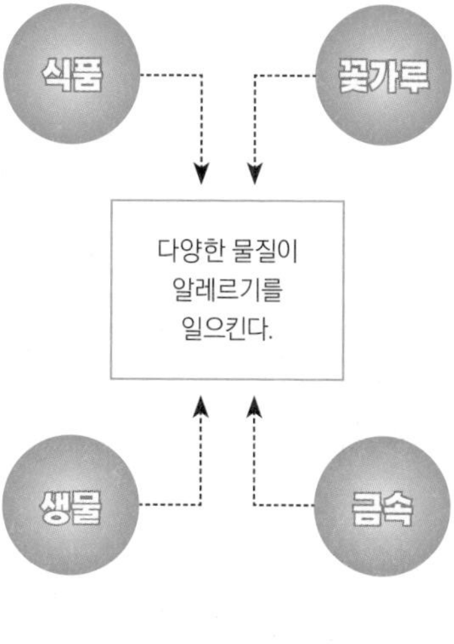

아토피 피부염이 뭘까?

|아토피 피부염 이야기|

세균 등으로 인해 습진이 반복적으로 일어나는
피부 알레르기다.

세 가지만 알면 나도 과학자!

피부를 지키는 장벽 기능이 사라진다

우리 피부는 일반적으로 장벽 기능이 있어 세균 등의 침입을 막아준다. 그런데 피부가 건조하거나 손상되면 장벽 기능이 약해져 세균이 들어온다. 면역세포가 침입한 세균에 반응하면서 나타나는 가려운 증상을 '아토피 피부염'이라고 한다. '아토피'라는 말은 '좌표 없음, 낯선' 등의 뜻을 가진 그리스어 '아토포스(atopos)'에서 유래했다.

알레르기가 생기기 쉬운 체질이 있다

자신이나 가족이 알레르기가 생기기 쉬운 체질이라면, 특히 어린 시절 아토피 피부염이 나타날 가능성이 크다. 성장한 뒤에도 피부가 건조하거나 땀 흘렸을 때, 의류 등의 자극으로 증상이 나타날 수 있다.

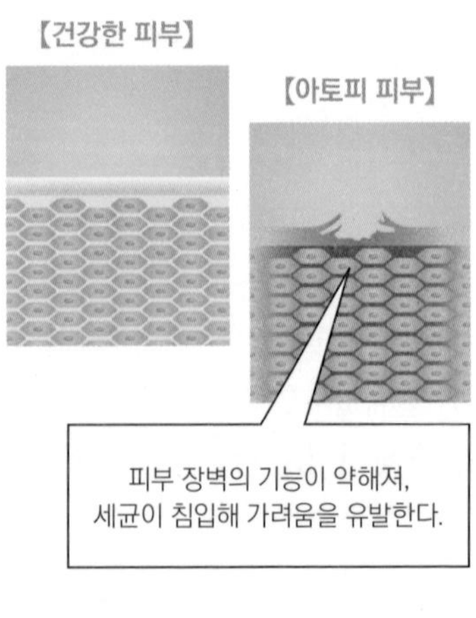

스테로이드 약물과 피부 보습 관리

아토피 피부염 치료는 스테로이드 약물로 염증과 가려움을 가라앉히고, 보습제를 충분히 발라 건조함을 방지하는 것이 중요하다.

Day 347

금속 알레르기는 왜 생길까?

|금속 알레르기 이야기|

금속 이온이 피부로 들어가서 몸의 단백질과 결합하며 알레르기가 발생한다.

세 가지만 알면 나도 과학자!

액세서리나 치아 충전물로도 피부가 부을 수 있다!

귀를 뚫는 방식으로 착용하는 귀걸이 등의 액세서리나 치아 충전물로 인해서도 피부에 염증이 생길 수 있다. 금속에 땀과 침 등이 묻으면 금속 이온이 녹아 나온다. 이 금속 이온이 우리 몸의 단백질과 결합해 알레르기의 원인이 되는 알레르겐을 생성한다. 특히 피어싱 형태의 액세서리는 금속 부분이 피부 깊숙이 접촉해 금속 알레르기를 일으키기 쉽다.

원인은 이온화 경향이 강한 금속

금속 중에는 액체와 반응해 이온화하기 쉬운 종류가 있다. 액세서리와 손목시계, 안경이나 치아 충전물에 사용하는 니켈, 코발트, 크롬 등의 금속은 이온화 경향이 강해 사용할 때 주의해야 한다.

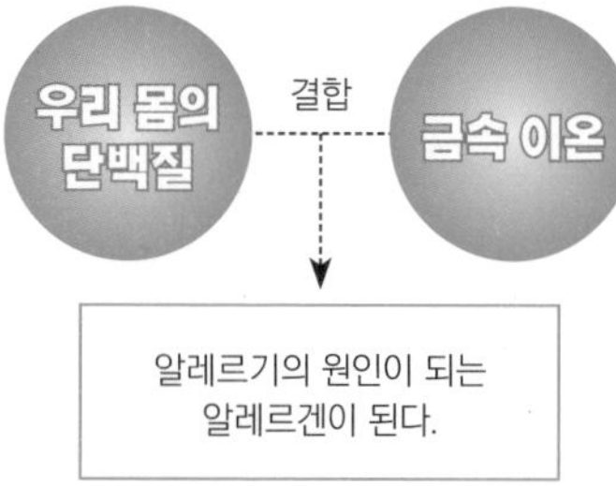

이온화 경향이 약한 금속

금, 은, 백금, 티타늄 등은 이온화 경향이 약해 알레르기를 잘 일으키지 않는다. 다만, 이온화 경향이 약한 금속도 치아 충전재처럼 장기간 노출되면 알레르기를 유발할 수 있다.

Day 348 질병 | 알레르기

아나필락시스가 뭘까?

| 아나필락시스 이야기 |

**온몸에 알레르기 반응이 나타난 상태로,
몇 분 만에 생명이 위험한 상태에 이를 수 있다.**

세 가지만 알면 나도 과학자!

무서운 아나필락시스

온몸의 장기에 급성 알레르기 반응이 일어나 피부에 발진과 가려움, 입술과 혀의 팽창, 복통, 설사, 구토 등을 일으킨다. 특히 혈압 저하와 의식 장애를 일으키는 심한 알레르기 반응을 '아나필락시스(anaphylaxis)'라고 한다. 아나필락시스는 '대항하다'라는 뜻의 그리스어 '아나(ana)'와 '방어하다'라는 뜻의 '필락시스(phylaxis)'가 합쳐져 만들어졌다.

알레르기 항원은 극소량이라도 주의!

아나필락시스를 일으키기 쉬운 알레르기 항원에는 벌과 개미 등의 곤충 독, 항균제와 진통제 등의 약물, 달걀과 밀가루, 갑각류, 메밀, 견과류 등의 식품, 천연고무의 주성분인 라텍스 등이 있다. 아주 적은 양이라도 쇼크 상태에 빠질 수 있으니 주의해야 한다.

최대한 신속하게 에피네프린 주사를!

아나필락시스 반응은 알레르겐을 섭취하고 나서 1~2분, 늦어도 30분 이내에 쇼크 상태가 된다. 최대한 신속하게 에피네프린 주사로 치료해야 한다.

Day 349 질병 | 알레르기

식품 알레르기가 뭘까?

|식품 알레르기 이야기|

어떤 특정한 음식을 먹으면 증상이 나타나는
알레르기 질환이다.

세 가지만 알면 나도 과학자!

알레르겐을 피하는 식단!

알레르겐이 포함되어 있는 식품을 먹으면 피부 가려움과 두드러기, 복통, 기침, 재채기 등이 일어난다. 중증일 때는 호흡 곤란과 아나필락시스를 일으킬 수 있어, 알레르겐을 피하는 식단 관리가 필요하다.

알레르겐이 포함되어 있는지 확인

식품 알레르기는 음식뿐 아니라 코로 들이마시거나 상처가 생긴 피부, 주사로도 일어날 수 있다. 3대 알레르기 유발 물질인 달걀, 우유, 밀가루와 갑각류, 과일, 메밀, 대두, 땅콩 등이 널리 알려져 있다. 특히 증상을 보이는 사람이 많은 특정 원료를 '알레르기 표시 대상'으로 지정해 표시할 의무가 있다. 우리나라는 메밀, 밀, 대두, 견과류, 복숭아, 토마토 등 21개 항목을 식품, 식품첨가물, 기구 또는 용기와 포장에 표시하도록 규정되어 있다.

【식품 등의 표시기준에 따른 지정 관리 식품】

어른이 되면 내성이 생기기도

어렸을 때 알레르기 반응을 보이다가 어른이 되면 내성이 생기는 식품도 있다. 나이에 따라 알레르기를 유발하는 식품이 달라질 수 있다.

교원병이 뭘까?

|교원병 이야기|

교원병은 자가 면역 질환의 하나로, 한 가지 질환이 아니라
몇 가지 질환을 아울러 이르는 말이다.

세 가지만 알면 나도 과학자!

자가 면역 질환은 몇 가지 질환을 아울러 이르는 말

'교원병(collagen disease)'은 우리 몸의 장기와 기관을 잇는 결합조직, 즉 콜라겐에 염증이 발생하는 질환을 아울러 이르는 말이다. 류머티스 질환(175일 차)과 전신 홍반 루푸스, 전신 피부 경화증, 쇼그렌 증후군 등이 교원병과 비슷한 자가 면역 질환이다.

연구가 계속 진행 중이다

교원병이란 '결합조직 질환'과 '자가 면역 질환', 온몸의 뼈와 근육, 관절 등에 통증이 발생하는 '류머티스 질환', 이렇게 세 가지 병의 특징을 아울러 가지고 있다고 추정된다. 현재 연구가 계속 진행 중이다.

교원병 환자는 여성이 많다

교원병은 20~50대 여성 환자가 많다. 월경을 겪는 여성의 여성 호르몬 분비 및 면역 반응과 관련 있다고 알려져 있다. 또 여성은 임신과 출산으로 배 속의 아이를 지키기 위해 자가 면역 질환이 발생하기 쉽다고 추정된다.

콜라겐에 염증이 발생하는 질환을 아울러 이른다.

교원병

류머티스 질환, 전신 홍반 루푸스, 전신 피부 경화증, 쇼그렌 증후군 등의 자가 면역 질환과 같은 범주다.

비만세포가 뭘까?

|비만세포 이야기|

피부와 점막 아래에 있으며,
알레르기 증상을 유발하는 히스타민을 가지고 있다.

세 가지만 알면 나도 과학자!

비만세포에서 히스타민이 분비되어 알레르기 증상으로

히스타민은 콧물과 재채기 등의 알레르기 증상을 유발하는 물질이다. 피부와 점막 아래에 있는 비만세포가 알레르겐과 접촉하면 히스타민을 방출해 알레르기 증상이 일어난다. 히스타민은 몸속에서 2~3시간이면 분해된다.

'비만세포'라는 이름의 유래

히스타민은 비만세포 속에서 입자 형태가 되어 그 부분이 부어 보인다. 히스타민을 많이 가지고 있어 세포가 뚱뚱해 보인다고 '비만세포'라는 이름이 붙었다.

히스타민과 관련된 알레르기

히스타민은 혈관을 확장하거나 근육을 수축시킨다. 히스타민과 관련된 알레르기로는 식품 알레르기, 꽃가루 알레르기, 알레르기 비염, 기관지 천식, 아토피 피부염 등이 있다. 원인 물질이 몸속에 들어오면 즉시 알레르기 반응이 일어나 과민항체(reagin)라고 한다.

【비만세포】

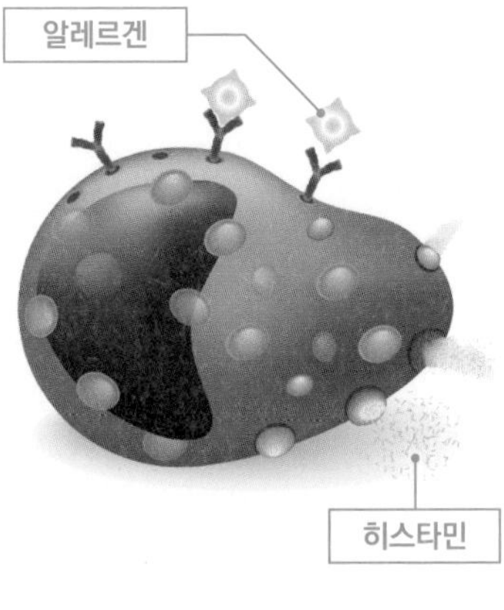

수면 후 근육통이 뭘까?

|수면 후 근육통 이야기|

자고 일어난 후 목이나 어깨가 아파서 움직일 수 없는 상태다.

세 가지만 알면 나도 과학자!

부자연스러운 수면 자세로 인한 통증

부자연스러운 자세로 자고 일어나면 목이 잘 돌아가지 않거나 어깨가 결릴 때가 있다. 자는 동안 몸이 불편하면 잠이 깨거나 무의식적으로 자세를 바꾸는데, 피곤하거나 수면 부족 상태일 때는 자세를 바꾸지 못해 이런 증상이 생길 수 있다. 머리 크기에 맞지 않는 베개를 사용해도 통증이 생길 수 있다.

관절이 염증을 일으킨 상태일 수도

통증의 원인은 다양하다. 잠을 자는 동안 몸이 부자연스러운 자세였다면 혈액 순환이 나빠져 어깨와 목이 아프거나 관절 등에 가벼운 염증이 생겼을 수 있다. 그로 인해 자고 일어난 후 찌뿌둥한 통증을 느낀다.

대체로 몇 시간 지나면 완화

대부분 통증은 몇 시간에서 며칠만 지나면 좋아진다. 그런데 통증이 계속 사라지지 않으면 병원에 가서 진찰을 받아보자. 스트레칭 등으로 몸을 가볍게 푸는 것은 좋지만, 무리하게 스트레칭을 하면 통증이 심해질 수 있으니 주의하자.

코는 왜 골까?

|코골이 이야기|

자는 동안 기도가 좁아지기 때문이다.

세 가지만 알면 나도 과학자!

코골이의 정체

우리는 자는 동안에도 호흡한다. 수면 중 좁아진 기도를 공기가 지나면서 연구개와 목젖을 비롯한 목 주변에 진동을 일으켜 발생하는 소리가 코골이의 정체다. 특히 잠들면 목(기도)을 지탱하는 근육의 움직임이 약해져 깨어 있을 때보다 기도가 좁아지기 쉽다.

어떤 사람이 코를 골까?

엄청 피곤할 때면 코를 고는 사람이 있다. 가장 큰 원인은 비만으로 인해 불어난 살이 압박하는 것이지만, 비만 외에도 개인에 따라 원인이 다양해 명확하게 진단 내리기가 쉽지 않다. 술을 마시거나 수면제를 복용하고 잠든 사람도 코를 골기 쉽고 치열이 고르지 않아 부정 교합인 사람도 코를 골 수 있다.

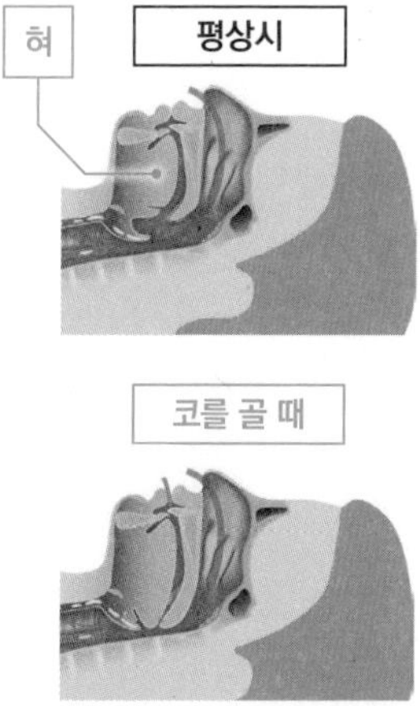

코를 골지 않으려면 어떻게 해야 할까?

옆으로 누워서 자면 코를 덜 곤다. 마우스피스 등 구강 장치를 착용하고 자는 방법도 효과적이다. 그래도 코골이가 개선되지 않거나 코골이가 심해졌을 때는 수면 무호흡증이라는 병으로 이어질 위험이 있으니 주의하자.

Day 354

수면 무호흡증이 뭘까?

|수면 무호흡증 이야기|

잠을 자는 동안 몇 차례나 호흡이 정지하는 증상이다.

세 가지만 알면 나도 과학자!

한 시간 동안 호흡이 5회나 멈춘다!?

수면 무호흡증인 사람은 코를 심하게 골 때 호흡이 멈출 수 있다. 한 시간에 5회 이상, 10초 이상 호흡이 정지하면 수면 무호흡증을 의심할 수 있다. '호흡→코골이→무호흡→호흡'을 반복한다.

수면 무호흡증은 무서운 질병

수면 무호흡증은 호흡이 멈추는 증상이 전부가 아니다. 고혈압, 뇌졸중, 협심증, 심근경색 등의 질병으로 이어질 위험이 있다. 무호흡 구간이 많을수록 위험률이 높아진다. 돌연사로 이어질 수도 있다. 참고로, 무호흡은 아니지만 금방이라도 숨이 멎을 듯한 약한 호흡을 '저호흡'이라고 한다.

코골이를 방치하면 큰일 날 수도!

수면 무호흡증은 코골이가 심한 사람이 주로 걸리기 때문에 원인이 같다. 비만, 흡연, 음주를 즐기는 사람에게서 많이 나타난다. 또 선천적으로 혀가 큰 사람이나 목이 굵은 사람, 기도가 좁은 사람 등의 신체적 특징을 가진 사람도 나타나기 쉽다.

수면 무호흡증일 때

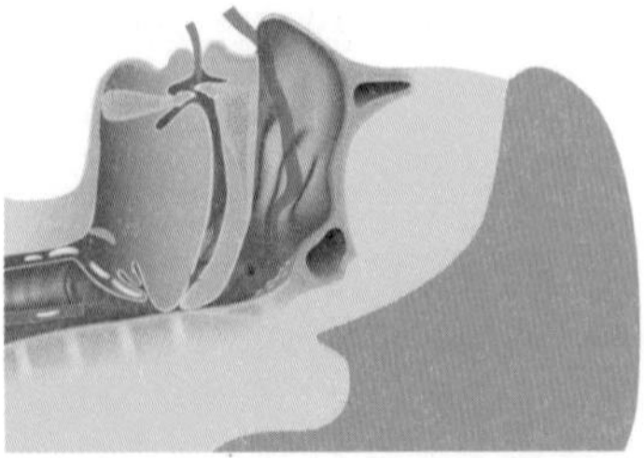

불면증이 뭘까?

|불면증 이야기|

잠을 자고 싶은데 좀처럼 잠이 들지 못하는 증상이다.

세 가지만 알면 나도 과학자!

자고 싶은데, 잘 수 없다

불쾌한 기억이 떠올라 좀처럼 잠들지 못하는 날이 있다. 이런 상태가 장기간 이어지며 권태감, 의욕 저하, 집중력 저하, 머리가 무거운 증상, 현기증, 식욕 부진 등의 증상이 나타나면 '불면증'이라고 진단한다.

왜 잠들 수 없을까?

잠들 수 없는 원인으로는 스트레스와 신체 질환, 심리적 질병, 음식이나 음료 섭취 등을 들 수 있다. 또 밤을 새우는 등 불규칙한 생활과 근처 공사장 소음이나 자동차 소음 등도 영향을 준다.

불면 대처법

걱정거리를 없애고, 운동으로 스트레스를 해소하며, 규칙적인 생활로 몸과 마음의 리듬을 바로잡는다. 그런데도 개선되지 않으면 의사에게 처방받은 수면제를 복용한다. 그러나 수면제 남용 등 부작용이 나타날 수 있으니 주의해야 한다. 따뜻한 욕조에 몸 담그기, 음악 듣기 등 잠자리에 들기 전 몸과 마음을 이완하면 도움이 된다.

Day 356

생체시계가 뭘까?

|생체시계 이야기|

우리 몸속에서 시간을 감지할 수 있는 리듬을 말한다.

세 가지만 알면 나도 과학자!

모든 동물은 생체시계가 있다

지구에서 살아가는 모든 동물은 생체시계(biological clock)가 있다. 지구의 자전 주기, 즉 하루 24시간을 재기 위해서다. 생체시계는 몸속에서 일어나는 다양한 반응을 그 시간마다 최적의 상태로 맞추기 위해 존재한다. 즉, 일정한 시간에 잠들고 잠이 깨는 것, 일정한 시간에 식사하는 것 따위 활동을 통제하는 기제다.

생체시계는 빛을 받으면 재설정된다

생체시계는 하루에 한 번 햇빛을 받으면 재설정된다. 아침에 햇빛을 보면 그때부터 새로운 생체시계가 움직이기 시작한다. 매일 새로 맞춰지는 셈이다.

시차병은 무엇일까?

해외여행으로 시차가 있는 나라에 갈 때면 국내에 있을 때 생체시계와 해외 현지 시간 사이에 왜곡이 생긴다. 국내 시간에 맞춰져 있던 몸의 기능이 해외 시간에 제대로 적응하지 못해 컨디션이 나빠지는 상태를 '시차병'이라고 한다. 시차가 12시간인 경우, 정상적인 생체시계로 돌아오려면 약 8일이 필요하다.

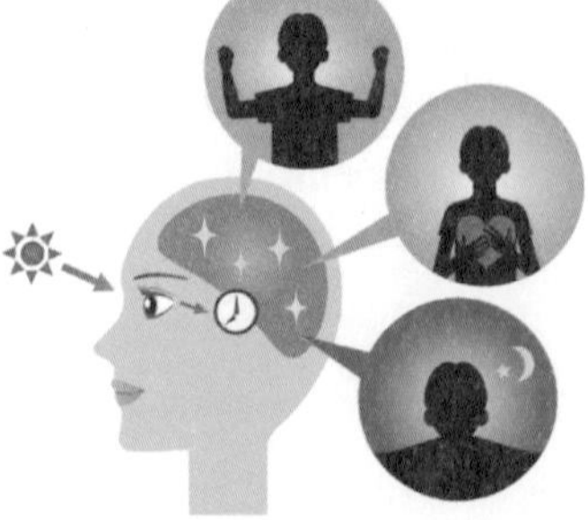

Day 357

커피를 마시면 왜 잠이 오지 않을까?

| 카페인 이야기 |

카페인이라는 물질에 졸음을 쫓는 성분이 들어 있기 때문이다.

세 가지만 알면 나도 과학자!

카페인이 들어 있는 음식

커피 원두 속에는 카페인(caffeine)이라는 물질이 들어 있다. 그래서 커피를 마시면 카페인의 작용으로 잠이 오지 않는다. 카페인은 커피 원두뿐 아니라 녹차와 홍차, 코코아와 초콜릿의 원료인 카카오콩에도 다량 들어 있다.

카페인이 수면 물질을 방해한다

깨어 있으면 '수면 물질'이 뇌에 쌓이며 졸음이 오게 만든다. 수면 물질에는 다양한 종류가 있는데, 그중 하나가 아데노신(adenosine)이다. 카페인은 이 아데노신이 뇌의 신경세포와 결합하지 못하도록 방해해, 커피를 마시면 잠이 오지 않는 것이다.

카페인은 의약품으로도 활용된다

카페인은 소변 배출을 증가시키는 이뇨 작용과 신진대사를 촉진해 혈액 순환을 개선하고 통증을 완화하는 등의 작용이 있어 의약품으로도 활용된다. 한편, 카페인을 과도하게 섭취하면 카페인 중독에 걸릴 수도 있다.

기면증이 뭘까?

|기면증 이야기|

자기 의사와 무관하게 갑자기 잠이 드는 질환이다.

세 가지만 알면 나도 과학자!

졸리지 않은데 갑자기 곯아떨어진다

일반적으로 졸음은 수면이 부족하거나 피곤할 때 찾아온다. 그런데 기면증(narcolepsy)은 낮에 참을 수 없이 졸리고 비정상적으로 갑자기 찾아온다. 친구와 놀다가, 길을 걷다가 느닷없이 잠에 곯아떨어지기도 한다. 기면증은 특히 10대에게서 많이 관찰된다.

기분이 좋을 때 근육에 힘이 들어가지 않는다

기면증은 갑자기 잠에 빠지는 수면 발작 외에 감정이 고조되면 근육에 힘이 들어가지 않아 쓰러져 다칠 때도 있다. 특히 기분이 좋을 때 등 긍정적인 감정을 느낄 때 이런 증상이 나타나는 사람이 많다고 한다.

가위눌림을 경험하기도

기면증의 원인은 아직 명확히 밝혀지지 않았다. 그런데 기면증에 걸리면 뇌가 활동하던 상태 그대로 발작적으로 잠들어 잠든 후에 환각을 보는 사례가 많다. 모르는 사람이 머리맡에 서서 물끄러미 바라보았다는 등의 가위눌림 괴담 같은 환각을 경험하는 사람도 있다.

빈혈은 왜 생길까?

|빈혈 이야기|

적혈구가 부족해져 몸 전체로 산소가 공급되지 않기 때문이다.

세 가지만 알면 나도 과학자!

심장에서 먼 뇌와 손발 끝에 영향이 나타난다

빈혈은 혈액 농도가 연해진 상태를 말한다. 적혈구의 수가 감소하거나 산소를 운반하는 헤모글로빈의 양이 줄어들면 심장에서 먼 뇌와 손발 끝 등에 산소가 원활하게 공급되지 않는다. 그로 인해 어지럼증과 기립성 현기증 등의 증상이 발생한다.

젊은 사람에게 많이 일어나는 철분 부족 빈혈

빈혈의 원인으로는 과다 출혈, 적혈구 재료 부족, 혈액 생성 기능 관련 질병, 적혈구를 망가뜨리는 질병 등을 꼽을 수 있다. 특히 젊은 사람은 헤모글로빈의 재료가 되는 철분 부족으로 인한 철분 결핍성 빈혈이 많다. 손톱이 갈라지거나 잘 부러지고, 입술과 혀에 염증이 생기거나, 머리카락이 뭉텅뭉텅 빠지면 검사를 받아보자.

식사로 단백질과 철분 보충

빈혈을 예방하려면 적혈구를 증가시키는 균형 잡힌 식단이 필요하다. 생선, 대두, 우유, 치즈 등에서 단백질을, 소간과 톳, 살코기 등으로 철분을 섭취하자.

혈당치가 뭘까?

|혈당치 이야기|

혈액 속에 포함된 포도당의 농도를 가리킨다.

세 가지만 알면 나도 과학자!

밥과 빵 등의 탄수화물에서 포도당 흡수

밥과 빵, 면 등의 탄수화물 식품을 먹으면 소화 흡수되어 포도당으로 전환된다. 포도당은 혈액에서 다양한 세포로 들어가 에너지로 사용된다. 혈당치란 이 혈액 속에 들어 있는 포도당의 농도를 말한다. 삼각김밥이나 빵, 컵라면 등의 식사는 혈당치를 급격히 상승시키는 원인이 된다.

혈당치 기준은 식후 약 2시간

식사 후에는 누구나 혈당치가 상승한다. 그러나 인슐린(304일 차)이라는 호르몬의 작용으로 두 시간 정도 지나면 정상 수치로 돌아온다. 혈당치가 원래대로 돌아오지 않으면 당뇨병 등의 질환을 의심할 수 있다. 반대로, 배가 고파 혈당치가 떨어졌을 때는 간 등에 저장된 당을 사용해 혈당치를 정상으로 돌려놓는다.

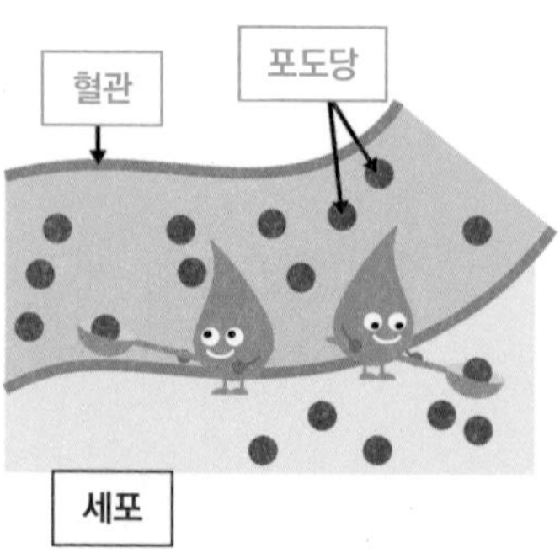

저혈당일 때는 떨림과 가슴 두근거림이 나타난다

혈당치가 너무 낮으면 저혈당 상태가 되어 떨림과 식은땀, 가슴 두근거림 등의 증상이 나타난다. 심하면 의식이 없는 혼수상태에 빠질 수도 있다.

혈뇨가 뭘까?

|혈뇨 이야기|

소변에 피가 섞여 나오는 상태다.

세 가지만 알면 나도 과학자!

중대한 질병을 알리는 신호일 수도

소변 속에 피(적혈구)가 섞여 나오는 상태를 '혈뇨'라고 한다. 소변이 지나는 길(신장, 요관, 방광, 요도 등)에서 발생한 출혈이 원인이다. 나이가 들면 남성보다 여성에게서 많이 나타난다. 특히 40~50세에 증가한다고 알려져 있다. 소변에 빨간색이 비칠 정도라면 방광에 심각한 질병이 생겼다는 신호일 수도 있다.

주의 깊게 살펴야 할 방광암

혈뇨의 원인으로는 암(71일 차)과 결석, 방광염 등의 염증, 신장 질환, 감염병 등을 꼽을 수 있다. 특히 방광암은 주의가 필요하다. 통증 없이 어느 날 갑자기 붉은색 소변을 1~2회 보다가 원래 상태로 돌아온다. 그러고 나서 반년 후에 혈뇨가 나온다면 이미 암이 진행된 상태일 수 있다.

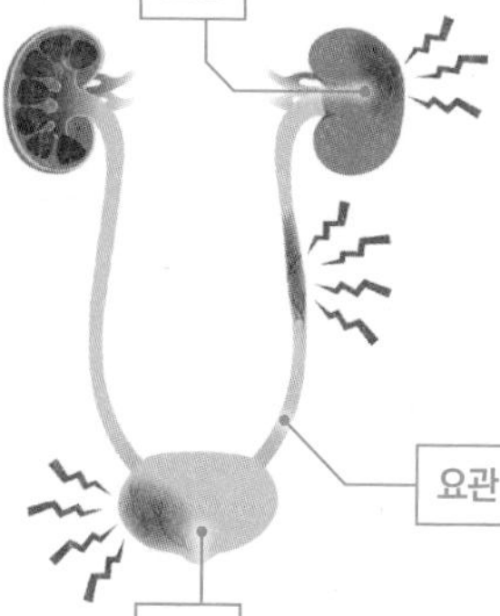

수분을 섭취하고, 병원에 가자

화끈한 통증이 느껴지며 혈뇨가 나오면 방광염일 가능성이 높다. 수분을 섭취해 소변 농도를 묽게 만들고 병원에 가자.

호산구가 뭘까?

|호산구 이야기|

몸속 염증이 생긴 부위에 모여들어 몸을 지키려는 백혈구다.

세 가지만 알면 나도 과학자!

피부와 기관지, 폐, 위 등 염증 부위에서 활약

백혈구 성분 중에서 가장 많은 것이 '과립구(顆粒球)'다. 과립구에는 호산구, 호중구(262일 차), 호염기구(363일 차)가 있다. 호산구는 피부와 기관지, 폐, 위 등 염증이 생긴 부위에 모여들어 몸을 지키는 임무를 맡고 있다. 위와 장에 염증이 생겨 호산구가 증가하면 설사 등의 증상이 나타난다.

알레르기 반응을 일으키기도

염증이 일어난 부위에 모여든 호산구는 기생충과 세균 등을 물리친다. 그런데 그 과정에서 주위 조직이 손상되며 알레르기 반응을 일으킬 때도 있다.

건강한 사람의 혈액에는 소량

기생충에 감염되거나 알레르기 증상이 일어나면 호산구의 수가 증가한다. 맑은 콧물이 줄줄 흘러 감기인가 알레르기 비염인가 모호할 때 콧물 속의 호산구를 검사하면 알레르기인지 아닌지 판별할 수 있다. 건강한 사람의 혈액에는 호산구가 조금밖에 없기 때문이다.

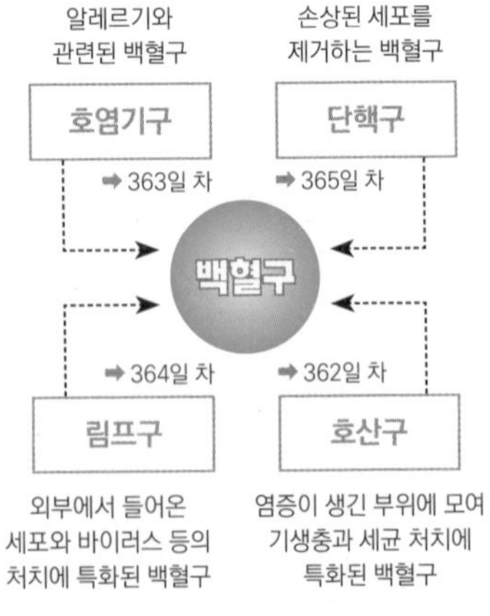

호염기구가 뭘까?

|호염기구 이야기|

천식 등의 만성 알레르기와 관련된 백혈구다.

세 가지만 알면 나도 과학자!

오랫동안 수수께끼로 남아 있던 세포!

호염기구는 백혈구 성분인 과립구 중에서 채 1퍼센트가 되지 않는다. 수가 너무 적어 무슨 일을 하는 세포인지 오랫동안 수수께끼로 남아 있었다. 이후 아토피 피부염, 천식 등의 만성 알레르기와 연관이 깊다는 사실이 밝혀졌다. 호염기구는 노벨 생리의학상을 받은 독일의 의학자이자 세균학자 파울 에를리히(Paul Ehrlich)가 처음 발견했다.

아나필락시스와도 관련

만성 알레르기를 일으키는 주인공이 사실 호염기구일 수 있다는 가설을 밝히기 위한 연구가 진행되고 있다. 아나필락시스(348일 차)와의 관련성도 밝혀지며 알레르기 치료에 도움이 되리라는 기대가 커지고 있다.

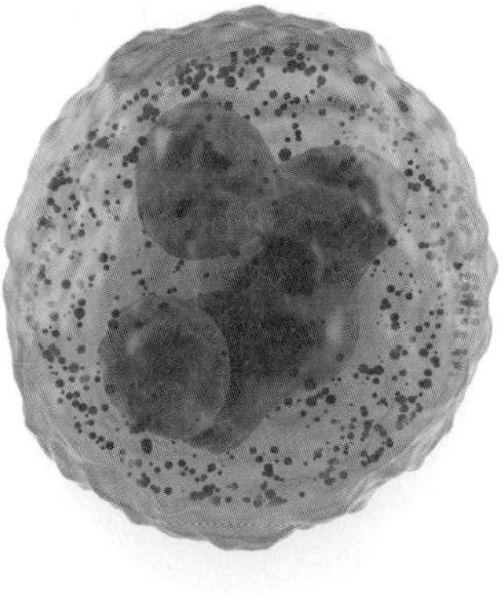

참진드기의 면역에도 활약

참진드기는 개와 고양이에게 기생해 감염병의 매개가 되는 위험한 절지동물이다. 참진드기에 감염되면 호염기구가 많이 모여들어 면역을 형성하는 작용을 한다.

림프구가 뭘까?

|림프구 이야기|

외부에서 들어온 바이러스와 세균 등을 처치하는 백혈구다.

세 가지만 알면 나도 과학자!

한 번 싸운 상대는 절대 잊지 않는다!

림프구는 몸속에 이물질이 들어오면 공격해서 우리 몸을 지켜주는 백혈구의 성분 중 하나다. 바이러스와 세균 등 작은 침입자를 처치하는 데 특화되어 있다. 한 번 만난 상대는 기억했다가 다음에 만나면 즉시 공격에 나서 해치운다.

혈관 밖으로 나가 림프절을 순찰한다

림프구는 혈관 밖으로 나가 병원체의 정보가 모여드는 림프절을 순찰한다. 세균과 바이러스로부터 몸을 지키는 백혈구 중에서도 특히 중요한 임무를 맡고 있다. 암 등의 외부 침입자에 민감하게 반응해 제거한다.

'팀 림프구'의 이름으로 힘을 합쳐 싸운다!

림프구는 공격 명령을 내리는 보조 T세포(261일 차), 그 명령을 받아 공격에 나서는 세포독성 T세포(260일 차), 적의 특징을 기억하는 B세포(264일 차) 등이 팀을 이루는 형태로 움직인다. 어떤 감염병에 한 번 걸리면 다시는 걸리지 않는다고 알려져 있는데, 그것은 이 팀 림프구의 활약 덕분이다.

단핵구가 뭘까?

|단핵구 이야기|

대식세포로 변신하며 세균 등의 이물질을 제거하는 백혈구다.

세 가지만 알면 나도 과학자!

불필요한 물질을 먹어 치우는 '대식세포'

백혈구 중 가장 큰 단핵구는 세균 등을 처리한다. 평소에 아메바처럼 혈관 속을 움직이며 순찰하다가 망가지거나 이상이 생긴 세포를 먹어 치워 '대식세포'라고 한다.

혈관에서 나와 대식세포로 변신!

단핵구는 감염을 방지하는 과정에서도 중요한 역할을 한다. 혈관 벽을 통과해 조직 내부로 들어가면 '대식세포(266일 차)'로 변신해 세균 등의 이물질을 자기 안에 가두고 소화한다.

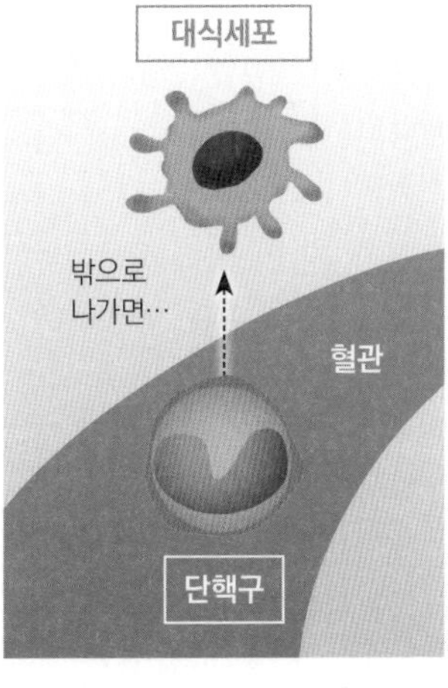

단핵구가 증식하면 감염병 위험도 있다

단핵구가 증식했을 때는 결핵 등의 감염병이나 급성 단핵구 백혈병 등 질병의 가능성을 의심해볼 수 있다. 단핵구 등의 백혈구 수를 검사해서 분석 결과를 통해 세균 감염과 몸의 염증을 알아낼 수 있다. 백혈구의 수는 아침에 적고 밤이 되면 늘어나는 식으로, 하루 동안에도 변화한다.

찾아보기

사진·일러스트 (※ 숫자는 쪽수 표시)

123RF : 25, 27, 28, 29, 30, 31, 33, 34, 35, 36, 37, 38, 39, 42, 44, 45, 50, 51, 54, 55, 61, 62, 70, 71, 72, 76, 80, 85, 92, 93, 95, 96, 98, 100, 102, 105, 107, 109, 110, 113, 115, 116, 119, 122, 123, 124, 125, 127, 134, 135, 136, 137, 138, 139, 141, 145, 152, 154, 157, 158, 161, 163, 168, 169, 170, 172, 174, 178, 181, 184, 186, 193, 194, 195, 196, 197, 198, 200, 203, 206, 207, 209, 213, 214, 216, 217, 220, 221, 222, 224, 229, 230, 231, 232, 233, 234, 237, 238, 239, 240, 241, 244, 246, 247, 250, 252, 255, 256, 257, 259, 263, 264, 265, 266, 267, 268, 269, 270, 273, 276, 279, 280, 282, 291, 294, 296, 306, 308, 309, 310, 311, 312, 314, 315, 316, 317, 318, 320, 321, 323, 326, 337, 342, 343, 344, 345, 346, 347, 349, 354, 355, 356, 357, 358, 360, 361, 362, 363, 364, 365, 367, 368, 370, 375, 377, 378, 380, 385, 387

일러스트 AC : 26, 40, 43, 46, 47, 48, 49, 52, 53, 56, 57, 58, 59, 60, 63, 64, 65, 66, 67, 68, 74, 78, 79, 81, 82, 83, 84, 86, 87, 88, 89, 90, 91, 94, 101, 106, 108, 111, 112, 114, 117, 118, 120, 121, 128, 132, 142, 144, 146, 147, 148, 149, 150, 151, 153, 159, 160, 162, 164, 166, 167, 169, 179, 180, 183, 189, 190, 191, 192, 199, 201, 204, 205, 208, 210, 212, 218, 219, 223, 225, 226, 228, 235, 236, 243, 245, 248, 249, 251, 252, 253, 254, 258, 260, 261, 271, 272, 274, 275, 277, 278, 281, 284, 285, 287, 288, 289, 290, 292, 293, 295, 297, 298, 301, 302, 303, 305, 313, 314, 315, 319, 322, 324, 325, 327, 328, 329, 330, 331, 332, 333, 334, 335, 336, 338, 340, 348, 350, 351, 352, 366, 371, 372, 373, 376, 379, 381, 382, 383, 384, 388, 391

사진 AC : 41, 130, 131, 133
일러스트들 : 126, 165, 185, 381
픽사베이 : 32
위키미디어 코먼스 : 176, 227, 283

도판 제작·DTP : 쓰치야 에이치로(土谷英一郎)【Studio BOZZ】/ 다카하시 유미(高橋祐美)
메인 일러스트 : 지카라이시 아리카(力石ありか)
편집 협력 : 이치하시 카호루(市橋かほる), 구보 가나(久保佳那), 사노 가요코(佐野佳代子), 시노하라 나루미(篠原成己), 시마 에미(島恵美), 스가이 마코토(須貝誠), 다카하시 가즈아키(高橋一彰), 다카야마 유카(高山由香), 다나카 히토미(田中ひとみ), 나카무라 노부코(中村のぶ子), 하시구치 사키코(橋口佐紀子), 마에다 마리(マエダマリ), 야마다 도모코(山田智子)

옮긴이 **서수지**

대학에서 철학을 전공했지만 직장생활에서 접한 일본어에 빠져들어 회사를 그만두고 본격적으로 일본어를 공부해 출판 번역의 길로 들어섰다. 옮긴 책에 『과학잡학사전 통조림-일반과학편』 『세계사를 바꾼 10가지 약』 『세계사를 바꾼 13가지 식물』 『세계사를 바꾼 37가지 물고기 이야기』 『세계사를 바꾼 21인의 위험한 뇌』 『세계사를 바꾼 10가지 감염병』 『세상에서 가장 재미있는 63가지 심리실험-뇌과학편』 『세상에서 가장 재미있는 61가지 심리실험-인간관계편』 『세상에서 가장 재미있는 88가지 심리실험-자기계발편』 『세상에서 가장 재미있는 물리 이야기』 『소수는 어떻게 사람을 매혹하는가?』 등이 있다.

과학잡학사전 통조림-인체편

1판 1쇄 발행 2023년 8월 18일
1판 3쇄 발행 2023년 11월 22일

엮은이 키즈나출판 편집부
옮긴이 서수지
펴낸이 이재두
펴낸곳 사람과나무사이
등록번호 2014년 9월 23일(제2014-000177호)
주소 경기도 고양시 일산서구 강선로 142, 1701동 302호
전화 (031)815-7176 **팩스** (031)601-6181
이메일 saram_namu@naver.com
표지디자인 박대성
영업 용상철
인쇄·제작 도담프린팅
종이 아이피피(IPP)

ISBN 979-11-88635-82-5 03400